2020 年全国监理工程师资格考试历年
真题详解＋权威预测试卷

建设工程监理基本理论与相关法规
（第三版）

全国监理工程师资格考试研究中心　编写

U0249868

中国建筑工业出版社

图书在版编目(CIP)数据

建设工程监理基本理论与相关法规/全国监理工程师资格
考试研究中心编写. —3 版. —北京：中国建筑工业出版社，
2020.1
2020 年全国监理工程师资格考试历年真题详解＋权威预
测试卷
ISBN 978-7-112-24695-3

Ⅰ. ①建… Ⅱ. ①全… Ⅲ. ①建筑工程-监理工作-资格考试-
题解 ②建筑法-中国-资格考试-题解 Ⅳ. ① TU712.2-44
②D922.297-44

中国版本图书馆 CIP 数据核字(2020)第 011722 号

　　责任编辑：田立平　牛　松　李笑然
　　责任校对：姜小莲

2020 年全国监理工程师资格考试历年真题详解＋权威预测试卷
建设工程监理基本理论与相关法规（第三版）
全国监理工程师资格考试研究中心　编写

*

中国建筑工业出版社出版、发行(北京海淀三里河路 9 号)
各地新华书店、建筑书店经销
北京红光制版公司制版
北京建筑工业印刷厂印刷

*

开本：787×1092 毫米　1/16　印张：14¼　字数：347 千字
2020 年 2 月第三版　　2020 年 2 月第四次印刷
定价：**40.00** 元（含增值服务）
ISBN 978-7-112-24695-3
(35063)

前　　言

监理工程师资格考试考的是什么？答案只有一个，那就是"理论联系实际"。然而很多考生都没有注意到这一点，只是一味地痴迷于各种"盲点""误区"，舍本逐末！只是一味地追求所谓的"名师讲解"，画饼充饥！只是一味地毫无选择地沉浸于"题海战术"，恰似盲人摸象一般，病急乱投医！当然难免费力不讨好的厄运。在认真总结众多考生的失败经验后，我们认为，监理工程师资格考试的重中之重就在于这个"理论联系实际"，并且从近几年的考试动向和考纲变化来看，我们的观点在事实上也得到了验证。

所谓"理论联系实际"简言之就是举一反三的能力，要掌握这种能力，前提条件和唯一捷径就是必须充分地把握教材和灵活地运用教材。除此之外，别无他途！具体而言，要做到"理论联系实际"，首先最基础的一点就是，考生必须抓准知识点，弄懂弄通教材，真正打一场"有准备之仗"；其次也是最重要的一点则是，考生必须精心选择题目进行实战演练，在实战演练的过程中加深对教材的理解，做到"知己知彼，百战不殆"，从而决胜考场。

为了更好地帮助考生培养这种"理论联系实际"的能力，同时节省考生本就紧迫的时间，使考生能够集中精力复习，为考试通关打下坚实基础，我们组织相关专家编写了《全国监理工程师资格考试历年真题详解＋权威预测试卷》丛书，共分四册，分别是：

《建设工程监理基本理论与相关法规》

《建设工程合同管理》

《建设工程质量、投资、进度控制》

《建设工程监理案例分析》

每科目均包括最近四年真题和六套权威预测试卷。其中，四年真题已全部给出了详细深入的解析，方便考生从实际运用的角度加深对教材的把握和理解，同时也可以帮助考生快速适应考试难度，精准把握考试方向，深入领会命题思路和规律。权威预测试卷则紧跟近年的命题趋势，涵盖了各科目的考试重点和难点，能帮助考生夯实对重要知识点的掌握，从而快速把握教材和灵活运用教材，同时，提高实战能力，最终帮助考生在最短的时间内取得最好的成绩。

为了配合考生备考复习，我们配备了专家答疑团队，**开通了答疑 QQ 群：825871781（加群密码：助考服务）**，以便及时解答考生所提的问题。**扫描封面二维码**即可获赠考点必刷题、重难点知识归纳、考前冲刺试卷等增值服务。

为了使本丛书尽早面世，参与本丛书的策划、编写和出版的各方人员都付出了辛勤的劳动与汗水，在此对他们致以诚挚的谢意。

由于编写时间仓促，书中难免出现纰漏，恳请广大考生与相关专业的人员、专家提出宝贵的意见与建议，我们对您表示衷心的感谢。

目　　录

2016—2019 年度真题分值统计

考点		题型	2019 年	2018 年	2017 年	2016 年
建设工程监理制度	建设工程监理概述	单项选择题	4	2	4	3
		多项选择题	4	2	2	2
	工程建设程序及建设工程监理相关制度	单项选择题	4	5	6	3
		多项选择题	6	6	6	2
建设工程监理相关法律、法规、规范与收费标准	建设工程监理相关法律、行政法规	单项选择题	12	9	10	11
		多项选择题	14	16	12	14
	建设工程监理规范与收费标准	单项选择题	4	1		1
		多项选择题	4			2
工程监理企业与注册监理工程师	工程监理企业	单项选择题	1	1		
		多项选择题				
	注册监理工程师	单项选择题	1	2	1	1
		多项选择题		4	2	2
建设工程监理招投标与合同管理	建设工程监理招标程序和评标方法	单项选择题		2		2
		多项选择题	2			2
	建设工程监理投标工作内容和策略	单项选择题			1	
		多项选择题	2			2
	建设工程监理合同管理	单项选择题	2	4	2	4
		多项选择题		4	4	4
建设工程监理组织	建设工程监理委托方式及实施程序	单项选择题	1	2	2	2
		多项选择题	2	2	6	2
	项目监理机构及监理人员职责	单项选择题	3	5	4	3
		多项选择题	8	4	6	4
监理规划与监理实施细则	监理规划	单项选择题	3	2	3	3
		多项选择题	2	2	4	4
	监理实施细则	单项选择题	1	1		1
		多项选择题	2	2		
建设工程监理工作内容和主要方式	建设工程监理工作内容	单项选择题	7	4	6	6
		多项选择题	2	6	4	6
	建设工程监理主要方式	单项选择题	1	1	2	1
		多项选择题	2	2	2	2

考点		题型	2019 年	2018 年	2017 年	2016 年
建设工程监理文件资料管理	建设工程监理基本表式及主要文件资料内容	单项选择	1	4	3	3
		多项选择题	6	6	4	2
	建设工程监理文件资料管理职责和要求	单项选择题	1	2	2	3
		多项选择题			2	6
项目管理服务	项目管理知识体系（PMBOK）	单项选择题	3	2	3	2
		多项选择题	4	2	6	4
	建设工程勘察、设计、保修阶段服务内容	单项选择题	1	1	1	1
		多项选择题		2		
	建设工程监理与项目管理一体化	单项选择题				
		多项选择题				
	项目全过程集成化管理	单项选择题				
		多项选择题				
国际工程咨询与实施组织模式	国际工程咨询	单项选择题				
		多项选择题				
	国际工程实施组织模式	单项选择题				1
		多项选择题				
合计		单项选择题	50	50	50	50
		多项选择题	60	60	60	60

2019 年度全国监理工程师资格考试试卷

一、单项选择题（共 50 题，每题 1 分。每题的备选项中。只有 1 个最符合题意）

1. 工程监理单位在建设单位授权范围内，采用规划、控制、协调等方法，控制工程数量、造价和进度，并履行建设工程安全生产管理的监理职责，协助建设单位在计划目标内完成工程建设任务，体现了建设工程管理的（　　）。

A. 服务性
B. 阶段性
C. 必要性
D. 强制性

2. 根据《建设工程监理范围和规模标准规定》，必须实行监理的工程是（　　）。

A. 总投资额 2000 万元的学校项目
B. 总投资额 2000 万元的供水项目
C. 总投资额 2000 万元的通信项目
D. 总投资额 2000 万元的地下管道项目

3. 根据《建设工程质量管理条例》，工程监理单位与建设单位串通，弄虚作假，降低工程质量的，责令改正，并对监理单位处（　　）的罚款。

A.10 万元以上 20 万元以下
B.10 万元以上 30 万元以下
C.30 万元以上 50 万元以下
D.50 万元以上 100 万元以下

4. 对于政府投资项目，不属于可行性研究应完成的工作是（　　）。

A. 进行市场研究
B. 进行工艺技术方案研究
C. 进行环境影响的初步评价
D. 进行财务和经济分析

5. 根据《国务院关于投资体制改革的决定》，民营企业投资建设《政府核准的投资项目目录》中的项目时，需向政府提交（　　）。

A. 项目申请报告
B. 可行性研究报告
C. 初步设计和概算
D. 开工报告

6. 建设工程开工时间是指工程设计文件中规定的任何一项永久性工程的（　　）开始日期。

A. 地质勘察
B. 场地旧建筑物拆除
C. 施工用临时道路施工
D. 正式破土开槽

7. 对于实行项目法人责任制的项目，属于项目总经理职权的工作是（　　）。

A. 提出项目开工报告 　　　　　　　B. 提出项目竣工验收申请报告
C. 编制归还贷款和其他债务计划 　　D. 聘任或解聘项目高级管理人员

8. 根据《合同法》，下列合同中属于买卖合同的是（　　）。
A. 工程分包合同 　　　　　　　　　B. 机械设备采购合同
C. 加工合同 　　　　　　　　　　　D. 租赁合同

9. 根据《建筑法》实施施工总承包的工程，由（　　）负责施工现场安全。
A. 总承包单位 　　　　　　　　　　B. 具体施工的分包单位
C. 总承包单位的项目经理 　　　　　D. 分包单位的项目经理

10. 根据《建筑法》，在建的建筑工程因故中止施工的，建设单位应当自中止施工之日起（　　）内，向施工许可证发证机关报告。
A. 10 日 　　　　　　　　　　　　B. 15 日
C. 1 个月 　　　　　　　　　　　　D. 2 个月

11. 根据《合同法》，下列合同中不属于建设工程合同的是（　　）。
A. 工程勘察合同 　　　　　　　　　B. 工程设计合同
C. 工程咨询合同 　　　　　　　　　D. 工程施工合同

12. 根据《招标投标法》，依法必须进行招标的项目，自招标文件开始发出之日起至投标人提供投标文件截止之日止，最短不得少于（　　）日。
A. 10 　　　　　　　　　　　　　　B. 15
C. 20 　　　　　　　　　　　　　　D. 30

13. 根据《招标投标法》，招标人应当自确定中标人之日起（　　）日内，向有关行政监督部门提交招标投标情况的书面报告。
A. 10 　　　　　　　　　　　　　　B. 15
C. 20 　　　　　　　　　　　　　　D. 30

14. 根据《建设工程质量管理条例》，属于施工单位质量责任和义务的是（　　）。
A. 申领施工许可证 　　　　　　　　B. 办理工程质量监督手续
C. 建立健全教育培训制度 　　　　　D. 向有关主管部门移交建设项目档案

15. 根据《建设工程质量管理条例》，建设单位有（　　）行为的，责令改正，处 20 万元以上 50 万元以下的罚款。
A. 未组织竣工验收，擅自交付使用
B. 对验收不合格的工程，擅自交付使用
C. 将不合格的建设工程按照合格工程验收

D. 暗示设计单位违反工程建设强制性标准，降低工程质量

16. 根据《建设工程监理规范》GB/T 50319—2013，专业监理工程师应具有中级以上专业技术职称、（ ）年及以上工程实践经验并经监理业务培训的人员担任。
A. 1
B. 2
C. 3
D. 5

17. 根据《建设工程安全生产管理条例》，下列属于建设单位的安全责任是（ ）。
A. 确定安全施工措施所需费
B. 确定施工现场安全生产
C. 确定安全技术措施
D. 确定安全生产责任制度

18. 根据《生产安全事故报告和调查处理条例》，某企业发生安全事故造成30人死亡、9000万元直接经济损失，该生产安全事故属于（ ）。
A. 特别重大事故
B. 重大事故
C. 较大事故
D. 一般事故

19. 根据《生产安全事故报告和调查处理条例》，对发生重大事故的单位，处以（ ）的罚款。
A. 一年收入60%
B. 100万元以上500元以下
C. 50万元以上200元以下
D. 20万元以上50万元以下

20. 根据《招标投标法》，依法必须进行招标的项目，招标人自收到评标报告之日起公示中标候选人，公示期不得少于（ ）日。
A. 10
B. 7
C. 5
D. 3

21. 工程监理企业建立健全的与建设单位的沟通管理体制，增强互相信任，这属于工程监理企业经营活动的（ ）准则。
A. 守法
B. 诚信
C. 公平
D. 科学

22. 注册监理工程师从事执业活动时应当履行的义务有（ ）。
A. 不以个人名义承揽监理业务
B. 保管和使用本人的注册证书和执业印章
C. 接受继续教育，努力提高执业水准
D. 坚持独立自主地开展工作

23. 根据《建设工程监理规范》GB/T 50319—2013，不属于监理实施细则主要内容的是（ ）。

A. 监理工作流程   B. 监理工作控制要点

C. 监理规划   D. 专业工程特点

24. 在召开第一次工地会议（　　）d 前，由总监理工程师组织编制的监理规划，并报送建设单位。

A. 5   B. 7

C. 10   D. 15

25. 根据《建设工程监理合同（示范文本）》GF—2012—0202，明确约定委托的范围和内容的文件是（　　）。

A. 协议书   B. 投标文件

C. 附录 A   D. 附录 B

26. 施工总承包模式下建设工程监理委托方式的特点是（　　）。

A. 合同条款不易准确确定   B. 施工总承包单位的报价较低

C. 招标发包工作难度大   D. 建设周期较长

27. 根据《生产安全事故报告和调查处理条例》，某单位发生生产安全事故，单位负责人接到报告后，应当于（　　）h 内向事故发生地县级以上人民政府安全生产监督管理部门报告。

A. 1   B. 2

C. 12   D. 24

28. 一名注册监理工程师要同时担任三项建设工程的总监理工程师时，应（　　）。

A. 征得质量监督机构书面同意   B. 书面通知施工单位

C. 征得建设单位书面同意   D. 书面通知建设单位

29. 直线职能制组织形式的缺点有（　　）。

A. 下级人员受多头指挥   B. 实行没有职能部门的"个人管理"

C. 纵横向协调工作量大   D. 信息传递路线长

30. 关于工程建设强度的说法，正确的是（　　）。

A. 工程建设强度可采用定量办法定级

B. 单位时间内投入的建设工程资金的数量影响工程建设强度

C. 工程建设强度越大，投入的监理人数越少

D. 工程地质、工程结构类型是影响工程建设强度的主要因素

31. 根据《建设工程监理规范》GB/T 50319—2013，下列监理职责中，属于专业监理工程师职责的是（　　）。

A. 组织编写监理月报 B. 组织验收分部工程
C. 组织编写监理日志 D. 组织审核竣工结算

32. 下列监理规划的编制依据中，反映建设单位对项目经理要求的文件是（　　）。
A. 建设工程监理规范 B. 监理工程范围和内容
C. 设计图纸和施工说明书 D. 招投标和工程监理制度

33. 下列制度中，属于项目监理机构内部工作制度的是（　　）。
A. 施工组织设计审核制度 B. 监理人员岗位职责制度
C. 监理工作报告制度 D. 工程估算审核制度

34. 根据《建设工程监理规范》GB/T 50319—2013，因施工单位原因造成建设单位损失，建设单位提出（　　）时，项目监理机构应与建设单位和施工单位协商处理。
A. 工程延期 B. 费用索赔
C. 合同解除 D. 工程变更

35. 下列工作内容中，属于项目监理机构与施工单位的协调工作内容的是（　　）。
A. 明确规定每个部门的目标、职责和权限
B. 注意信息传递的及时性和程序性
C. 及时消除工作中的矛盾或冲突
D. 对分包单位的管理

36. 关于建设工程总目标的分析论证，说法正确的是（　　）。
A. 分析建设工程总目标应采用定性分析方法综合论证
B. 工程复杂程度可决定三大目标的重要性顺序
C. 采用"自上而下层层保证、自下而上层层展开"的形式分解建设工程目标进行分析
D. 建设工程三大目标在"质量优、投资少、工期短"之间寻求最佳匹配

37. 下列动态控制任务中，属于事前计划控制的有（　　）。
A. 建立目标体系 B. 分析可能产生的偏差
C. 收集项目实施绩效 D. 采取预防偏差产生的措施

38. 见证取样在建设单位人员见证下，由（　　）在现场取样，送至试验室进行检测。
A. 见证人员 B. 施工单位人员
C. 监理单位人员 D. 监理工程师

39. 对于工程施工合同发生矛盾或歧义时，监理工程师应首先采用（　　）方式协调建设单位与施工单位的关系。

A. 申请调解   B. 仲裁

C. 协商处理   D. 诉讼

40. 关于平行检验的说法，正确的是（   ）。

A. 单位工程的验收结论由建设单位填写

B. 施工现场质量管理检查记录的检查评定结果由监理单位填写

C. 负责平行检验的监理人员应对工程的关键部位和关键工序进行平行检验

D. 平行检验方应明确平行检验的方法、范围、内容、程序和人员职责

41. 对于超过一定规模的危险性较大的专项施工方案，应由（   ）组织专家进行论证。

A. 监理单位   B. 建设单位

C. 设计单位   D. 施工单位

42. 根据《建设工程监理合同（示范文本）》GF—2012—0202，下列文件中，不属于建设监理合同组成文件的有（   ）。

A. 中标通知书   B. 协议书

C. 招标文件   D. 专用条件

43. 下列行为中，项目监理机构应发出监理通知的有（   ）。

A. 使用检验不合格工程材料的   B. 违反工程建设强制性标准的

C. 未经批准擅自施工的   D. 未按审查通过的工程设计文件施工的

44. 工程开工应在总监理工程师审查（   ）及相关材料，报建设单位审批盖章后进行。

A. 工程开工报审表   B. 施工组织设计

C. 工程开工令   D. 施工方案报审表

45. 关于建设工程监理文件资料组卷方法及要求的说法，正确的是（   ）。

A. 图纸按专业排列，同专业图纸按号顺序排列

B. 监理文件资料可按建设单位、设计单位、施工单位分类组卷

C. 既有文字材料又有图纸的案卷，应将图纸排前，文字材料排后

D. 一个建设工程由多个单位工程组成时，应按施工进度节点阶段组卷

46. 根据《建设工程监理规范》GB/T 50319—2013，项目监理机构审查施工进度计划时，正确的要求是（   ）。

A. 在施工进度计划中应考虑国家法定假日的安排

B. 施工进度计划应符合建设单位的资金计划

C. 施工人数的安排应最大限度地利用施工空间

D. 施工进度计划中应预留工程计量的时间

47. 关于风险评定的说法，正确的是（　　）。
A. 风险等级为小的风险因素是可忽略的风险
B. 风险等级为中等的风险因素可按接受的风险
C. 风险等级为大的风险因素是不可能接受的风险
D. 风险等级为很大的风险因素是不希望有的风险

48. 关于风险非保险转移对策的说法，错误的是（　　）。
A. 建设单位可通过合同责任条款将风险转移给对方当事人
B. 施工单位可通过工程分包将专业技术风险转移给分包人
C. 非保险转移风险的代价会小于实际发生的损失，对转移者有利
D. 当事人一方可向对方提供第三方担保，担保方承担的风险仅限于合同责任

49. 下列损失控制的工作内容中，不属于灾难计划编制内容的是（　　）。
A. 安全撤离现场人员　　　　　　　　B. 救援及处理伤口人员
C. 起草保险索赔报告　　　　　　　　D. 控制事故的进一步发展

50. 关于工程勘察成果审查的说法，正确的是（　　）。
A. 岩土工程勘察应正确反映场地工程地质条件
B. 详勘阶段的勘察成果应满足初步设计的深度要求
C. 勘察评估报告由专业监理工程师组织编制，并邀请相关专家参加
D. 受托单位提交的勘察成果应有完成人、检查人或审核人签字

二、多项选择题（共30题，每题2分。每题的备选项中，有2个或2个以上符合题意，至少有1个错项。错选，本题不得分；少选，所选的每个选项得0.5分）

51. 根据《建设工程安全生产管理条例》，设计单位的安全责任包括（　　）。
A. 在设计文件中注明设计施工安全的重点部位和环节
B. 采用新结构的建设工程，应当在设计中提出保障施工作业人员安全的措施建议
C. 审查危险性较大的专项施工方案是否符合强制性标准
D. 对特殊结构的建设工程，应在设计中提出防范生产安全事故的指导意见
E. 审查监测方案是否符合设计要求

52. 项目建议书是针对拟建工程项目编制的建议文件，其主要内容包括（　　）。
A. 项目提出的必要性和依据　　　　　B. 拟建规模和建设地点的初步设想
C. 项目的技术可行性　　　　　　　　D. 项目投资估算
E. 项目进度安排

53. 根据《房屋建筑和市政基础设施工程施工图设计文件审查管理办法》，审查施工

图设计文件的主要内容包括(　　)。

    A. 结构选型是否经济合理

    B. 地基基础的安全性

    C. 主体结构的安全性

    D. 勘察设计企业是否按规定在施工图上盖章

    E. 注册执业人员是否按规定在施工图上签字,并加盖执业印章

54. 根据项目法人责任制的有关要求,项目董事会的职权包括(　　)。

    A. 审核项目的初步设计和概算文件　　　B. 编制项目财务预算、决算

    C. 研究解决建设过程中出现的重大问题　D. 确定招标方案、标底

    E. 组织项目后评价

55. 根据《建筑法》,建设单位领取施工许可证后,还应按照国家有关规定办理申请批准手续的情形包括(　　)。

    A. 临时占用规划批准范围以内的场地　　B. 拆除场地内的旧建筑物

    C. 可能损坏电力公共设施的场地　　　　D. 需要临时中断道路的场地

    E. 需要进行焊接作业的场地

56. 根据《合同法》,关于合同效力的说法,正确的有(　　)。

    A. 依法成立的合同,自成立时生效

    B. 当事人对合同的效力可以约定附条件

    C. 当事人对合同的效力可以约定附期限

    D. 限制民事行为能力人订立的合同,经法定代理人追认后仍然无效

    E. 法定代表人或负责人超越权限订立的合同无效

57. 根据《合同法》,关于委托合同中委托人权利义务的说法,正确的有(　　)。

    A. 委托人应当预付处理委托事务的费用

    B. 对无偿委托合同,受托人过失给委托人造成损失的,委托人不应要求赔偿

    C. 受托人超越权限给委托人造成损失的,应当向委托人赔偿损失

    D. 委托人不经受托人同意,可以在受托人之外委托第三人处理委托事务

    E. 经同意的转委托,委托人可以就委托事务直接指示转委托的第三人

58. 根据《招标投标法》,招标人存在下列(　　)情形的,责令改正,可以处1万元以上5万元以下的罚款。

    A. 向他人透漏已获取招标文件的潜在投标人的名称

    B. 对潜在投标人实行歧视待遇

    C. 强制要求投标人组成联合体共同投标

    D. 限制投标人之间竞争

    E. 向他人泄露标底

59. 根据《建设工程质量管理条例》，关于质量保修期限的说法，正确的有（   ）。

A. 地基基础工程最低保修期限为设计文件规定的该工程合理使用年限

B. 屋面防水工程最低保修期限为 3 年

C. 给水排水管道工程最低保修期限为 2 年

D. 供热工程最低保修期限为 2 个供暖期

E. 建设工程的保修期自交付使用之日起计算

60. 根据《建设工程质量管理条例》，存在下列（   ）行为的，可处 10 万元以上 30 万元以下罚款。

A. 勘察单位未按工程建设强制性标准进行勘察

B. 设计单位未根据勘察成果文件进行工程设计

C. 建设单位迫使承包方以低于成本的价格竞标

D. 建设单位暗示施工单位使用不合格建筑材料

E. 设计单位指定建筑材料供应商

61. 根据《建设工程安全生产管理条例》，建设单位存在下列（   ）行为的，责令改正，处 20 万元以上 50 万元以下的罚款。

A. 要求施工单位压缩合同工期的

B. 对工程监理单位提出不符合强制性标注要求的

C. 未提供建设工程安全生产作业环境的

D. 申请施工许可证时，未提供有关安全施工措施资料的

E. 明示施工单位租赁使用不符合安全施工要求的机械设备的

62. 根据《生产安全事故报告和调查处理条例》，事故报告的内容包括（   ）。

A. 事故发生单位概况　　　　　　B. 事故发生时间、地点

C. 事故发生的原因　　　　　　　D. 已经采取的措施

E. 事故的简要经过

63. 根据《招标投标法实施条例》，关于对招标人处罚的说法，正确的有（   ）。

A. 依法应当公开招标而采用邀请招标的，责令改正，可以处 10 万元以下的罚款

B. 依法应当公开招标的项目不按照规定发布招标公告，责令改正，可以处 1 万元以上 5 万元以下的罚款

C. 接受未通过资格预审的单位或个人的参加投标的，责令改正，可以处 5 万元以下罚款

D. 接受应当拒收的投标文件，责令改正，可以处 5 万元以下罚款

E. 超过招标项目估算价 2% 的比例收取投标保证金，责令改正，可以处 5 万元以上的罚款

64. 根据《建设工程监理规范》GB/T 50319—2013，属于总监理工程师的职责且不得

委托给总监理工程师代表的工作包括(　　　)。

    A. 组织审查施工组织设计
    B. 组织审查工程开工报审表

    C. 组织审核施工单位的付款申请
    D. 组织工程竣工预验收

    E. 组织编写工程质量评估报告

65. 根据《建设工程监理合同(示范文本)》GF—2012—0202,属于监理人义务的有(　　　)。

    A. 查验施工测量放线成果

    B. 协调工程建设中的全部外部关系

    C. 参加工程竣工验收

    D. 签署竣工验收意见

    E. 向承包人明确总监理工程师具有的权限

66. 建设单位采用工程总承包模式的优点有(　　　)。

    A. 有利于缩短建设周期
    B. 组织协调工作量小

    C. 有利于合同管理
    D. 有利于招标发包

    E. 有利于造价控制

67. 下列工作内容中,属于项目监理机构组织结构设计内容的有(　　　)。

    A. 确定管理层次与管理跨度
    B. 确定项目监理机构目标

    C. 确定监理工作内容
    D. 确定工作流程和信息流程

    E. 确定项目监理机构部门划分

68. 影响项目监理机构监理工作效率的主要因素有(　　　)。

    A. 工程复杂程度
    B. 工程规模的大小

    C. 对工程的熟悉程度
    D. 管理水平

    E. 设备手段

69. 根据《建设工程监理规范》GB/T 50319—2013,属于监理员职责的有(　　　)。

    A. 复核工程计量有关数据
    B. 检查工序施工结果

    C. 检查进场工程材料质量
    D. 进行见证取样

    E. 进行工程计量

70. 下列监理规划的审核内容中,属于履行安全生产管理的监理法定职责内容的有(　　　)。

    A. 是否建立了对施工组织设计,专项施工方案的审查制度

    B. 是否建立了对现场安全隐患的巡视检查制度

    C. 是否结合工程特点建立了与建设单位的沟通协调机制

    D. 是否建立了安全生产管理状况的监理报告制度

E. 是否确定了质量、造价、进度三大目标控制的相应措施

71. 根据《建设工程监理规范》GB/T 50319—2013，监理实施细则编写的依据有（　　）。
    A. 建设工程施工合同文件
    B. 已批准的监理规划
    C. 与专业工程相关的标准
    D. 已批准的施工组织设计，（专项）施工方案
    E. 施工单位的特定要求

72. 下列目标控制措施中，属于技术措施的有（　　）。
    A. 确定目标控制工作流程　　　　　　B. 审查施工组织设计
    C. 采用网络计划技术进行工期优化　　D. 审核比较各种工程数据
    E. 确定合理的工程款计价方式

73. 根据《建设工程监理规范》GB/T 50319—2013，项目监理机构处理施工合同争议时应进行的工作有（　　）。
    A. 了解合同争议情况
    B. 暂停施工合同履行
    C. 与合同争议双方进行磋商
    D. 提出处理方案后，由总监理工程师进行协调
    E. 双方未能达成一致时，总监理工程师应提出处理合同争议的意见

74. 根据《建设工程监理规范》GB/T 50319—2013，项目监理机构批准工程延期应满足的条件有（　　）。
    A. 因建设单位原因造成施工人员工作时间延长
    B. 因非施工单位原因造成施工进度滞后
    C. 施工进度滞后影响到施工合同约定的工期
    D. 建设单位负责供应的工程材料未及时供应到货
    E. 施工单位在施工合同约定的期限内提出工程延期申请

75. 关于旁站的说法，正确的有（　　）。
    A. 旁站是监理工作中用以监督工程质量和安全的有效手段
    B. 旁站方案应在编制监理规划时，明确工作范围、内容、程序和人员职责
    C. 监理人员所旁站部位的施工作业内容及质量情况需记录下来
    D. 监理人在旁站过程中发现工程质量问题时，可签发工程暂停令要求施工单位整改
    E. 监理单位应在工程竣工验收前，将旁站资料记录存档

76. 根据《建设工程监理规范》GB/T 50319—2013，总监理工程师签认《工程开工报

审表》应满足的条件有(   )。

    A. 设计交底和图纸会审已完成

    B. 施工组织设计已经编制完成

    C. 管理及施工人员已到位

    D. 进场道路及水、电、通信等已满足开工要求

    E. 施工许可证已经办理

77. 下列表式中,属于各方通用表式的有(   )。

    A. 工程开工报审表   B. 工程变更单

    C. 索赔意向通知单   D. 费用索赔报审表

    E. 单位工程竣工验收报审表

78. 根据《建设工程监理规范》GB/T 50319—2013,监理文件资料应包括的主要内容有(   )。

    A. 监理规划,监理实施细则   B. 施工控制测量成果报验文件资料

    C. 施工安全教育培训证书   D. 施工设备租赁合同

    E. 见证取样文件资料

79. 下列风险识别方法中,属于专家调查法的有(   )。

    A. 访谈法   B. 德尔菲法

    C. 流程图法   D. 经验数据法

    E. 头脑风暴法

80. 下列关于风险自留的说法,正确的有(   )。

    A. 计划性风险自留是有计划的选择

    B. 风险自留区别于其他风险对策,应单独运用

    C. 风险自留主要通过采取内部控制措施来化解风险

    D. 非计划性风险自留是由于没有识别到某些风险以致于风险发生后而被迫自留

    E. 风险自留往往可以化解较大的建设工程风险

2019年度全国监理工程师资格考试试卷参考答案及解析

一、单项选择题

1. A	2. A	3. D	4. C	5. A
6. D	7. C	8. B	9. A	10. C
11. C	12. C	13. B	14. C	15. D
16. B	17. A	18. A	19. C	20. D
21. B	22. C	23. C	24. B	25. C
26. D	27. A	28. C	29. D	30. B

31. C	32. B	33. B	34. B	35. D
36. B	37. A	38. B	39. C	40. A
41. D	42. C	43. A	44. A	45. A
46. B	47. C	48. C	49. C	50. A

【解析】

1.A。本题考核的是建设工程监理的性质。工程监理单位的服务对象是建设单位，在建设单位授权范围内采用规划、控制、协调等方法，控制建设工程质量、造价和进度，并履行建设工程安全生产管理的监理职责，协助建设单位在计划目标内完成工程建设任务。

2.A。本题考核的是实施监理的工程范围。根据《建设工程监理范围和规模标准规定》（建设部令第86号）第七条，国家规定必须实行监理的其他工程是指：（1）项目总投资额在3000万元以上关系社会公共利益、公众安全的基础设施项目；（2）学校、影剧院、体育场馆项目。

3.D。本题考核的是工程监理单位的法律责任。根据《建设工程质量管理条例》第六十七条规定，工程监理单位有下列行为之一的，责令改正，处50万元以上100万元以下的罚款，降低资质等级或者吊销资质证书；有违法所得的，予以没收；造成损失的，承担连带赔偿责任：（1）与建设单位或者施工单位串通，弄虚作假、降低工程质量的；（2）将不合格的建设工程、建筑材料、建筑构配件和设备按照合格签字的。

4.C。本题考核的是可行性研究的工作内容。选项A、B、D是可行性研究应完成的工作内容，而选项C属于项目建议书应包括的内容。

5.A。本题考核的是非政府投资工程。对于企业不使用政府资金投资建设的工程，政府不再进行投资决策性质的审批。企业投资建设《政府核准的投资项目目录》中的项目时，仅需向政府提交项目申请报告，不再经过批准项目建议书、可行性研究报告和开工报告的程序。

6.D。本题考核的是建设工程的开工时间。工程地质勘察、平整场地、旧建筑物拆除、临时建筑、施工用临时道路和水、电等工程开始施工的日期不能算作正式开工日期。

7.C。本题考核的是项目总经理的职权。项目总经理的职权有：组织编制项目初步设计文件，对项目工艺流程、设备选型、建设标准、总图布置提出意见，提交董事会审查；编制并组织实施归还贷款和其他债务计划；组织工程建设实施，负责控制工程投资、工期和质量；负责组织项目试生产和单项工程预验收；提请董事会聘任或解聘项目高级管理人员等。选项A、B、D属于项目董事会的职权。

8.B。本题考核的是买卖合同的类型。买卖合同是出卖人转移标的物的所有权于买受人，买受人支付价款的合同。选项A、C、D都不是出卖实质性物品的合同，只有选项B卖出的是实质性的物品。

9.A。本题考核的是施工现场安全管理。施工现场安全由建筑施工企业负责。实行施工总承包的，由总承包单位负责。分包单位向总承包单位负责，服从总承包单位对施工现场的安全生产管理。

10.C。本题考核的是施工许可证的有效期。在建的建筑工程因故中止施工的，建设单位应当自中止施工之日起1个月内，向发证机关报告，并按照规定做好建筑工程的维护管理工作。

11. C。本题考核的是合同的分类。建设工程合同包括工程勘察、设计、施工合同；建设工程监理合同、项目管理服务合同则属于委托合同。

12. C。本题考核的是招投标文件投递的相关规定。依法必须进行招标的项目，自招标文件开始发出之日起至投标人提交投标文件截止之日止，最短不得少于20日。

13. B。本题考核的是中标后的规定。依法必须进行招标的项目，招标人应当自确定中标人之日起15日内，向有关行政监督部门提交招标投标情况的书面报告。

14. C。本题考核的是工程施工质量责任和义务。施工单位对建设工程的施工质量负责，应当建立质量责任制，确定工程项目的项目经理、技术负责人和施工管理负责人。还应当建立、健全教育培训制度，加强对职工的教育培训；未经教育培训或者考核不合格的人员，不得上岗作业。

15. D。本题考核的是工程监理单位的法律责任。根据《建设工程质量管理条例》第六十七条规定，工程监理单位有下列行为之一的，责令改正，处50万元以上100万元以下的罚款，降低资质等级或者吊销资质证书；有违法所得的，予以没收；造成损失的，承担连带赔偿责任：（1）与建设单位或者施工单位串通，弄虚作假、降低工程质量的；（2）将不合格的建设工程、建筑材料、建筑构配件和设备按照合格签字的。

16. B。本题考核的是专业监理工程师的担任要求。专业监理工程师是指由总监理工程师授权，负责实施某一专业或某一岗位的监理工作，有相应监理文签发权，具有工程类注册执业资格或具有中级及以上专业技术职称、2年及以上工程实践经验并经监理业务培训的人员。

17. A。本题考核的是建设单位的安全责任。选项B、D属于施工单位的安全责任。选项C属于设计单位的安全责任。

18. A。本题考点的是生产安全事故等级的划分。特别重大生产安全事故是指造成30人及以上死亡，或者100人及以上重伤，或者1亿元及以上直接经济损失的事故。且"以上"包括本数，"以下"不包括本数。故选项A正确。

19. C。本题考核的是事故发生单位的处罚规定。事故发生单位对事故发生负有责任的，依照下列规定处以罚款：（1）发生一般事故的，处10万元以上20万元以下的罚款；（2）发生较大事故的，处20万元以上50万元以下的罚款；（3）发生重大事故的，处50万元以上200万元以下的罚款；（4）发生特别重大事故的，处200万元以上500万元以下的罚款。

20. D。本题考核的是中标候选人公示的期限。招标人应当自收到评标报告之日起3日内公示中标候选人，公示期不得少于3日。

21. B。本题考核的是工程监理企业经营活动的诚信准则。工程监理企业应当建立健全企业信用管理制度，包括：（1）建立健全合同管理制度；（2）建立健全与建设单位的合作制度，及时进行信息沟通，增强相互间信任；（3）建立健全建设工程监理服务需求调查制度；（4）建立企业内部信用管理责任制度，及时检查和评估企业信用实施情况，不断提高企业信用管理水平。

22. C。本题考核的是注册监理工程师应履行的义务。注册监理工程师应当履行下列义务：（1）遵守法律、法规和有关管理规定；（2）履行管理职责，执行技术标准、规范和规程；（3）保证执业活动成果的质量，并承担相应责任；（4）接受继续教育，努力提高执业水准；（5）在本人执业活动所形成的建设工程监理文件上签字、加盖执业印章；（6）保守在执业中知悉的国家秘密和他人的商业、技术秘密；（7）不得涂改、倒卖、出租、出借或者以其他形式非法转让注册证书或者执业印章；（8）不得同时在两个或者两个以上单位受聘或者执业；（9）在规定的执业范围和聘用单位业务范围内从事执业活动；（10）协助注册管理机构完成相关工作。

23．C。本题考核的是监理实施细则的主要内容。监理实施细则应包含的内容有专业工程特点、监理工作流程、监理工作控制要点，以及监理工作方法及措施。

24．B。本题考核的是监理规划编制的时效性。监理规划应在签订建设工程监理合同及收到工程设计文件后由总监理工程师组织编制，并应在召开第一次工地会议7d前报建设单位。

25．C。本题考核的是附录A的填写内容。如果委托人委托监理人完成相关服务时，应在附录A中明确约定委托的工作内容和范围。委托人根据工程建设管理需要，可以自主委托全部内容，也可以委托某个阶段的工作或部分服务内容。

26．D。本题考核的是施工总承包模式的特点。施工总承包模式的缺点是建设周期较长；施工总承包单位的报价可能较高。故选项D正确，选项B错误。选项A、C属于工程总承包模式的缺点。

27．A。本题考核的是事故报告程序。事故发生后，事故现场有关人员应当立即向本单位负责人报告；单位负责人接到报告后，应当于1h内向事故发生地县级以上人民政府安全生产监督管理部门和负有安全生产监督管理职责的有关部门报告。

28．C。本题考核的是总监理工程师的担任要求。一名注册监理工程师可担任一项建设工程监理合同的总监理工程师。当需要同时担任多项建设工程监理合同的总监理工程师时，应经建设单位书面同意，且最多不得超过三项。

29．D。本题考核的是直线职能制组织形式的特点。直线职能制组织形式的缺点是职能部门与指挥部门易产生矛盾，信息传递路线长，不利于互通信息。选项A属于职能制组织形式；选项B属于直线制组织形式；选项C属于矩阵制组织形式。

30．B。本题考核的是工程建设强度的影响因素。工程复杂程度定级可采用定量办法，故选项A错误。工程建设强度越大，需投入的监理人数越多，故选项C错误。工程复杂程度涉及的因素有工程地点位置、气候条件、地形条件、工程地质、工程性质、工程结构类型等，故选项D错误。

31．C。本题考核的是专业监理工程师的职责。选项A、B属于总监理工程师职责，且专业监理工程师的职责是参与编写监理月报，参与验收分部工程。选项D属于总监理工程师或总监理工程师代表的职责。

32．B。本题考核的是监理规范的编制依据。反映建设单位对项目监理要求的资料是监理合同（包括监理工作范围和内容、监理大纲、监理投标文件）。选项A是反映工程建设法律、法规及标准的资料。选项C是反映工程特征的资料。选项D是反映当地工程建设法规及政策方面的资料。

33．B。本题考核的是项目监理机构内部工作制度的工作内容。包括：（1）项目监理机构工作会议制度；（2）项目监理机构人员岗位职责制度；（3）对外行文审批制度；（4）监理工作日志制度；（5）监理周报、月报制度；（6）技术、经济资料及档案管理制度；

（7）监理人员教育培训制度；（8）监理人员考勤、业绩考核及奖惩制度。选项 A、C 属于项目监理机构现场监理工作制度。选项 D 属于相关服务工作制度。

34.B。本题考核的是费用索赔处理的规定。施工单位因工程延期提出费用索赔时，项目监理机构可按施工合同约定进行处理，故选项 A 错误。因施工单位原因导致施工合同解，项目监理机构应按施工合同约定，确定施工单位应得款项或偿还建设单位的款项，故选项 C 错误。施工单位提出的工程变更，由总监理工程师组织专业监理工程师审查、评估等方式处理，故选项 D 错误。

35.D。本题考核的是项目监理机构与施工单位的协调工作。协调工作内容主要有：（1）与施工项目经理关系的协调；（2）施工进度和质量问题的协调；（3）对施工单位违约行为的处理；（4）施工合同争议的协调；（5）对分包单位的管理。

36.B。本题考核的是分析论证建设工程总目标应遵循的原则。分析建设工程总目标需要采用定性分析与定量分析相结合的方法综合论证，故选项 A 错误。从不同角度将建设工程总目标分解成若干分目标、子目标及可执行目标，从而形成"自上而下层层展开、自下而上层层保证"的目标体系，为建设工程三大目标动态控制奠定基础，故选项 C 错误。建设工程三大目标，努力在"质量优、投资省、工期短"之间寻求最佳匹配，故选项 D 错误。

37.A。本题考核的是建设工程目标动态控制过程的内容。事前计划控制包括建设工程目标体系和编制工程项目计划。事中过程控制包括分析各种可能产生的偏差、采取预防偏差产生的措施、实施工程项目计划、收集工程项目实施绩效、比较实施绩效和预定目标和分析产生的原因等。事后纠偏控制包括采取纠偏措施。

38.B。本题考核的是见证取样的要求。施工单位取样人员在现场抽取和制作试样时，见证人必须在旁见证，且应对试样进行监护，并和委托送检的送检人员一起采取有效的封样措施或将试样送至检测单位。

39.C。本题考核的是施工合同争议的处理方式。协商不成时，才由合同当事人申请调解，甚至申请仲裁或诉讼，故选项 A、B、D 错误。

40.A。本题考核的是平行检验的作用。施工现场质量管理检查记录、检验批、分项工程、分部工程、单位工程等的验收记录（检查评定结果）由施工单位填写，验收结论由监理（建设）单位填写。故选项 A 正确，选项 B 错误。负责平行检验的监理人员应根据经审批的平行检验方案，对工程实体、原材料等进行平行检验，故选项 C 错误。项目监理机构首先应依据建设工程监理合同编制符合工程特点的平行检验方案，明确平行检验的方法、范围、内容、频率等，并设计各平行检验记录表式，故选项 D 错误。

41.D。本题考核的是审查专项施工方案的要求。超过一定规模的危险性较大的分部分项工程的专项施工方案，应检查施工单位组织专家进行论证、审查的情况，以及是否附具安全验算结果。

42.C。本题考核的是建设监理合同的组成文件。包括：（1）协议书；（2）中标通知书或委托书；（3）投标文件或监理与相关服务建议书；（4）专用条件；（5）通用条件；（6）附录。

43.A。本题考核的是监理通知单的应用说明。施工单位发生下列情况时，项目监理机构应发出监理通知：（1）在施工过程中出现不符合设计要求、工程建设标准、合同约定；（2）使用不合格的工程材料、构配件和设备；（3）在工程质量、造价、进度等方面存在违规等行为。

44. A。本题考核的是工程开工报审表的应用说明。总监理工程师应组织专业监理工程师审查施工单位报送的开工报审表及相关资料，报建设单位批准后，总监理工程师签发工程开工令。

45. A。本题考核的是卷内文件排列的要求。卷内文件排列：（1）文字材料按事项、专业顺序排列；（2）图纸按专业排列，同专业图纸按图号顺序排列；（3）既有文字材料又有图纸的案卷，文字材料排前，图纸排后。

46. B。本题考核的是施工进度计划审查的基本内容。根据《建设工程监理规范》GB/T 50319—2013 的规定，施工进度计划审查的基本内容：（1）施工进度计划应符合施工合同中工期的约定；（2）施工进度计划中主要工程项目无遗漏，应满足分批动用或配套动用的需要，阶段性施工进度计划应满足总进度控制目标的要求；（3）施工顺序的安排应符合施工工艺要求；（4）施工人员、工程材料、施工机械等资源供应计划应满足施工进度计划的需要；（5）施工进度计划应满足建设单位提供的施工条件（资金、施工图纸、施工场地、物资等）。

47. C。本题考核的是风险可接受评定。风险等级为大、很大的风险因素表示风险重要性较高，是不可接受的风险，需要给予重点关注；风险等级为中等的风险因素是不希望有的风险；风险等级为小的风险因素是可接受的风险；风险等级为很小的风险因素是可忽略的风险。

48. C。本题考核的是非保险转移。非保险转移一般都要付出一定的代价，有时转移风险的代价可能会超过实际发生的损失，从而对转移者不利。

49. C。本题考核的是灾难计划的内容。灾难计划的内容应满足以下要求：（1）安全撤离现场人员；（2）援救及处理伤亡人员；（3）控制事故的进一步发展，最大限度地减少资产和环境损害；（4）保证受影响区域的安全尽快恢复正常。选项 C 属于应急计划的内容。

50. A。本题考核的是工程勘察成果审查的工作内容。详勘阶段报告应满足施工图设计的要求，故选项 B 错误。勘察评估报告由总监理工程师组织各专业监理工程师编制，必要时可邀请相关专家参加，故选项 C 错误。各种室内试验和原位测试，其成果应有试验人、检查人或审核人签字。测试、试验项目委托其他单位完成时，受托单位提交的成果还应有该单位公章、单位负责人签章，故选项 D 错误。

二、多项选择题

51. AB	52. ABDE	53. BCDE	54. AC	55. CD
56. ABC	57. ACE	58. BCD	59. ACD	60. ABE
61. AB	62. ABDE	63. AB	64. ADE	65. ACD
66. ABE	67. AE	68. CDE	69. ABD	70. ABD
71. BCD	72. BCD	73. ACDE	74. BCE	75. ABC
76. ACD	77. BC	78. ABE	79. ABE	80. ACD

【解析】

51. AB。本题考核的是设计单位的安全责任。设计单位应当考虑施工安全操作和防护的需要，对涉及施工安全的重点部位和环节在设计文件中注明，并对防范生产安全事故提出指导意见。采用新结构、新材料、新工艺的建设工程和特殊结构的建设工程，设计单位应当在设计中提出保障施工作业人员安全和预防生产安全事故的措施建议。

52. ABDE。本题考核的是项目建议书的内容。项目建议书的内容视工程项目不同而有繁有简，一般应包括：(1) 项目提出的必要性和依据；(2) 产品方案、拟建规模和建设地点的初步设想；(3) 资源情况、建设条件、协作关系和设备技术引进国别、厂商的初步分析；(4) 投资估算、资金筹措及还贷方案设想；(5) 项目进度安排；(6) 经济效益和社会效益的初步估计；(7) 环境影响的初步评价。

53. BCDE。本题考核的是施工图设计文件的审查。审查的主要内容包括：(1) 是否符合工程建设强制性标准；(2) 地基基础和主体结构的安全性；(3) 勘察设计企业和注册执业人员以及相关人员是否按规定在施工图上加盖相应的图章和签字；(4) 其他法律、法规、规章规定必须审查的内容。

54. AC。本题考核的是项目董事会的职权。建设项目董事会的职权有：负责筹措建设资金；审核、上报项目初步设计和概算文件；审核、上报年度投资计划并落实年度资金；提出项目开工报告；研究解决建设过程中出现的重大问题等。选项 B、D、E 属于项目总经理的职权。

55. CD。本题考核的是应办理申请批准手续的施工现场。有下列情形之一的，建设单位应当按照国有关规定办理申请批准手续：(1) 需要临时占用规划批准范围以外场地的；(2) 可能损坏道路、管线、电力、邮电通信等公共设施的；(3) 需要临时停水、停电、中断道路交通的；(4) 需要进行爆破作业的；(5) 法律、法规规定需要办理报批手续的其他情形。

56. ABC。本题考核的是合同效力。限制民事行为能力人订立的合同，经法定代理人追认后，该合同有效，故选项 D 错误。法人或者其他组织的法定代表人、负责人超越权限订立的合同，除相对人知道或者应当知道其超越权限的以外，该代表行为有效，故选项 E 错误。

57. ACE。本题考核的是委托合同的有关规定。无偿的委托合同，因受托人的故意或者重大过失给委托人造成损失的，委托人可以要求赔偿损失，故选项 B 错误。转委托未经同意的，受托人应当对转委托的第三人的行为承担责任，但在紧急情况下受托人为维护委托人的利益需要转委托的外，故选项 D 错误。

58. BCD。本题考核的是招标人的违法行为。根据《招标投标法》第五十一条，招标人以不合理的条件限制或者排斥潜在投标人的，对潜在投标人实行歧视待遇的，强制要求投标人组成联合体共同投标的，或者限制投标人之间竞争的，责令改正，可以处一万元以上五万元以下的罚款。对于选项 A、E 的行为，给予警告，可以并处一万以上十万元以下的罚款。

59. ACD。本题考核的是建设工程最低保修期限。在正常使用条件下，建设工程最低保修期限为：(1) 基础设施工程、房屋建筑的地基基础工程和主体结构工程，为设计文件规定的该工程合理使用年限。(2) 屋面防水工程、有防水要求的卫生间、房间和外墙面的防渗漏，为 5 年，故选项 B 错误。(3) 供热与供冷系统，为 2 个供暖期、供冷期。(4) 电气管道、给水排水管道、设备安装和装修工程，为 2 年。建设工程的保修期，自竣工验收合格之日起计算，故选项 E 错误。

60. ABE。本题考核的是勘察、设计单位的违法行为。根据《建设工程质量管理条例》第六十三条，违反本条例规定，有下列行为之一的，责令改正，处 10 万元以上 30 万元以下的罚款：(1) 勘察单位未按照工程建设强制性标准进行勘察的；(2) 设计单位未根据勘察成果文件进行工程设计的；(3) 设计单位指定建筑材料、建筑构配件的生产厂、供应商的；(4) 设计单位未按照工程建设强制性标准进行设计的。

61. AB。本题考核的是建设单位的违法行为。根据《建设工程安全生产管理条例》第五十五条，建设单位有下列行为之一的，责令限期改正，处 20 万元以上 50 万元以下的罚款；造成重大安全事故，构成犯罪的，对直接责任人员，依照刑法有关规定追究刑事责任；造成损失的，依法承担赔偿责任：(1) 对勘察、设计、施工、工程监理等单位提出不符合安全生产法律、法规和强制性标准规定的要求的；(2) 要求施工单位压缩合同约定的工期的；(3) 将拆除工程发包给不具有相应资质等级的施工单位的。

62. ABDE。本题考核的是事故报告的内容。事故报告应当包括下列内容：(1) 事故发生单位概况；(2) 事故发生的时间、地点以及事故现场情况；(3) 事故的简要经过；(4) 事故已经造成或者可能造成的伤亡人数（包括下落不明的人数）和初步估计的直接经济损失；(5) 已经采取的措施；(6) 其他应当报告的情况。选项 C 属于事故调查报告的内容。

63. AB。本题考核的是招标人的违法行为。招标人有下列情形之一的，由有关行政监督部门责令改正，可以处 10 万元以下的罚款：(1) 依法应当公开招标而采用邀请招标；(2) 招标文件、资格预审文件的发售、澄清、修改的时限，或者确定的提交资格预审申请文件、投标文件的时限不符合招标投标法规定；(3) 接受未通过资格预审的单位或者个人参加投标，故选项 C 错误；(4) 接受应当拒收的投标文件，故选项 D 错误。招标人超过规定的比例收取投标保证金，由有关行政监督部门责令改正，可以处 5 万元以下的罚款，故选项 E 错误。

64. ADE。本题考核的是总监理工程师代表职责。总监理工程师应组织专业监理工程师审查施工单位报送的开工报审表及相关资料，故选项 B 错误。总监理工程师应组织审核施工单位的付款申请，签发工程款支付证书，组织审核竣工结算，故选项 C 错误。

65. ACD。本题考核的是监理人的基本工作。监理人需要完成的基本工作包括：收到工程设计文件后编制监理规划；熟悉工程设计文件；审查施工承包人提交的施工组织设计；查验施工承包人的施工测量放线成果；参加工程竣工验收，签署竣工验收意见等。选项 B、E 属于委托人的义务。

66. ABE。本题考核的是施工总承包模式。采用建设工程总承包模式，建设单位的合同关系简单，组织协调工作量小；有利于控制工程进度，可缩短建设周期；有利于工程造价控制等。缺点是合同管理难度一般较大，造成招标发包工作难度大等，故选项 C、D 错误。

67. AE。本题考核的是项目监理机构组织结构设计的内容。内容包括：(1) 选择组织结构形式；(2) 合理确定管理层次与管理跨度；(3) 划分项目监理机构部门；(4) 制定岗位职责及考核标准；(5) 选派监理人员。选项 B、D、E 属于项目监理机构设立的步骤。

68. CDE。本题考核的是工程监理单位的业务水平。每个工程监理单位的业务水平和对某类工程的熟悉程度不完全相同，在监理人员素质、管理水平和监理设备手段等方面也存在差异，这都会直接影响到监理效率的高低。

69. ABD。本题考核的是监理员职责。（1）检查施工单位投入工程的人力、主要设备的使用及运行状况；（2）进行见证取样；（3）复核工程计量有关数据；（4）检查工序施工结果；（5）发现施工作业中的问题，及时指出并向专业监理工程师报告。选项C、E属于专业监理工程师职责。

70. ABD。本题考核的是安全生产管理监理工作内容的审核要求。主要是审核安全生产管理的监理工作内容是否明确；是否制定了相应的安全生产管理实施细则；是否建立了对施工组织设计、专项施工方案的审查制度；是否建立了对现场安全隐患的巡视检查制度；是否建立了安全生产管理状况的监理报告制度；是否制定了安全生产事故的应急预案等。

71. BCD。本题考核的是监理实施细则编写依据。（1）已批准的建设工程监理规划；（2）与专业工程相关的标准、设计文件和技术资料；（3）施工组织设计、（专项）施工方案。

72. BCD。本题考核的是三大目标控制措施中的技术措施。为了对建设工程目标实施有效控制，需要对多个可能的建设方案、施工方案等进行技术可行性分析；需要对各种技术数据进行审核、比较；需要对施工组织设计、施工方案等进行审查、论证等；需要采用工程网络计划技术、信息化技术等实施动态控制。选项A属于组织措施，选项E属于合同措施。

73. ACDE。本题考核的是施工合同争议的处理。根据《建设工程监理规范》GB/T 50319—2013，项目监理机构接到处理施工合同争议要求后应进行以下工作：（1）了解合同争议情况；（2）及时与合同争议双方进行磋商；（3）提出处理方案后，由总监理工程师进行协调；（4）当双方未能达成一致时，总监理工程师应提出处理合同争议的意见。

74. BCE。本题考核的是项目监理机构批准工程延期的条件。根据《建设工程监理规范》GB/T 50319—2013，项目监理机构批准工程延期应同时满足下列三个条件：（1）施工单位在施工合同约定的期限内提出工程延期；（2）因非施工单位原因造成施工进度滞后；（3）施工进度滞后影响到施工合同约定的工期。

75. ABC。本题考核的是旁站的工作要求。监理人员实施旁站时，发现其施工活动已经或者可能危及工程质量的，应当及时向监理工程师或者总监理工程师报告，由总监理工程师下达局部暂停施工指令或者采取其他应急措施，故选项D错误。在工程竣工验收后，工程监理单位应当将旁站记录存档备查，故选项E错误。

76. ACD。本题考核的是工程开工报审表的签发条件。（1）设计交底和图纸会审已完成；（2）施工组织设计已由总监理工程师签认；（3）施工单位现场质量、安全生产管理体系已建立，管理及施工人员已到位，施工机械具备使用条件，主要工程材料已落实；（4）进场道路及水、电、通信等已满足开工要求。

77. BC。本题考核的是C类通用表的表示。通用表：（1）工作联系单；（2）工程变更单；（3）索赔意向通知书。选项A、D、E属于施工单位报审、报验用表（B类表）。

78. ABE。本题考核的是建设工程监理主要文件资料。建设工程监理主要文件资料包括：勘察设计文件、建设工程监理合同及其他合同文件；监理规划、监理实施细；设计交底和图纸会审会议纪要；施工控制测量成果报验文件资料；见证取样和平行检验文件资料；监理工作总结等。

79. ABE。本题考核的是专家调查法的方法。识别建设工程风险的方法有专家调查法、财务报表法、流程图法、初始清单法、经验数据法、风险调查法等。专家调查法主要包括头脑风暴法、德尔菲法和访谈法。

80. ACD。本题考核的是风险自留的内容。风险自留绝不可能单独运用，而应与其他风险对策结合使用，故选项 B 错误。在实行风险自留时，应保证重大和较大的建设工程风险已经进行了工程保险或实施了损失控制计划，故选项 E 错误。

2018 年度全国监理工程师资格考试试卷

一、**单项选择题**（共 50 题，每题 1 分。每题的备选项中，只有 1 个最符合题意）

1. 工程监理单位签订工程监理合同后，组建项目监理机构，严格按法律、法规和工程建设标准等实施监理，这体现了建设工程监理的（　　）。
   A. 服务性
   B. 科学性
   C. 独立性
   D. 公平性

2. 根据《建设工程监理范围和规模标准规定》（建设部令第 86 号），必须实行监理的工程是（　　）。
   A. 总投资额 2500 万元的影剧院工程
   B. 总投资额 2500 万元的生态环境保护工程
   C. 总投资额 2500 万元的水资源保护工程
   D. 总投资额 2500 万元的新能源工程

3. 根据《国务院关于投资体制改革的决定》，对于企业不使用政府资金投资建设的工程，区别不同情况实行（　　）。
   A. 核准制或登记备案制
   B. 公示制或登记备案制
   C. 听证制或公示制
   D. 听证制或核准制

4. 根据《国务院关于投资体制改革的决定》，对于采用投资补助、转贷和贷款贴息方式的政府投资工程，政府需要审批（　　）。
   A. 项目建议书
   B. 可行性研究报告
   C. 初步设计和概算
   D. 资金申请报告

5. 办理工程质量监督手续时需提供的文件是（　　）。
   A. 施工图设计文件
   B. 施工组织设计文件
   C. 监理单位质量管理体系文件
   D. 建筑工程用地审批文件

6. 实行建设项目法人责任制的项目中，项目董事会的职权是（　　）。
   A. 编制和确定招标方案
   B. 编制项目年度投资计划
   C. 提供项目竣工验收申请报告
   D. 提出项目后评价报告

7. 关于工程监理制和合同管理制两者关系的说法，正确的是（　　）。
   A. 合同管理制是实行工程监理制的重要保证

B. 合同管理制是实行工程监理制的必要条件

C. 合同管理制是实行工程监理制的充分条件

D. 合同管理制是实行工程监理制的充分必要条件

8. 根据《建筑法》，在建的建筑工程因故中止施工的，建设单位应当自中止施工之日起( )内，向发证机关报告。

A. 1周   B. 2周

C. 1个月   D. 3个月

9. 根据《合同法》，关于委托合同的说法，错误的是( )。

A. 受托人应当亲自处理委托事务

B. 受托人处理委托事务取得的财产应转交给委托人

C. 对无偿的委托合同，因受托人过失给委托人造成损失的，委托人不应要求赔偿

D. 受托人为处理委托事务垫付的必要费用，委托人应偿还该费用及利息

10. 根据《招标投标法》，依法必须进行招标的项目，招标人应当自确定中标人之日起( )日内，向有关行政监理部门提交招标投标情况的书面报告。

A. 7   B. 15

C. 20   D. 30

11. 根据《建设工程质量管理条例》，关于工程监理单位质量责任和义务的说法，正确的是( )。

A. 监理单位代表建设单位对施工质量实施监理

B. 监理单位发现施工图有差错应要求设计单位修改

C. 监理单位把施工单位现场取样的试块送检测单位

D. 监理单位组织设计、施工单位进行竣工验收

12. 根据《建设工程安全生产管理条例》，关于施工单位安全责任的说法，正确的是( )。

A. 不得压缩合同约定的工期

B. 应当为施工现场人员办理意外伤害保险

C. 将安全生产保证措施报有关部门备案

D. 保证本单位安全生产条件所需资金的投入

13. 根据《生产安全事故报告和调查处理条例》，某生产安全事故造成5人死亡、1亿元直接经济损失，该生产安全事故属于( )。

A. 特别重大事故   B. 重大事故

C. 严重事故   D. 较大事故

14. 根据《生产安全事故报告和调查处理条例》，事故发生单位主要负责人受到刑事处罚或撤职处分的，自刑罚执行完毕或受处分之日起，（　　）年之内不得担任任何生产经营单位的主要负责人。

A. 1　　　　　　　　　　　　　B. 2

C. 3　　　　　　　　　　　　　D. 5

15. 根据《招标投标法实施条例》，依法必须进行招标的项目，招标人应当组建资格审查委员会审查资格预审申请文件。自资格预审文件停止发售之日起不得少于（　　）日。

A. 3　　　　　　　　　　　　　B. 5

C. 7　　　　　　　　　　　　　D. 10

16. 根据《招标投标法实施条例》，可采用邀请招标的情形是（　　）。

A. 采购人依法能够自行建设　　　　B. 需向原中标人采购，否则影响施工

C. 需采用不可替代的专利　　　　　D. 只有少量潜在投标人可供选择

17. 根据《建设工程监理合同（示范文本）》GF—2012—0202，采用直接委托方式选定工程监理单位时，监理合同的组成文件是（　　）。

A. 委托书　　　　　　　　　　　B. 监理实施细则

C. 总监理工程师任命书　　　　　　D. 监理规划

18. 根据《招标投标法实施条例》，招标文件要求中标人提交履约保证金的，履约保证金不得超过中标合同金额的（　　）。

A. 3%　　　　　　　　　　　　B. 5%

C. 10%　　　　　　　　　　　D. 20%

19. 工程监理企业从事建设工程监理活动时，应遵循"守法、诚信、公平、科学"的准则，体现诚信准则的是（　　）。

A. 建立健全与建设单位的合作制度

B. 按照工程监理合同约定严格履行义务

C. 不得出借、转让工程监理企业资质证书

D. 具有良好的专业技术能力

20. 注册监理工程师在注册有效期满需继续执业的，应当在注册有效期满（　　）日前，按照规定的程序申请延续注册。

A. 15　　　　　　　　　　　　B. 30

C. 60　　　　　　　　　　　　D. 90

21. 注册监理工程师从事执业活动应履行的义务是（　　）。

A. 依据本人能力从事经营管理活动　　B. 获取相应的劳动报酬

C. 对本人执业活动进行解释和辩护　　　D. 保证执业活动成果的质量

22. 建设工程监理评标中采用"定性综合评估法"的优点是（　　）。
   A. 能减少评标过程中的相关干扰　　　B. 能增强评标的公正性
   C. 能集中体现各方的意见　　　D. 能增加评标的透明度

23. 根据《建设工程监理（示范文本）》GF—2012—0202，附加工作是指监理合同（　　）。
   A. 通用条件中约定的监理工作　　　B. 专用条件中约定的监理工作
   C. 相关服务中约定的监理工作　　　D. 约定的正常工作以外的监理工作

24. 根据《建设工程监理（示范文本）》GF—2012—0202，相关服务的酬金应在（　　）中约定。
   A. 协议书　　　B. 专业条件
   C. 附录 A　　　D. 附录 B

25. 根据《建设工程监理（示范文本）》GF—2012—0202，因非监理人的原因导致暂停全部监理服务时间超过（　　）d，监理人可发出解除合同的通知。
   A. 60　　　B. 90
   C. 182　　　D. 365

26. 建设工程采用平行承发包模式的优点是（　　）。
   A. 有利于缩短建设工期　　　B. 有利于业主方的合同管理
   C. 有利于工程总价的确定　　　D. 有利于减少工程招标任务量

27. 总监理工程师负责制的"核心"内容是指（　　）。
   A. 总监理工程师是建设工程监理的权力主体
   B. 总监理工程师是建设工程监理的义务主体
   C. 总监理工程师是建设工程监理的责任主体
   D. 总监理工程师是建设工程监理的利益主体

28. 关于监理人员任职与调换的说法，正确的是（　　）。
   A. 监理单位调换总监理工程师应书面通知建设单位
   B. 总监理工程师调换专业监理工程师应书面通知建设单位
   C. 总监理工程师调换专业监理工程师应口头通知建设单位
   D. 总监理工程师调换专业监理工程师不必通知建设单位

29. 关于项目监理机构中管理层次与管理跨度的说法，正确的是（　　）。
   A. 管理层次是指组织中相邻两个层次之间人员的管理关系

B. 管理跨度的确定应考虑管理活动的复杂性和相似性

C. 管理跨度是指组织的最高管理者所管理的下级人员数量总和

D. 管理层次一般包括决策、计划、组织、指挥、控制五个层次

30. 关于直线职能制组织形式的说法，正确的是(   )。

A. 直线职能制组织形式兼具职能制和矩阵制组织形式的特点

B. 直线职能制与职能制组织形式的职能部门具有相同的管理职责与权力

C. 直线职能制组织形式的直线指挥部门人员不接受职能部门的直接指挥

D. 直线职能制组织形式的信息传递路线端，有利于互通信息

31. 根据《建设工程监理规范》GB/T 50319—2013，总监理工程师可以委托给总监理工程师代表的职责是(   )。

A. 组织审查和处理工程变更   B. 组织审查专项施工方案

C. 组织工程竣工预验收   D. 组织编写工程质量评估报告

32. 关于监理规划编写要求的说法，正确的是(   )。

A. 监理规划的内容审核单位是监理单位的商务合同管理部门

B. 监理规划应由专业监理工程师参与编写并报监理单位法定代表人审批

C. 监理规划应根据工程监理合同所确定的监理范围与内容进行编写

D. 监理规划中的监理方法措施应与施工方案相符

33. 下列工作制度中，仅属于相关服务工作制度的是(   )。

A. 设计交底制度   B. 设计方案评审制度

C. 设计变更处理制度   D. 施工图纸会审制度

34. 下列工程造价控制工作中，属于项目监理机构在施工阶段控制工程造价的工作内容是(   )。

A. 定期进行工程计量   B. 审查工程预算

C. 进行建设方案比选   D. 进行投资方案论证

35. 根据《建设工程监理规范》GB/T 50319—2013，不属于监理实施细则编写依据的是(   )。

A. 已批准的监理规划

B. 施工组织设计、专项施工方案

C. 工程外部环境调查资料

D. 与专业工程相关的设计文件和技术资料

36. 关于建设工程质量、造价、进度三大目标的说法，正确的是(   )。

A. 工程项目质量、造价、进度目标以定性分析为主，定量分析为辅

B. 建设工程三大目标中，应确保工程质量目标符合工程建设强制性标准

C. 分析论证建设工程三大目标的匹配性时应以同等权重对待

D. 建设工程三大目标的实现是指实现工程项目"质量优、投资省"的目标

37. 下列工程进度控制任务重，属于项目监理机构在施工阶段控制进度的任务是(　　)。

A. 编制工程建设总进度计划　　　　　　B. 依据进度控制纲要确定合同工期

C. 进行工程项目建设目标论证　　　　　D. 审查施工单位提交的进度计划

38. 项目监理机构处理工程索赔事宜是建设工程目标控制重要的(　　)措施。

A. 技术　　　　　　　　　　　　　　　B. 合同

C. 经济　　　　　　　　　　　　　　　D. 组织

39. 总监理工程师组织专业监理工程师审查施工单位报送的工程开工报审表及相关资料时，不属于审查内容的是(　　)。

A. 设计交底和图纸会审是否完成

B. 施工许可证是否已办理

C. 施工单位质量管理体系是否建立

D. 施工组织设计是否已经由总监理工程师审查签认

40. 关于第一次工地会议的说法，正确的是(　　)。

A. 第一次工地会议应由总监理工程师组织召开

B. 第一次工地会议应在总监理工程师下达开工令后召开

C. 第一次工地会议的会议纪要由建设单位负责整理

D. 第一次工地会议总监理工程师应介绍监理规划等相关内容

41. 根据《合同法》，工程勘察合同属于(　　)。

A. 承揽合同　　　　　　　　　　　　　B. 技术咨询合同

C. 委托合同　　　　　　　　　　　　　D. 建设工程合同

42. 根据《建设工程监理规范》GB/T 50319—2013，旁站是指项目监理机构对施工现场(　　)进行的监督活动。

A. 危险性较大的分部工程施工质量　　　B. 危险性较大的分部工程施工安全

C. 关键部位或关键工序施工质量　　　　D. 关键部位或关键工序施工安全

43. 项目监理机构应发出监理通知单的情形是(　　)。

A. 施工单位违反工程建设强制性标准的

B. 施工单位未经批准擅自施工或拒绝项目监理机构管理的

C. 施工单位在施工过程中出现不符合工程建设标准或合同约定的

D. 施工单位的施工存在重大质量、安全事故隐患的

44. 关于监理例会的说法，正确的是(   )。

A. 监理例会可以由建设单位组织召开

B. 监理例会的讨论内容是工程质量安全问题

C. 监理例会的会议纪要由建设单位签发

D. 监理例会的决议事项应有落实单位和时限要求

45. 关于建设工程监理文件资料管理的说法，正确的是(   )。

A. 监理文件资料有追溯性要求时，收文登记应注意核查所填内容是否可追溯

B. 监理文件资料的收文登记人员应确定该文件资料是否需传阅及传阅范围

C. 监理文件资料完成传阅程序后应按监理单位对项目检查的需要进行分类存放

D. 监理文件资料应按施工总承包单位、分包单位和材料供应单位进行分类

46. 根据《建设工程文件归档规范》GB/T 50320—2014，由建设单位和监理单位长期保存的监理文件资料是(   )。

A. 监理规划   B. 工程暂停令

C. 工程竣工决算审核意见书   D. 供货单位资质材料

47. 关于风险识别方法的说法，正确的是(   )。

A. 流程图法不仅分析流程本身，也可显示发生问题的损失值或损失发生的概率

B. 分析初始清单是项目分析管理的检验总结，可以作为项目风险识别的最终结论

C. 经验数据法根据已建各类建设工程与风险有关的统计数据来识别拟建工程风险

D. 专家调查法是从分析具体工程特点入手，对已经识别出的风险进行鉴别和确认

48. 下列风险等级图中，风险最大数相等的是(   )。

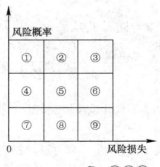

A. ①②③   B. ②④⑥

C. ①⑤⑨   D. ③⑤⑦

49. 根据《建设工程监理规范》GB/T 50319—2013，下列表式中，不需要总监理工程师加盖执业印章，但需要建设单位盖章的是(   )。

A. 施工组织设计报审表   B. 专业施工方案报审表

C. 工程开工报审表   D. 工程复工报审表

50. 根据《建设工程监理规范》GB/T 50319—2013，工程监理单位在审查设计单位提出的新材料、新工艺、新技术、新设备在相关部门的备案情况，必要时应协助（   ）。

A. 设计单位组织专家复审　　　　　B. 相关部门组织专家论证

C. 建设单位组织专家评审　　　　　D. 使用单位整理备案资料

二、多项选择题 (共 30 题，每题 2 分。每题的备选项中，有 2 个或 2 个以上符合题意，至少有 1 个错项。错选，本题不得分；少选，所选的每个选项得 0.5 分)

51. 根据《国务院关于投资体制改革的决定》，采用资本金注入方式的政府投资工程，政府需要从投资决策角度审批的事项有（   ）。

A. 项目建议书　　　　　　　　　　B. 可行性研究报告

C. 初步设计　　　　　　　　　　　D. 工程预算

E. 开工报告

52. 项目建议书是拟建项目单位向政府投资主管部门提出的要求建设某一工程项目的建议文件，应包括的内容有（   ）。

A. 项目提出的必要性和依据　　　　B. 项目社会稳定风险评估

C. 项目建设地点的初步设想　　　　D. 项目的进度安排

E. 项目融资风险分析

53. 实行建设项目法人责任制的项目中，项目总经理的职权有（   ）。

A. 上报项目初步设计　　　　　　　B. 编制和确定招标方案

C. 编制项目年度投资计划　　　　　D. 提出项目开工报告

E. 提出项目后评价报告

54. 根据《建筑法》，建设单位申请领取施工许可证，应当具备的条件有（   ）。

A. 已经办理该建筑工程用地批准手续

B. 已取得规划许可证

C. 建设资金已落实

D. 已确定建筑施工企业

E. 已确定工程监理企业

55. 根据《合同法》，关于要约的说法，正确的有（   ）。

A. 拒绝要约的通知到达要约人，该要约失效

B. 撤回要约的通知在受要约人发出承诺通知时到达受要约人，要约可撤销

C. 受要约人对要约的内容作出实质性变更，该要约失效

D. 承诺期限届满，受要约人未作出承诺，该要约有效

E. 要约人依法撤销要约，该要约失效

56. 根据《合同法》，合同权利义务的终止，不影响合同中约定的条款有（   ）。

A. 预付款支付义务   B. 结算和清理条款

C. 通知义务   D. 缺陷责任条款

E. 保密义务

57. 根据《建设工程质量管理条例》，建设单位的质量责任和义务有（   ）。

A. 不使用未经审查批准的施工图设计文件

B. 责令改正工程质量问题

C. 不得任意压缩合理工期

D. 签署工程质量保修书

E. 向有关部门移交建设项目档案

58. 根据《建设工程质量管理条例》，建设工程竣工验收应具备的条件有（   ）。

A. 有完整的技术档案和施工管理资料

B. 有施工、监理等单位分别签署的质量合格文件

C. 有质量监督机构签署的质量合格文件

D. 有工程造价结算报告

E. 有施工单位签署的工程保修书

59. 根据《建设工程质量管理条例》，关于违反条例规定进行罚款的说法，正确的有（   ）。

A. 必须实行工程监理但未实行的，对建设单位处 20 万元以上 50 万元以下罚款

B. 未按规定办理工程质量监督手续的，对施工单位处 20 万元以上 50 万元以下罚款

C. 超越本单位资质等级承揽工程监理业务的，对监理单位处监理酬金 1 倍以上 2 倍以下罚款

D. 工程监理单位转让工程监理业务的，对监理单位处监理酬金 1 倍以上 2 倍以下罚款

E. 未按照工程建设强制性标准进行设计的，对设计单位处 10 万元以上 30 万元以下罚款

60. 根据《建设工程质量管理条例》，属于施工单位安全责任的有（   ）。

A. 拆除工程施工前，向有关部门送达拆除施工组织方案

B. 列入工程概算的安全作业环境所需费用不得挪作他用

C. 对所承担的建设工程进行定期和专项安全检查并做好安全检查记录

D. 为施工现场从事危险作业的人员办理意外伤害保险

E. 向作业人员提供安全防护用具和安全防护服装

61. 根据《建设工程质量管理条例》，达到一定规模的危险性较大的分部分项工程中，施工单位还应当组织专家对专项施工方案进行论证，审查的分部分项工程有（   ）。

A. 深基坑工程   B. 脚手架工程

C. 地下暗挖工程　　　　　　　　　D. 起重吊装工程

E. 拆除爆破工程

62. 根据《生产安全事故报告和调查处理条例》，生产安全事故发生后，有关单位和部门应逐级上报事故情况，事故报告内容包括（　　　）。

A. 事故发生单位概况　　　　　　　B. 事故发生的现场情况

C. 已采取的措施　　　　　　　　　D. 事故发生的原因

E. 事故发生的性质

63. 注册监理工程师在执业活动中应严格遵守的职业道德守则有（　　　）。

A. 履行工程监理合同规定的义务

B. 根据本人的能力从事监理的执业活动

C. 不以个人名义承揽监理业务

D. 接受继续教育

E. 坚持独立自主地开展工作

64. 注册监理工程师从事执业活动时享有的权利有（　　　）。

A. 使用注册监理工程师称谓

B. 执行技术标准、规范和规程

C. 保管和使用本人的注册证书和执业印章

D. 对侵犯本人权利的行为进行申诉

E. 保守在执业中知悉的商业秘密

65. 根据《建设工程监理合同（示范文本）》GF—2012—0202，监理人需要完成的基本工作有（　　　）。

A. 主持图纸会审和设计交底会议

B. 检查施工承包人的实验室

C. 查验施工承包人的施工测量放线成果

D. 审核施工承包人提交的工程款支付申请

E. 编写工程质量评估报告

66. 建设工程采用工程总承包模式的优点有（　　　）。

A. 合同关系简单　　　　　　　　　B. 有利于进度控制

C. 有利于工程造价控制　　　　　　D. 有利于工程质量控制

E. 合同管理难度小

67. 根据《建设工程监理合同（示范文本）》GF—2012—0202，对于招标的监理工程，建设工程监理合同组成文件有（　　　）。

A. 中标通知书　　　　　　　　　　B. 投标文件

C. 招标文件   D. 专用条件

E. 招标公告

68. 矩阵制监理组织形式的优点有（　　　）。

A. 部门之间协调工作量小   B. 有利于监理人员业务能力的培养

C. 有利于解决复杂问题   D. 具有较好的适应性

E. 具有较好的机动性

69. 根据《建设工程监理规范》GB/T 50319—2013，属于监理员职责的有（　　　）。

A. 检查工序施工结果   B. 参与验收分部工程

C. 进行见证取样   D. 进行工程计量

E. 参与整理监理文件资料

70. 根据《建设工程监理规范》GB/T 50319—2013 的规定，属于监理规划主要内容的有（　　　）。

A. 安全生产管理制度   B. 监理工作制度

C. 监理工作设施   D. 工程造价控制

E. 工程进度计划解析

71. 下列工作流程中，监理工作涉及的有（　　　）。

A. 分包单位招标选择流程   B. 质量三检制度落实流程

C. 隐蔽工程验收流程   D. 质量问题处理审核流程

E. 开工审核工作流程解析

72. 下列目标控制措施中，属于经济措施的有（　　　）。

A. 建立动态控制过程中的激励资质

B. 审核工程量及工程结算报告

C. 对工程变更方案进行技术经济分析

D. 选择合理的承发包模式和合同计价方式

E. 进行投资偏差分析和未完工程投资预测

73. 建设工程信息管理系统可以为项目监理机构提供的支持是（　　　）。

A. 标准化、结构化的数据   B. 预测、决策所需的信息及分析模型

C. 工程目标动态控制的分析报告   D. 工程变更的优化设计方案

E. 解决工程监理问题的备选方案

74. 项目监理结构对监理单位内部检测设备需求进行协调平衡时应注意的内容有（　　　）。

A. 规格的明确性   B. 数量的准确性

C. 质量的规定性   D. 期限的及时性

E. 使用的规范性

75. 项目监理机构编制的见证取样实施细则应包括的内容有(　　)。

A. 见证取样方法　　　　　　　　B. 见证取样范围

C. 见证人员职责　　　　　　　　D. 见证工作程序

E. 见证试验方法

76. 根据《建设工程监理规范》GB/T 50319—2013，监理工作总结应包括的内容有(　　)。

A. 项目监理目标　　　　　　　　B. 项目监理工作内容

C. 项目监理机构　　　　　　　　D. 监理工作成效

E. 监理工作程序

77. 项目监理机构编制的工程质量评估报告，包括的内容有(　　)。

A. 工程参建单位　　　　　　　　B. 工程质量验收情况

C. 竣工验收情况　　　　　　　　D. 监理工作经验与教训

E. 工程质量事故处理情况

78. 根据《建设工程监理规范》GB/T 50319—2013，监理日志应包括的内容有(　　)。

A. 旁站情况　　　　　　　　　　B. 工地会议记录

C. 巡视情况　　　　　　　　　　D. 存在问题及处理

E. 平行检验情况

79. 下列风险管理工作中，属于风险分析与评价工作内容的有(　　)。

A. 确定单一风险因素发生的概论

B. 分析单一风险因素的影响范围大小

C. 分析各个风险因素之间相关性的大小

D. 分析各个风险因素最适宜的管理措施

E. 分析各个风险因素的结果

80. 工程设计阶段，工程监理单位协助建设单位报审工程设计文件时，需要开展的工作内容有(　　)。

A. 了解政府对设计文件的审批程序、报审条件等信息

B. 向相关部门咨询，获得相关部门的咨询意见

C. 事前检查设计文件及附件的完整性、合规性

D. 联系相关政府部门，及时向建设单位反馈审批意见

E. 协助设计单位落实政府有部门的审批意见

2018年度全国监理工程师资格考试试卷参考答案及解析

一、单项选择题

1. C	2. A	3. A	4. D	5. B
6. C	7. A	8. C	9. C	10. B
11. A	12. D	13. A	14. D	15. B
16. D	17. A	18. C	19. A	20. B
21. D	22. C	23. D	24. C	25. C
26. A	27. C	28. B	29. B	30. C
31. A	32. C	33. B	34. A	35. C
36. B	37. D	38. B	39. B	40. D
41. D	42. C	43. C	44. D	45. A
46. B	47. C	48. C	49. D	50. C

【解析】

1. C。本题考核的是建设工程监理的性质。按照独立性要求，工程监理单位应严格按照法律法规、工程建设标准、勘察设计文件、建设工程监理合同及有关建设工程合同等实施监理。

2. A。本题考核的是国家规定必须实行监理的其他工程。国家规定必须实行监理的其他工程是指：（1）项目总投资额在3000万元以上关系社会公共利益、公众安全的下列基础设施项目：①煤炭、石油、化工、天然气、电力、新能源等项目；②铁路、公路、管道、水运、民航以及其他交通运输业等项目；③邮政、电信枢纽、通信、信息网络等项目；④防洪、灌溉、排涝、发电、引（供）水、滩涂治理、水资源保护、水土保持等水利建设项目；⑤道路、桥梁、地铁和轻轨交通、污水排放及处理、垃圾处理、地下管道、公共停车场等城市基础设施项目；⑥生态环境保护项目；⑦其他基础设施项目。（2）学校、影剧院、体育场馆项目。

3. A。本题考核的是非政府投资工程的内容。非政府投资工程是对于企业不使用政府资金投资建设的工程，政府不再进行投资决策性质的审批，区别不同情况实行核准制或登记备案制。

4. D。本题考核的是政府投资工程的内容。政府投资工程是对于采用直接投资和资本金注入方式的政府投资工程，政府需要从投资决策的角度审批项目建议书和可行性研究报告，除特殊情况外，不再审批开工报告，同时还要严格审批其初步设计和概算；对于采用投资补助、转贷和贷款贴息方式的政府投资工程，则只审批资金申请报告。

5. B。本题考核的是办理质量监督注册手续需提供的资料。办理质量监督注册手续时需提供下列资料：（1）施工图设计文件审查报告和批准书；（2）中标通知书和施工、监理合同；（3）建设单位、施工单位和监理单位工程项目的负责人和机构组成；（4）施工组织设计和监理规划（监理实施细则）；（5）其他需要的文件资料。

6. C。本题考核的是项目董事会的职权。建设项目董事会的职权有：负责筹措建设资金；审核、上报项目初步设计和概算文件；审核、上报年度投资计划并落实年度资金；提出项目开工报告；研究解决建设过程中出现的重大问题；负责提出项目竣工验收申请报告；审定偿还债务计划和生产经营方针，并负责按时偿还债务；聘任或解聘项目总经理，并根据总经理的提名，聘任或解聘其他高级管理人员。

7. A。本题考核的是工程监理制和合同管理制两者的关系。合同管理制与工程监理制的关系：（1）合同管理制是实行工程监理制的重要保证。建设单位委托监理时，需要与工程监理单位建立合同关系，明确双方的义务和责任。工程监理单位实施监理时，需要通过合同管理控制工程质量、造价和进度目标。合同管理制的实施，为工程监理单位开展合同管理工作提供了法律和制度支持。（2）工程监理制是落实合同管理制的重要保障。实行工程监理制，建设单位可以通过委托工程监理单位做好合同管理工作，更好地实现建设工程项目目标。

8. C。本题考核的是施工许可证的有效期。在建的建筑工程因故中止施工的，建设单位应当自中止施工之日起1个月内，向发证机关报告，并按照规定做好建筑工程的维护管理工作。

9. C。本题考核的是委托人的主要权利和义务。有偿的委托合同，因受托人的过错给委托人造成损失的，委托人可以要求赔偿损失。无偿的委托合同，因受托人的故意或者重大过失给委托人造成损失的，委托人可以要求赔偿损失。受托人超越权限给委托人造成损失的，应当赔偿损失。

10. B。本题考核的是定标的期限。招标人应按有关规定在招标投标监督部门指定的媒体或场所公示推荐的中标候选人，并根据相关法律法规和招标文件规定的定标原则和程序确定中标人，向中标人发出中标通知书。同时，将中标结果通知所有未中标的投标人，并在15日内按有关规定将监理招标投标情况书面报告提交招标投标行政监督部门。

11. A。本题考核的是建设工程监理实施。工程监理单位应当依照法律、法规以及有关技术标准、设计文件和建设工程承包合同，代表建设单位对施工质量实施监理，并对施工质量承担监理责任。

12. D。本题考核的是安全生产责任制度的内容。施工单位主要负责人依法对本单位的安全生产工作全面负责。施工单位应当建立健全安全生产责任制度，制定安全生产规章制度和操作规程，保证本单位安全生产条件所需资金的投入，对所承担的建设工程进行定期和专项安全检查，并做好安全检查记录。故选项D正确。

13. A。本题考核的是生产安全事故的分类。根据生产安全事故造成的人员伤亡或者直接经济损失，生产安全事故分为以下等级：（1）特别重大生产安全事故是指造成30人及以上死亡，或者100人及以上重伤（包括急性工业中毒，下同），或者1亿元及以上直接经济损失的事故。（2）重大生产安全事故是指造成10人及以上30人以下死亡，或者50人及以上100人以下重伤，或者5000万元及以上1亿元以下直接经济损失的事故。（3）较大生产安全事故是指造成3人及以上10人以下死亡，或者10人及以上50人以下重伤，或者1000万元及以上5000万元以下直接经济损失的事故。（4）一般生产安全事故是指造成3人以下死亡，或者10人以下重伤，或者1000万元以下直接经济损失的事故。

14. D。本题考核的是主要负责人的法律责任。根据《生产安全事故报告和调查处理条例》第40条的规定，事故发生单位对事故发生负有责任的，由有关部门依法暂扣或者吊销其有关证照；对事故发生单位负有事故责任的有关人员，依法暂停或者撤销其与安全生产有关的执业资格、岗位证书；事故发生单位主要负责人受到刑事处罚或者撤职处分的，自刑罚执行完毕或者受处分之日起，5年内不得担任任何生产经营单位的主要负责人。

15．B。本题考核的是资格预审文件的提交。招标人应当合理确定提交资格预审申请文件的时间。依法必须进行招标的项目提交资格预审申请文件的时间，自资格预审文件停止发售之日起不得少于5日。

16．D。本题考核的是可以邀请招标的项目。可以邀请招标的项目。国有资金占控股或者主导地位的依法必须进行招标的项目，应当公开招标；但有下列情形之一的，可以邀请招标：（1）技术复杂、有特殊要求或者受自然环境限制，只有少量潜在投标人可供选择；（2）采用公开招标方式的费用占项目合同金额的比例过大。

17．A。本题考核的是监理合同的组成文件。建设工程监理合同的组成文件包括：（1）协议书；（2）中标通知书（适用于招标工程）或委托书（适用于非招标工程）；（3）投标文件（适用于招标工程）或监理与相关服务建议书（适用于非招标工程）；（4）专用条件；（5）通用条件；（6）附录。因为工程采用直接委托方式选定的监理单位，故属于非招标工程，因此选项A正确。

18．C。本题考核的是履约保证金的提交。招标文件要求中标人提交履约保证金的，中标人应当按照招标文件的要求提交。履约保证金不得超过中标合同金额的10%。

19．A。本题考核的是企业信用管理制度。诚信，即诚实守信。工程监理企业应当建立健全企业信用管理制度。包括：（1）建立健全合同管理制度；（2）建立健全与建设单位的合作制度，及时进行信息沟通，增强相互间信任；（3）建立健全建设工程监理服务需求调查制度，这也是企业进行有效竞争和防范经营风险的重要手段之一；（4）建立企业内部信用管理责任制度，及时检查和评估企业信用实施情况，不断提高企业信用管理水平。

20．B。本题考核的是延续注册的时效。注册监理工程师每一注册有效期为3年，注册有效期满需继续执业的，应当在注册有效期满30日前，按照规定的程序申请延续注册。延续注册有效期3年。

21．D。本题考核的是注册监理工程师从事职业活动应履行的义务。注册监理工程师应当履行下列义务：（1）遵守法律、法规和有关管理规定；（2）履行管理职责，执行技术标准、规范和规程；（3）保证执业活动成果的质量，并承担相应责任；（4）接受继续教育，努力提高执业水准；（5）在本人执业活动所形成的建设工程监理文件上签字、加盖执业印章；（6）保守在执业中知悉的国家秘密和他人的商业、技术秘密；（7）不得涂改、倒卖、出租、出借或者以其他形式非法转让注册证书或者执业印章；（8）不得同时在两个或者两个以上单位受聘或者执业；（9）在规定的执业范围和聘用单位业务范围内从事执业活动；（10）协助注册管理机构完成相关工作。

22．C。本题考核的是"定性综合评估法"的优点。定性综合评估法的优点是不量化各项评审指标，简单易行，能在广泛深入地开展讨论分析的基础上集中各方面观点，有利于评标委员会成员之间的直接对话和深入交流，集中体现各方意见，能使综合实力强、方案先进的投标单位处于优势地位。

23．D。本题考核的是附件工作的定义。建设工程监理合同履行期限延长、工作内容增加。除不可抗力外，因非监理人的原因导致监理人履行合同期限延长、内容增加时，监理人应将此情况与可能产生的影响及时通知委托人。增加的监理工作时间、工作内容应视为附加工作。附加工作酬金的确定方法在专用条件中约定。故符合选项 D 的说法。

24．C。本题考核的是附录 A 需要约定的内容。通用条件 2.1.3 款规定，"相关服务的范围和内容在附录 A 中约定。"因此，合同双方可在附录 A 中明确约定工程勘察、设计、保修等阶段相关服务的范围和内容，以及其他服务（专业技术咨询、外部协调工作等）的范围和内容。同时，应注意与协议书中约定的相关服务期限相协调。

25．C。本题考核的是建设工程监理合同暂停履行与解除。因非监理人的原因导致暂停全部或部分监理或相关服务的时间超过 182d，监理人可自主选择继续等待委托人恢复服务的通知，也可向委托人发出解除全部或部分义务的通知。若暂停服务仅涉及合同约定的部分工作内容，则视为委托人已将此部分约定的工作从委托任务中删除，监理人不需要再履行相应义务；如果暂停全部服务工作，按委托人违约对待，监理人可单方解除合同。监理人可发出解除合同的通知，合同自通知到达委托人时解除。委托人应将监理与相关服务的酬金支付至合同解除日。

26．A。本题考核的是平行承发包模式的优点。采用平行承发包模式，由于各承包单位在其承包范围内同时进行相关工作，有利于缩短工期、控制质量，也有利于建设单位在更广范围内选择施工单位。

27．C。本题考核的是总监理工程师负责制的"核心"内容。总监理工程师是建设工程监理的责任主体。总监理工程师是实现建设工程监理目标的最高责任者，应是向建设单位和工程监理单位所负责任的承担者。责任是总监理工程师负责制的核心，它构成了对总监理工程师的工作压力和动力，也是确定总监理工程师权力和利益的依据。

28．B。本题考核的是监理人员任职与调换。工程监理单位更换、调整项目监理机构监理人员，应做好交接工作，保持建设工程监理工作的连续性。工程监理单位调换总监理工程师，应征得建设单位书面同意；调换专业监理工程师时，总监理工程师应书面通知建设单位。

29．B。本题考核的是项目监理机构的组织结构设计。管理层次是指组织的最高管理者到最基层实际工作人员之间等级层次的数量。故选项 A 错误。管理层次可分为三个层次，即决策层、中间控制层和操作层。故选项 D 错误。项目监理机构中管理跨度的确定应考虑监理人员的素质、管理活动的复杂性和相似性、监理业务的标准化程度、各规章制度的建立健全情况、建设工程的集中或分散情况等。故选项 B 正确。管理跨度是指一名上级管理人员所直接管理的下级人数。故选项 C 错误。

30．C。本题考核的是直线职能制组织形式的内容。直线职能制组织形式是吸收直线制组织形式和职能制组织形式的优点而形成的一种组织形式。故选项 A 错误。直线职能制组织形式将管理部门和人员分为两类：一类是直线指挥部门的人员，他们拥有对下级实行指挥和发布命令的权力，并对该部门的工作全面负责；另一类是职能部门的人员，他们是直线指挥人员的参谋，他们只能对下级部门进行业务指导，而不能对下级部门直接进行指挥和发布命令。职能制组织形式是在项目监理机构内设立一些职能部门，将相应的监理职责和权力交给职能部门，各职能部门在其职能范围内有权直接发布指令指挥下级。故选项 B 错误、选项 C 正确。直线职能制组织形式既保持了直线制组织实行直线领导、统一指挥、职责分明的优点，又保持了职能制组织目标管理专业化的优点。缺点是职能部门与指挥部门易产生矛盾，信息传递路线长，不利于互通信息。故选项 D 错误。

31. A。本题考核的是总监理工程师可以委托给总监理工程师代表的职责。总监理工程师不得将下列工作委托给总监理工程师代表：（1）组织编制监理规划，审批监理实施细则；（2）根据工程进展及监理工作情况调配监理人员；（3）组织审查施工组织设计、（专项）施工方案；（4）签发工程开工令、暂停令和复工令；（5）签发工程款支付证书，组织审核竣工结算；（6）调解建设单位与施工单位的合同争议，处理工程索赔；（7）审查施工单位的竣工申请，组织工程竣工预验收，组织编写工程质量评估报告，参与工程竣工验收；（8）参与或配合工程质量安全事故的调查和处理。

32. C。本题考核的是监理规划编写的要求。监理规划在编写完成后需进行审核并经批准。监理单位的技术管理部门是内部审核单位，技术负责人应当签认。故选项A错误。监理规划应由总监理工程师参与编写。故选项B错误。建设工程监理合同的相关条款和内容是编写监理规划的重要依据，主要包括：监理工作范围和内容，监理与相关服务依据，工程监理单位的义务和责任，建设单位的义务和责任等。故选项C正确。

33. B。本题考核的是相关服务工作制度。如果提供相关服务时，还需要建立以下制度：（1）项目立项阶段：包括可行性研究报告评审制度和工程估算审核制度等。（2）设计阶段：包括设计大纲、设计要求编写及审核制度，设计合同管理制度，设计方案评审办法，工程概算审核制度，施工图纸审核制度，设计费用支付签认制度，设计协调会制度等。（3）施工招标阶段：包括招标管理制度，标底或招标控制价编制及审核制度，合同条件拟订及审核制度，组织招标实务有关规定等。

34. A。本题考核的是工程造价控制的工作内容。工程造价控制工作内容包括：（1）熟悉施工合同及约定的计价规则，复核、审查施工图预算；（2）定期进行工程计量，复核工程进度款申请，签署进度款付款签证；（3）建立月完成工程量统计表，对实际完成量与计划完成量进行比较分析，发现偏差的，应提出调整建议，并报告建设单位；（4）按程序进行竣工结算款审核，签署竣工结算款支付证书。

35. C。本题考核的是监理实施细则的编写依据。根据《建设工程监理规范》GB/T 50319—2013的规定，监理实施细则编写的依据包括：（1）已批准的建设工程监理规划；（2）与专业工程相关的标准、设计文件和技术资料；（3）施工组织设计、（专项）施工方案。

36. B。本题考核的是建设工程质量、造价、进度三大目标的基本内容定性分析与定量分析相结合。在建设工程目标系统中，质量目标通常采用定性分析方法，而造价、进度目标可采用定量分析方法。不同建设工程三大目标可具有不同的优先等级。通过分析可知选项A不符题意，故选项A错误。分析论证建设工程总目标，应遵循下列基本原则：（1）确保建设工程质量目标符合工程建设强制性标准。（2）定性分析与定量分析相结合。（3）不同建设工程三大目标可具有不同的优先等级。故选项B正确。建设工程三大目标之间密切联系、相互制约，需要应用多目标决策、多级梯阶、动态规划等理论统筹考虑、分析论证，努力在"质量优、投资省、工期短"之间寻求最佳匹配。故选项C、D错误。

37. D。本题考核的是项目监理机构在施工阶段控制进度的任务。项目监理机构在建设工程施工阶段进度控制的主要任务是通过完善建设工程控制性进度计划、审查施工单位提交的进度计划、做好施工进度动态控制工作、协调各相关单位之间的关系、预防并处理好工期索赔，力求实际施工进度满足计划施工进度的要求。

38. B。本题考核的是三大目标的合同措施。加强合同管理是控制建设工程目标的重要措施。建设工程总目标及分目标将反映在建设单位与工程参建主体所签订的合同之中。通过选择合理的承发包模式和合同计价方式，选定满意的施工单位及材料设备供应单位，拟订完善的合同条款，并动态跟踪合同执行情况及处理好工程索赔等，是控制建设工程目标的重要合同措施。

39. B。本题考核的是工程开工报审表（B.0.2）。单位工程具备开工条件时，施工单位需要向项目监理机构报送《工程开工报审表》。同时具备下列条件时，由总监理工程师签署审查意见，并报建设单位批准后，总监理工程师方可签发《工程开工令》：（1）设计交底和图纸会审已完成；（2）施工组织设计已由总监理工程师签认；（3）施工单位现场质量、安全生产管理体系已建立，管理及施工人员已到位，施工机械具备使用条件，主要工程材料已落实；（4）进场道路及水、电、通信等已满足开工要求。

40. D。本题考核的是第一次工地会议的内容。第一次工地会议是建设工程尚未全面展开、总监理工程师下达开工令前（故选项B错误），建设单位、工程监理单位和施工单位对各自人员及分工、开工准备、监理例会的要求等情况进行沟通和协调的会议，也是检查开工前各项准备工作是否就绪并明确监理程序的会议。第一次工地会议应由建设单位主持（故选项A错误），监理单位、总承包单位授权代表参加，也可邀请分包单位代表参加，必要时可邀请有关设计单位人员参加。第一次工地会议上，总监理工程师应介绍监理工作的目标、范围和内容、项目监理机构及人员职责分工、监理工作程序、方法和措施等。故选项D正确。会议纪要由项目监理机构根据会议记录整理。故选项C错误。

41. D。本题考核的是建设工程合同的种类。建设工程合同包括工程勘察、设计、施工合同。

42. C。本题考核的是旁站的定义。旁站是指项目监理机构对工程的关键部位或关键工序的施工质量进行的监督活动。

43. C。本题考核的是发出监理通知单的情形。施工单位发生下列情况时，项目监理机构应发出监理通知：（1）在施工过程中出现不符合设计要求、工程建设标准、合同约定；（2）使用不合格的工程材料、构配件和设备；（3）在工程质量、造价、进度等方面存在违规等行为。

44. D。本题考核的是监理例会的基本内容。监理例会的会议纪要由项目监理机构根据会议记录整理（分析可知监理例会的会议纪要有项目监理机构签发，故选项C错误。），主要内容包括：（1）会议地点及时间；（2）会议主持人；（3）与会人员姓名、单位、职务；（4）会议主要内容、决议事项及其负责落实单位、负责人和时限要求；（5）其他事项。故选项D正确。项目监理机构应定期召开监理例会，并组织有关单位研究解决与监理相关的问题。故选项A错误。监理例会是项目监理机构定期组织有关单位研究解决与监理相关问题的会议。故选项B错误。

45. A。本题考核的是建设工程监理文件资料收文与登记。在监理文件资料有追溯性要求的情况下，应注意核查所填内容是否可追溯。故选项A正确。项目监理机构文件资料管理人员应检查监理文件资料的各项内容填写和记录是否真实完整，签字认可人员应为符合相关规定的责任人员，并且不得以盖章和打印代替手写签认。故选项B错误。建设工程监理文件资料经收/发文、登记和传阅工作程序后，必须进行科学的分类后进行存放。无明确规定需要按监理单位对项目检查的需要和按施工总承包单位，分包单位和材料供应单位进行分类。故选项 C、D 错误。

46. B。本题考核的是建设工程监理文件资料归档范围和保管期限。建设工程监理文件资料归档范围和保管期限见下表所示。

建设工程监理文件资料归档范围和保管期限

序号	文件资料名称		保存单位和保管期限		
			建设单位	监理单位	城建档案管理部门保存
1	项目监理机构及负责人名单		长期	长期	√
2	建设工程监理合同长期		长期	长期	√
3	监理规划	① 监理规划	长期	短期	√
		② 监理实施细则	长期	短期	√
		③ 项目监理机构总控制计划等	长期	短期	—
4	监理月报中的有关质量问题		长期	长期	√
5	监理会议纪要中的有关质量问题		长期	长期	√
6	进度控制	① 工程开工令/复工令	长期	长期	√
		② 工程暂停令	长期	长期	√
7	质量控制	① 不合格项目通知	长期	长期	√
		② 质量事故报告及处理意见	长期	长期	√
8	造价控制	① 预付款报审与支付	短期	—	
		② 月付款报审与支付	短期	—	
		③ 设计变更、洽商费用报审与签认	短期	—	
		④ 工程竣工决算审核意见书	长期		√
9	分包资质	① 分包单位资质材料	长期		
		② 供货单位资质材料	长期		
		③ 试验等单位资质材料	长期		
10	监理通知	① 有关进度控制的监理通知	长期	长期	
		② 有关质量控制的监理通知	长期	长期	
		③ 有关造价控制的监理通知	长期	长期	
11	合同及其他事项管理	① 工程延期报告及审批	永久	长期	√
		② 费用索赔报告及审批	长期	长期	
		③ 合同争议、违约报告及处理意见	永久	长期	√
		④ 合同变更材料	长期	长期	
12	监理工作总结	① 专题总结	长期	短期	—
		② 月报总结	长期	短期	—
		③ 工程竣工总结	长期	长期	√
		④ 质量评价意见报告	长期	长期	√

47. C。本题考核的是风险识别的方法。运用流程图分析，工程项目管理人员可以明确地发现建设工程所面临的风险。但流程图分析仅着重于流程本身，而无法显示发生问题的损失值或损失发生的概率。故选项 A 错误。初始清单只是为了便于人们较全面地认识风险的存在，而不至于遗漏重要的建设工程风险，但并不是风险识别的最终结论。故选项 B 错误。经验数据法也称统计资料法，即根据已建各类建设工程与风险有关的统计资料来识

别拟建工程风险。故选项 C 正确。专家调查法是以专家作为索取信息的对象，依靠专家的知识和经验，由专家通过调查研究对问题作出判断、评估和预测的一种方法。故选项 D 错误。专家调查法教材中没有过多的进行讲解考生了解即可。

48. C。本题考核的是风险重要性评定的方法。将风险事件发生概率（P）的等级和风险后果（O）的等级分别划分为大（H）、中（M）、小（L）三个区间，即可形成如下图所示的 9 个不同区域。在这 9 个不同区域中，有些区域的风险量是大致相等的，因此，可以将风险量的大小分为 5 个等级：①VL（很小）；②L（小）；③M（中等）；④H（大）；⑤VH（很大）。

风险等级图

49. D。本题考核的是工程复工报审表的签发。工程复工报审表（表 B.0.3）是当导致工程暂停施工的原因消失、具备复工条件时，施工单位需要向项目监理机构报送《工程复工报审表》。总监理工程师签署审查意见，并报建设单位批准后，总监理工程师方可签发《工程复工令》。

50. C。本题考核的是工程设计"四新"的审查。工程监理单位应审查设计单位提出的新材料、新工艺、新技术、新设备在相关部门的备案情况，必要时应协助建设单位组织专家评审。

二、多项选择题

51. ABC	52. ACD	53. BCE	54. ACD	55. ACE
56. BCE	57. ACE	58. ABE	59. ABCE	60. BCDE
61. AC	62. ABC	63. ACE	64. ACD	65. BCDE
66. ABC	67. ABD	68. BCDE	69. AC	70. BCD
71. CDE	72. BCE	73. ABCE	74. ABCD	75. ABCD
76. CD	77. ABE	78. ACE	79. ABE	80. ABCD

【解析】

51. ABC。本题考核的是政府投资工程。根据《国务院关于投资体制改革的决定》（国发〔2004〕20 号）的规定，对于采用直接投资和资本金注入方式的政府投资工程，政府需要从投资决策的角度审批项目建议书和可行性研究报告，除特殊情况外，不再审批开工报告，同时还要严格审批其初步设计和概算；对于采用投资补助、转贷和贷款贴息方式的政府投资工程，则只审批资金申请报告。

52. ACD。本题考核的是项目建议书的内容。项目建议书的内容视工程项目不同而有繁有简，但一般应包括以下几方面内容：（1）项目提出的必要性和依据；（2）产品方案、拟建规模和建设地点的初步设想；（3）资源情况、建设条件、协作关系和设备技术引进国别、厂商的初步分析；（4）投资估算、资金筹措及还贷方案设想；（5）项目进度安排；

(6)经济效益和社会效益的初步估计;(7)环境影响的初步评价。

53. BCE。本题考核的是项目总经理的职权。项目总经理的职权有:组织编制项目初步设计文件,对项目工艺流程、设备选型、建设标准、总图布置提出意见,提交董事会审查;组织工程设计、施工监理、施工队伍和设备材料采购的招标工作,编制和确定招标方案、标底和评标的标准,评选和确定投标、中标单位;编制并组织实施项目年度投资计划、用款计划、建设进度计划;编制项目财务预算、决算;编制并组织实施归还贷款和其他债务计划;组织工程建设实施,负责控制工程投资、工期和质量;在项目建设过程中,在批准的概算范围内对单项工程的设计进行局部调整(凡引起生产性质、能力、产品品种和标准变化的设计调整以及概算调整,需经董事会决定并报原审批单位批准);根据董事会授权处理项目实施中的重大紧急事件,并及时向董事会报告;负责生产准备工作和培训有关人员;负责组织项目试生产和单项工程预验收;拟订生产经营计划、企业内部机构设置、劳动定员定额方案及工资福利方案;组织项目后评价,提出项目后评价报告;按时向有关部门报送项目建设、生产信息和统计资料;提请董事会聘任或解聘项目高级管理人员。

54. ACD。本题考核的是建设单位申请领取施工许可证具备的条件。建设单位申请领取施工许可证,应当具备下列条件:(1)已经办理该建筑工程用地批准手续;(2)在城市规划区的建筑工程,已经取得规划许可证;(3)需要拆迁的,其拆迁进度符合施工要求;(4)已经确定建筑施工企业;(5)有满足施工需要的施工图纸及技术资料;(6)有保证工程质量和安全的具体措施;(7)建设资金已经落实;(8)法律、行政法规规定的其他条件。

55. ACE。本题考核的是要约失效的情形。有下列情形之一的,要约失效:(1)拒绝要约的通知到达要约人;(2)要约人依法撤销要约;(3)承诺期限届满,受要约人未作出承诺;(4)受要约人对要约的内容作出实质性变更。

56. BCE。本题考核的是合同权利义务的终止。合同权利义务的终止,不影响合同中结算和清理条款的效力以及通知、协助、保密等义务的履行。

57. ACE。本题考核的是建设单位的质量责任和义务。建设单位的质量责任和义务包括:(1)工程发包。建设单位应当将工程发包给具有相应资质等级的单位。建设单位不得将建设工程肢解发包。建设单位应当依法对工程建设项目的勘察、设计、施工、监理以及与工程建设有关的重要设备、材料等的采购进行招标。不得迫使承包方以低于成本的价格竞标,不得任意压缩合理工期;不得明示或者暗示设计单位或者施工单位违反工程建设强制性标准,降低建设工程质量。建设单位必须向有关的勘察、设计、施工、工程监理等单位提供与建设工程有关的原始资料。原始资料必须真实、准确、齐全。故选项C正确、故选项B错误。(2)报审施工图设计文件。建设单位应当将施工图设计文件报县级以上人民政府建设主管部门或者其他有关部门审查。施工图设计文件未经审查批准的,不得使用。故选项A正确。(3)委托建设工程监理。实行监理的建设工程,建设单位应当委托监理。(4)工程施工阶段责任和义务:①建设单位在领取施工许可证或者开工报告前,应当按照国家有关规定办理工程质量监督手续。②按照合同约定,由建设单位采购建筑材料、建筑构配件和设备的,建设单位应当保证建筑材料、建筑构配件和设备符合设计文件和合同要求。建设单位不得明示或者暗示施工单位使用不合格的建筑材料、建筑构配件和设备。③涉及建筑主体和承重结构变动的装修工程，建设单位应当在施工前委托原设计单位或者具有相应资质等级的设计单位提出设计方案；没有设计方案的，不得施工。房屋建筑使用者在装修过程中，不得擅自变动房屋建筑主体和承重结构。（5）组织工程竣工验收。建设单位收到建设工程竣工报告后，应当组织设计、施工、工程监理等有关单位进行竣工验收。建设工程经验收合格的，方可交付使用。建设工程竣工验收应当具备下列条件：①完成建设工程设计和合同约定的各项内容；②有完整的技术档案和施工管理资料；③有工程使用的主要建筑材料、建筑构配件和设备的进场试验报告；④有勘察、设计、施工、工程监理等单位分别签署的质量合格文件，故选项D错误；⑤有施工单位签署的工程保修书。建设单位应当严格按照国家有关档案管理的规定，及时收集、整理建设项目各环节的文件资料，建立、健全建设项目档案，并在建设工程竣工验收后，及时向建设行政主管部门或者其他有关部门移交建设项目档案，故选项E正确。

58．ABE。本题考核的是建设工程竣工验收应具备的条件。建设工程竣工验收应当具备下列条件：（1）完成建设工程设计和合同约定的各项内容；（2）有完整的技术档案和施工管理资料；（3）有工程使用的主要建筑材料、建筑构配件和设备的进场试验报告；（4）有勘察、设计、施工、工程监理等单位分别签署的质量合格文件；（5）有施工单位签署的工程保修书。

59．ABCE。本题考核的是工程监理单位的法律责任。根据《建设工程质量管理条例》第56条规定：未按照国家规定办理工程质量监督手续的；建设单位对建设项目必须实行工程监理而未实行工程监理的；责令改正，处20万元以上50万元以下的罚款；故选项A、B正确。根据《建设工程质量管理条例》第60条和第61条规定：工程监理单位有下列行为的，责令停止违法行为或改正，处合同约定的监理酬金1倍以上2倍以下的罚款，可以责令停业整顿，降低资质等级；情节严重的，吊销资质证书：（1）超越本单位资质等级承揽工程的；（2）允许其他单位或者个人以本单位名义承揽工程的。故选项C正确。根据《建设工程质量管理条例》第62条规定，工程监理单位转让工程监理业务的，责令改正，没收违法所得，处合同约定的监理酬金25%以上50%以下的罚款；可以责令停业整顿，降低资质等级；情节严重的，吊销资质证书。故选项D错误。根据《建设工程质量管理条例》第六十三条规定，违反本条例规定，有下列行为之一的，责令改正，处10万元以上30万元以下的罚款：（1）勘察单位未按照工程建设强制性标准进行勘察的；（2）设计单位未根据勘察成果文件进行工程设计的；（3）设计单位指定建筑材料、建筑构配件的生产厂、供应商的；（4）设计单位未按照工程建设强制性标准进行设计的。故选项E正确。

60．BCDE。本题考核的是施工单位的安全责任。拆除工程施工前，向有关部门送达拆除施工组织方案，属于建设单位的安全责任。故选项A错误。

61．AC。本题考核的是安全技术措施和专项施工方案。施工单位应当在施工组织设计中编制安全技术措施和施工现场临时用电方案，对下列达到一定规模的危险性较大的分部分项工程编制专项施工方案，并附具安全验算结果，经施工单位技术负责人、总监理工程师签字后实施，由专职安全生产管理人员进行现场监督：（1）基坑支护与降水工程；（2）土方开挖工程；（3）模板工程；（4）起重吊装工程；（5）脚手架工程；（6）拆除、爆破工程；（7）国务院建设行政主管部门或者其他有关部门规定的其他危险性较大的工程。上述工程中涉及深基坑、地下暗挖工程、高大模板工程的专项施工方案，施工单位还应当组织专家进行论证、审查。

62．ABC。本题考核的是事故报告的内容。事故报告应当包括下列内容：（1）事故发生单位概况；（2）事故发生的时间、地点以及事故现场情况；（3）事故的简要经过；（4）事故已经造成或者可能造成的伤亡人数（包括下落不明的人数）和初步估计的直接经济损失；（5）已经采取的措施；（6）其他应当报告的情况。

63．ACE。本题考核的是注册监理工程师遵守的职业道德守则。注册监理工程师在执业过程中也要公平，不能损害工程建设任何一方的利益，为此，注册监理工程师应严格遵守如下职业道德守则：（1）维护国家的荣誉和利益，按照"守法、诚信、公平、科学"的经营活动准则执业；（2）执行有关工程建设法律、法规、标准和制度，履行建设工程监理合同规定的义务；（3）努力学习专业技术和建设工程监理知识，不断提高业务能力和监理水平；（4）不以个人名义承揽监理业务；（5）不同时在两个或两个以上工程监理单位注册和从事监理活动，不在政府部门和施工、材料设备的生产供应等单位兼职；（6）不为所监理工程指定承包商、建筑构配件、设备、材料生产厂家和施工方法；（7）不收受施工单位的任何礼金、有价证券等；（8）不泄露所监理工程各方认为需要保密的事项；（9）坚持独立自主地开展工作。

64．ACD。本题考核的是注册监理工程师享有的权利。注册监理工程师享有下列权利：（1）使用注册监理工程师称谓；（2）在规定范围内从事执业活动；（3）依据本人能力从事相应的执业活动；（4）保管和使用本人的注册证书和执业印章；（5）对本人执业活动进行解释和辩护；（6）接受继续教育；（7）获得相应的劳动报酬；（8）对侵犯本人权利的行为进行申诉。

65．BCDE。本题考核的是监理人需要完成的基本工作。监理人需要完成的基本工作如下：（1）收到工程设计文件后编制监理规划，并在第一次工地会议7d前报委托人。根据有关规定和监理工作需要，编制监理实施细则；（2）熟悉工程设计文件，并参加由委托人主持的图纸会审和设计交底会议；（3）参加由委托人主持的第一次工地会议；主持监理例会并根据工程需要主持或参加专题会议；（4）审查施工承包人提交的施工组织设计，重点审查其中的质量安全技术措施、专项施工方案与工程建设强制性标准的符合性；（5）检查施工承包人工程质量、安全生产管理制度及组织机构和人员资格；（6）检查施工承包人专职安全生产管理人员的配备情况；（7）审查施工承包人提交的施工进度计划，核查施工承包人对施工进度计划的调整；（8）检查施工承包人的试验室；（9）审核施工分包人资质条件；（10）查验施工承包人的施工测量放线成果；（11）审查工程开工条件，对条件具备的签发开工令；（12）审查施工承包人报送的工程材料、构配件、设备的质量证明资料，抽检进场的工程材料、构配件的质量；（13）审核施工承包人提交的工程款支付申请，签发或出具工程款支付证书，并报委托人审核、批准；（14）在巡视、旁站和检验过程中，发现工程质量、施工安全存在事故隐患的，要求施工承包人整改并报委托人；（15）经委托人同意，签发工程暂停令和复工令；（16）审查施工承包人提交的采用新材料、新工艺、新技术、新设备的论证材料及相关验收标准；（17）验收隐蔽工程、分部分项工程；（18）审查施工承包人提交的工程变更申请，协调处理施工进度调整、费用索赔、合同争议等事项；（19）审查施工承包人提交的竣工验收申请，编写工程质量评估报告；（20）参加工程竣工验收，签署竣工验收意见；（21）审查施工承包人提交的竣工结算申请并报委托人；（22）编制、整理建设工程监理归档文件并报委托人。

66．ABC。本题考核的是工程总承包模式的优点。采用建设工程总承包模式，建设单位的合同关系简单，组织协调工作量小。由于工程设计与施工由一个承包单位统筹安排，一般能做到工程设计与施工的相互搭接，有利于控制工程进度，可缩短建设周期。通过统筹考虑工程设计与施工，可以从价值工程或全寿命期费用角度取得明显的经济效果，有利于工程造价控制。但该模式的缺点是：合同条款不易准确确定，容易造成合同争议。合同数量虽少，但合同管理难度一般较大，造成招标发包工作难度大；由于承包范围大，介入工程项目时间早，工程信息未知数多，总承包单位要承担较大风险；由于有工程总承包能力的单位数量相对较少，建设单位择优选择工程总承包单位的范围小；工程质量标准和功能要求不易做到全面、具体、准确，"他人控制"机制薄弱，使工程质量控制难度加大。

67．ABD。本题考核的是建设工程监理合同的组成文件。为了规范建设工程监理合同，住房和城乡建设部和国家工商行政管理总局于2012年3月发布了《建设工程监理合同（示范文本)》GF—2012—0202，该合同示范文本由协议书、通用条件、专用条件、附录A和附录B组成。

68．BCDE。本题考核的是矩阵制监理组织形式的优点。矩阵制组织形式的优点是加强了各职能部门的横向联系，具有较大的机动性和适应性，将上下左右集权与分权实行最优结合，有利于解决复杂问题，有利于监理人员业务能力的培养。

69．AC。本题考核的是监理员的职责。监理员职责包括：（1）检查施工单位投入工程的人力、主要设备的使用及运行状况；（2）进行见证取样；（3）复核工程计量有关数据；（4）检查工序施工结果；（5）发现施工作业中的问题，及时指出并向专业监理工程师报告。

70．BCD。本题考核的是监理规划主要的内容。《建设工程监理规范》GB/T 50319—2013明确规定，监理规划的内容包括：工程概况；监理工作的范围、内容、目标；监理工作依据；监理组织形式、人员配备及进退场计划、监理人员岗位职责；监理工作制度；工程质量控制；工程造价控制；工程进度控制；安全生产管理的监理工作；合同与信息管理；组织协调；监理工作设施。

71．CDE。本题考核的是监理工作涉及的流程。监理工作涉及的流程包括：开工审核工作流程、施工质量控制流程、进度控制流程、造价（工程量计量）控制流程、安全生产和文明施工监理流程、测量监理流程、施工组织设计审核工作流程、分包单位资格审核流程、建筑材料审核流程、技术审核流程、工程质量问题处理审核流程、旁站检查工作流程、隐蔽工程验收流程、工程变更处理流程、信息资料管理流程等。

72．BCE。本题考核的是目标控制措施中的经济措施。经济措施不仅仅是审核工程量、工程款支付申请及工程结算报告，还需要编制和实施资金使用计划，对工程变更方案进行技术经济分析等。而且通过投资偏差分析和未完工程投资预测，可发现一些可能引起未完工程投资增加的潜在问题，从而便于以主动控制为出发点，采取有效措施加以预防。

73．ABCE。本题考核的是信息管理系统的基本功能。建设工程信息管理系统的目标是实现信息的系统管理和提供必要的决策支持。建设工程信息管理系统可以为监理工程师提供标准化、结构化的数据；提供预测、决策所需的信息及分析模型；提供建设工程目标动态控制的分析报告；提供解决建设工程监理问题的多个备选方案。

74. ABCD。本题考核的是对建设工程监理检测试验设备的平衡。建设工程监理开始实施时，要做好监理规划和监理实施细则的编写工作，合理配置建设工程监理资源，要注意期限的及时性、规格的明确性、数量的准确性、质量的规定性。

75. ABCD。本题考核的是见证监理人员的工作内容和职责。总监理工程师应督促专业（材料）监理工程师制定见证取样实施细则，细则中应包括材料进场报验、见证取样送检的范围、工作程序、见证人员和取样人员的职责、取样方法等内容。

76. CD。本题考核的是监理工作总结的内容。监理工作总结应包括以下内容：（1）工程概况。（2）项目监理机构。监理过程中如有变动情况，应予以说明。（3）建设工程监理合同履行情况。包括：监理合同目标控制情况，监理合同履行情况，监理合同纠纷的处理情况等。（4）监理工作成效。项目监理机构提出的合理化建议并被建设、设计、施工等单位采纳；发现施工中的差错，通过监理工作避免了工程质量事故、生产安全事故、累计核减工程款及为建设单位节约工程建设投资等事项的数据（可举典型事例和相关资料）。（5）监理工作中发现的问题及其处理情况。监理过程中产生的监理通知单、监理报告、工作联系单及会议纪要等所提出问题的简要统计；由工程质量、安全生产等问题所引起的今后工程合理、有效使用的建议等。（6）说明与建议。

77. ABE。本题考核的是工程质量评估报告的主要内容。工程质量评估报告的主要内容：（1）工程概况；（2）工程参建单位；（3）工程质量验收情况；（4）工程质量事故及其处理情况；（5）竣工资料审查情况；（6）工程质量评估结论。

78. ACE。本题考核的是监理日志的内容。监理日志的主要内容包括：天气和施工环境情况；当日施工进展情况，包括工程进度情况、工程质量情况、安全生产情况等；当日监理工作情况，包括旁站、巡视、见证取样、平行检验等情况；当日存在的问题及协调解决情况；其他有关事项。

79. ABE。本题考核的是风险分析与评价工作的内容。风险分析与评价的任务包括：确定单一风险因素发生的概率；分析单一风险因素的影响范围大小；分析各个风险因素的发生时间；分析各个风险因素的结果，探讨这些风险因素对建设工程目标的影响程度。在单一风险因素量化分析的基础上，考虑多种风险因素对建设工程目标的综合影响、评估风险的程度并提出可能的措施作为管理决策的依据。

80. ABCD。本题考核的是工程设计阶段，工程监理单位协助建设单位报审工程设计需要开展的工作。工程监理单位可协助建设单位向政府有关部门报审有关工程设计文件，并根据审批意见，督促设计单位予以完善。故选项 E 错误。工程监理单位协助建设单位报审工程设计文件时，首先，需要了解政府设计文件审批程序、报审条件及所需提供的资料等信息，以做好充分准备；其次，提前向相关部门进行咨询，获得相关部门咨询意见，以提高设计文件质量；第三，应事先检查设计文件及附件的完整性、合规性；第四，及时与相关政府部门联系，根据审批意见进行反馈和督促设计单位予以完善。

2017 年度全国监理工程师资格考试试卷

一、单项选择题（共 50 题，每题 1 分。每题的备选项中，只有 1 个最符合题意）

1. 建设单位委托工程监理单位的工作内容中，不属于"相关服务"内容的是（   ）。
   A. 决策
   B. 勘察
   C. 设计
   D. 保修

2. 下列工作中，属于工程监理基本职责是（   ）。
   A. 为建设单位提供项目管理服务
   B. 在工程监理单位委托授权范围内，实施"三控两管一协调"的制度
   C. 为建设单位提供全过程的项目管理服务
   D. 履行建设工程安全生产管理的法定职责

3. 根据《建设工程监理范围和规模标准规定》，可不实行监理的工程是总投资额为 3000 万元以下的（   ）。
   A. 学校
   B. 体育场
   C. 影剧院工程
   D. 商场

4. 根据《建设工程质量管理条例》，工程监理单位超越本单位资质等级承揽工程的，将被处以合同约定监理酬金（   ）的罚款。
   A. 5 万元以上 10 万元以下
   B. 25％以上 50％以下
   C. 10 万元以上 30 万元以下
   D. 1 倍以上 2 倍以下

5. 对于实施项目法人责任制的项目，正式成立项目法人的时间是在（   ）后。
   A. 申报项目可行性研究报告
   B. 办理公司设立登记
   C. 可行性研究报告批准
   D. 资本金按时到位

6. 根据《国务院关于投资体制改革的决定》，采用直接投资的政府投资项目，除特殊情况外，不再审批（   ）。
   A. 项目可行性研究报告
   B. 资金申请报告
   C. 初步设计和概算
   D. 开工报告

7. 根据《房屋建筑和市政基础设施工程施工图设计审查管理办法》，施工图审查机构需要审查的内容是（   ）。
   A. 施工人员及设备配置的确定性
   B. 地基基础和主体结构的稳定性

C. 工程建设强制性标准和符合性　　　　D. 注册执业人员合格的符合性

8. 建设单位在办理工程质量监督注册手续时不需提供的资料是(　　)。
A. 施工图设计文件审查报告和批准书　　B. 中标通知书和施工、监理合同
C. 施工组织设计和监理规划　　　　　　D. 施工现场的施工图纸

9. 在实行项目法人责任制的项目中，属于项目总经理职权的是(　　)。
A. 组织编制项目初步设计文件　　　　　B. 负责筹措建设资金
C. 提出项目开工报告　　　　　　　　　D. 审核、上报项目初步设计和概算文件

10. 根据《工程建设项目招标范围和规模标准规定》，国有资金投资项目中的重要设备采购，单项合同估算在(　　)万元以上的，必须进行招标。
A. 80　　　　　　　　　　　　　　　　B. 50
C. 10　　　　　　　　　　　　　　　　D. 100

11. 根据《建筑法》，关于施工许可的说法，正确的是(　　)。
A. 建设单位应当自领取施工许可证之日起 1 个月内开工
B. 建设单位申领施工许可证时，应有保证工程质量和安全的具体措施
C. 中止施工满 3 年的工程恢复施工前，建设单位应当报发证机关核验施工许可证
D. 建筑工程开工前，建设单位应当按照国家有关规定向工程所在地市级以上人民政府建设主管部门申请领取施工许可证

12. 根据《建筑法》，关于建筑安全生产管理的说法，正确的是(　　)。
A. 要求企业为从事危险作业的职工办理意外伤害保险，支付保险费
B. 未经安全生产教育培训的人员，在相关人等的带领下可以上岗作业
C. 施工作业人员有权获得安全生产所需的防护用品
D. 建设单位涉及建筑主体和承重结构变动的装修工程，没有设计方案的按原方案施工

13. 根据《招标投标法》，关于招标要求的说法，正确的是(　　)。
A. 招标人在不影响他人竞争的情况下，可向他人透露有关招标投标的其他情况
B. 自招标文件开始发出之日起至投标人提交投标文件截止之日止，最短不得少于 7 日
C. 招标只能是公开招标方式进行招标
D. 招标人不得强制投标人组成联合体共同投标

14. 根据《合同法》，导致合同免责条款无效的情形是(　　)。
A. 一方以欺诈、胁迫的手段订立合同，损害国家利益
B. 造成对方人身伤害的
C. 恶意串通，损害国家、集体或第三人利益

D. 损害社会公共利益

15. 根据《建设工程质量管理条例》，建设工程的保修期，应自（　　）之日起计算。
A. 竣工　　　　　　　　　　　　　B. 竣工验收合格
C. 建设单位竣工自检　　　　　　　D. 总监理工程师验收

16. 根据《建设工程质量管理条例》，建设工程发生质量事故，有关单位应在（　　）h
内向当地建设行政主管部门和其他有关部门报告。
A. 1　　　　　　　　　　　　　　B. 12
C. 48　　　　　　　　　　　　　D. 24

17. 根据《建设工程安全生产管理条例》，对于依法批准开工报告的建设工程，建设
单位应自开工报告批准之日起（　　）日内，将保证安全施工的措施报送当地建设行政主管
部门或其他有关部门备案。
A. 7　　　　　　　　　　　　　　B. 15
C. 3　　　　　　　　　　　　　　D. 30

18. 根据《建设工程安全生产管理条例》，属于建设单位安全责任的是（　　）。
A. 应当考虑施工安全操作和防护的需要
B. 禁止出租检测不合格的机械设备和施工机具及配件
C. 应当设立安全生产管理机构，配备专职安全生产管理人员
D. 编制工程概算时确定安全施工措施所需费用

19. 根据《生产安全事故报告和调查处理条例》，除特殊情况外，安全事故调查组应
当自事故发生之日起（　　）日内提交事故调查报告。
A. 60　　　　　　　　　　　　　B. 30
C. 15　　　　　　　　　　　　　D. 90

20. 根据《招标投标法实施条例》，潜在投标人或者其他利害关系人对招标文件有异
议的，应在投标截止时间（　　）日前提出。
A. 2　　　　　　　　　　　　　　B. 3
C. 7　　　　　　　　　　　　　　D. 10

21. 根据《建设工程监理规范》GB/T 50319—2013，属于专业监理工程师职责的
是（　　）。
A. 参与审核分包单位资格　　　　　B. 进行见证取样
C. 检查工序施工结果　　　　　　　D. 组织召开监理例会

22. 根据《注册监理工程师管理规定》，属于注册监理工程师权利的是（　　）。

A. 接受继续教育，努力提高执业水准

B. 依据本人能力从事相应的执业活动

C. 保守在执业中知悉的国家秘密和他人的商业、技术秘密

D. 在本人执业活动所形成的建设工程监理文件上签字、加盖执业印章

23. 建设工程监理投标文件的核心是监理大纲，监理大纲内容不包括（　　）。

A. 工程概述　　　　　　　　　　　　B. 监理依据和监理工作内容

C. 建设工程监理实施方案　　　　　　D. 监理服务报价

24. 根据《建设工程监理合同（示范文本）》GF—2012—0202，仅就中标通知书、协议书、专用条件而言，优先解释顺序正确的是（　　）。

A. 协议书→专用条件→中标通知书　　B. 协议书→中标通知书→专用条件

C. 中标通知书→协议书→专用条件　　D. 中标通知书→专用条件→协议书

25. 下列行为中，属于不履行合同义务的是（　　）。

A. 未完成合同约定范围内的工作　　　B. 未按规程程序进行监理

C. 无正当理由单方解除合同　　　　　D. 发出错误指令，导致工程受到损失

26. 与其他组织方式相比，工程总承包方式具有的优点是（　　）。

A. 合同管理难度小　　　　　　　　　B. 工程质量控制难度小

C. 合同关系较简单　　　　　　　　　D. 建设工期可调节

27. 组建项目监理机构时，总监理工程师应根据的监理文件是（　　）。

A. 建设工程监理规范

B. 建设工程监理与相关服务收费管理规定

C. 施工单位与建设单位签订的工程合同

D. 监理大纲和监理合同

28. 组建项目监理机构的步骤中，需最后完成的工作是（　　）。

A. 确定监理工作内容　　　　　　　　B. 项目监理机构组织结构设计

C. 制定工作流程和信息流程　　　　　D. 确定项目监理机构目标

29. 关于影响项目监理机构人员配备因素的说法，正确的是（　　）。

A. 工程建设强度越大，需投入的监理人数越少

B. 工程监理单位的业务水平不同将影响监理人员需要量定额水平

C. 可将工程复杂程度按四级划分：简单、一般、较复杂、复杂

D. 工程复杂程度只涉及资金和工程监理机构资质

30. 下列监理组织形式中，具有信息传递线路长、不利于信息互通的组织形式是（　　）。

A. 直线职能制   B. 直线制

C. 职能制   D. 矩阵制

31. 为使监理工作得到有关各方的理解与支持，编写监理规划时应充分听取是（　　）的意见。

A. 建设单位   B. 施工单位

C. 监理单位   D. 工程建设协会的专家

32. 根据《建设工程监理规范》GB/T 50319—2013，关于监理大纲、监理规划和监理实施细则的说法，正确的是（　　）。

A. 建设工程监理投标文件的核心是监理实施细则

B. 监理规划的内容应具有针对性、科学性和普遍性

C. 委托监理的工程项目均应编制监理大纲、监理规划和监理实施细则

D. 已批准的可行性研究报告可作为监理实施细则编制的依据

33. 对于超过一定规模的危险性较大的分部分项工程的专项施工方案，需要有（　　）组织召开专家论证会。

A. 建设单位   B. 监理单位

C. 施工单位   D. 分包单位

34. 在分析论证建设工程总目标，追求建设工程质量、造价和进度三大目标间最佳匹配关系时，应确保（　　）。

A. 定性分析与定量分析相结合   B. 质量项目符合工程建设强制性标准

C. 三大目标之间密切联系且相互制约   D. 在不同建设工程中具有不同的优先等级

35. 建设工程监理工作中，动态跟踪项目执行情况并处理好工程索赔事宜，属于目标控制的（　　）措施。

A. 技术   B. 组织

C. 经济   D. 合同

36. 根据《建设工程监理规范》GB/T 50319—2013，项目监理机构应签发《工程暂停令》的情形是（　　）。

A. 施工单位未按审查通过的工程设计文件施工

B. 施工单位与建设单位发生经济纠纷

C. 总监理工程师未按时上报监理日志

D. 施工发生了重大质量事故的

37. 对于施工单位提出涉及工程设计文件修改的工程变更，必要时应召开工程设计文件修改方案的专题论证会议，该会议的正确组织方式是（　　）。

A. 由设计单位组织，建设、施工和监理单位参加

B. 由建设单位组织，设计、施工和监理单位参加

C. 由施工单位组织，建设、设计和监理单位参加

D. 由监理单位组织，建设、设计和施工单位参加

38. 对于工程项目而言，工程实际造价超出工程预算的原因之一是（　　）。

A. 缺乏可靠的成本数据 　　　　　　　B. 项目质量要求高

C. 设计采用的标准高 　　　　　　　　D. 设计选择新材料、新技术

39. 关于项目监理机构和施工单位协调的说法，正确的是（　　）。

A. 总监理工程师可以提出或愿意接受变通办法以解决问题

B. 总监理工程师应设计合理的奖罚机制协调进度和质量问题

C. 施工单位采用不当方法施工时，监理工程师应立即签发停工令

D. 分包合同履行中发生的索赔，应由分包单位根据总承包合同进行索赔

40. 关于项目监理机构巡视工作的说法，正确的是（　　）。

A. 监理规划中要明确巡视要点和巡视措施

B. 巡视检查内容以施工质量和进度检查为主

C. 对巡视检查中发现的问题应报告总监理工程师解决

D. 总监理工程师应检查监理人员巡视工作成果

41. 关于见证取样的说法，正确的是（　　）。

A. 项目监理机构应制定见证取样送检工作制度

B. 计量认证分为国家级、省级和市级，实施的效力均完全一致

C. 见证取样涉及建设方、施工方、监理方及检测方四方行为主体

D. 检测单位要见证施工单位和项目监理机构

42. 下列建设工程监理基本表式中，需加盖施工单位公章的是（　　）。

A. 工程款支付报审表 　　　　　　　　B. 工作联系单

C. 工程开工报审表 　　　　　　　　　D. 工程复工报审表

43. 下列报审、报验表中，最终可由专业监理工程师签认的表式是（　　）。

A. 施工控制测量成果报验表 　　　　　B. 施工进度计划报审表

C. 分包单位资格报审表 　　　　　　　D. 分部工程报验表

44. 工程质量评估报告应在（　　）提交给建设单位。

A. 竣工验收前 　　　　　　　　　　　B. 竣工验收后

C. 竣工预验收前 　　　　　　　　　　D. 竣工验收备案前

45. 建设工程监理文件资料的组卷顺序是（　　　）。
   A. 分项工程、分部工程、单位工程　　　B. 单位工程、分部工程、专业、阶段
   C. 单位工程、分部工程、检验批　　　　D. 检验批、分部工程、单位工程

46. 对于列入城建档案管理部门接收档案的工程，负责移交工程档案资料的责任单位是（　　　）。
   A. 施工单位　　　　　　　　　　　　B. 监理单位
   C. 建设单位　　　　　　　　　　　　D. 设计施工总承包单位

47. 按风险影响范围分类，建设工程风险可划分为（　　　）。
   A. 社会风险和政治风险　　　　　　　B. 监理单位风险和施工单位风险
   C. 局部风险和总体风险　　　　　　　D. 可管理风险和不可管理风险

48. 风险识别的最主要成果是（　　　）。
   A. 风险量和损失值　　　　　　　　　B. 风险清单
   C. 风险度量值与概率　　　　　　　　D. 风险度量值

49. 风险管理计划实施后，对风险的发展必然会产生的相应效果是（　　　）。
   A. 风险评估工具　　　　　　　　　　B. 风险控制措施
   C. 风险数据采集　　　　　　　　　　D. 风险跟踪检查

50. 评审工程设计成果需要进行的工作有：①邀请专家参与评审；②确定专家人选；③建立评审制度和程序；④收集专家的评审意见；⑤分析专家的评审意见。其正确的工作步骤是（　　　）。
   A. ①-②-③-④-⑤　　　　　　　　　B. ①-③-②-④-⑤
   C. ③-②-①-④-⑤　　　　　　　　　D. ②-①-④-③-⑤

二、多项选择题（共30题，每题2分。每题的备选项中，有2个或2个以上符合题意，至少有1个错项。错选，本题不得分；少选，所选的每个选项得0.5分）

51. 关于建设工程监理性质的说法，正确的有（　　　）。
   A. 服务性　　　　　　　　　　　　　B. 科学性
   C. 独立性　　　　　　　　　　　　　D. 公平性
   E. 公益性

52. 根据《建设工程监理规范》GB/T 50319—2013，项目建议书的内容包括（　　　）。
   A. 项目提出的必要性和依据
   B. 投资估算、资金筹措及还贷方案设想
   C. 产品方案、拟建规模和建设地点的初步设想
   D. 项目建设重点、难点的初步分析

E. 环境影响的初步评价

53. 对于实施项目法人责任制的项目，项目董事会的职权有(　　)。
A. 负责筹措建设资金
B. 组织编制项目初步设计文件
C. 审核项目概算文件
D. 拟定生产经营计划
E. 提出项目后评价报告

54. 根据《工程建设项目招标范围和规模标准规定》，必须进行招标的情况是(　　)。
A. 项目施工单项合同估价为 150 万元
B. 项目总投资为 2000 万元，重要设备单项合同估价为 50 万元
C. 项目总投资为 2000 万元，重要货物单项合同估价为 80 万元
D. 项目总投资为 4000 万元，设计单项合同估价为 40 万元
E. 项目总投资为 4000 万元，监理单项合同估价为 50 万元

55. 根据《建筑法》，关于建筑工程发包与承包的说法，正确的有(　　)。
A. 建筑工程造价应按国家有关规定，由发包单位与承包单位在合同中约定
B. 发包单位可以将建筑工程的设计、施工、设备采购并发包给一个工程总承包单位
C. 按照合同约定，自承包单位采购的设备，发包单位可以指定生产厂
D. 两个资质等级相同的企业，方可组成联合体共同承包
E. 总包单位与分包单位就分包工程对建设单位承担连带责任

56. 根据《招标投标法》，关于招标的说法，正确的有(　　)。
A. 邀请招标，是指招标人以投标邀请书的方式邀请特定的法人投标
B. 采用邀请招标的，招标人可以告知拟邀投标人向他人发出邀请的情况
C. 招标人不得以不合理的条件限制或排斥潜在投标人
D. 招标文件不得要求或标明特定的生产供应者
E. 招标人需澄清招标文件的，应以电话或书面形式通知所有招标文件收受人

57. 根据《合同法》，属于委托合同的有(　　)。
A. 工程勘察合同
B. 工程设计合同
C. 建设工程监理合同
D. 施工合同
E. 项目管理合同

58. 根据《合同法》，关于要约与承诺的说法，错误的有(　　)。
A. 要约是希望与他人订立合同的意思表示
B. 要约邀请是合同成立过程中的必要过程
C. 要约到达受要约人可以撤回
D. 承诺是受要约人同意要约的意思表示
E. 承诺的内容应当与要约的内容一致

59. 根据《建设工程质量管理条例》，关于建设工程最低保修期限的说法，正确的有（　　　）。

A. 房屋主体结构工程为设计文件规定的合理使用年限

B. 屋面防水工程为 3 年

C. 供热系统为 2 个采暖期

D. 电气管道工程为 3 年

E. 给水排水管道工程为 3 年

60. 根据《建设工程安全生产管理条例》，属于施工单位安全责任的有（　　　）。

A. 不得压缩合同约定的工期

B. 由具有相应资质的单位安装、拆卸施工起重机械

C. 对所承担的建设工程进行定期和专项安全检查

D. 应当在施工组织设计中编制安全技术措施

E. 对因施工可能造成毗邻构筑物、地下管线变形的，应采取专项防护措施

61. 根据《建设工程监理规范》GB/T 50319—2013，专业监理工程师应履行的职责有（　　　）。

A. 审批监理实施细则

B. 组织审核分包单位资质

C. 检查进场的工程材料、配构件、设备的质量

D. 处置发现的质量问题和安全事故隐患

E. 参与工程变更的审查和处理

62. 下列行为中，属于注册监理工程师职业道德守则的有（　　　）。

A. 不以个人名义承揽监理业务

B. 在企业所在地范围内从事执业活动

C. 不泄露所监理工程各方认为需要保密的事项

D. 坚持独立自主地开展工作

E. 保证执业活动成果达到质量认证标准

63. 下列工作事项中，属于注册监理工程师义务的有（　　　）。

A. 依据本人能力从事相应的执业活动

B. 对本人执业活动进行解释和辩护

C. 在规定的执业范围和聘用单位业务范围内从事执业活动

D. 接受继续教育，努力提高执业水准

E. 保管和使用本人的注册证书和执业印章

64. 根据《建设工程监理合同（示范文本）》GF—2012—0202，建设工程监理合同的组成文件包括（　　　）。

A. 协议书
B. 中标通知书
C. 招标公告
D. 投标邀请书
E. 通用条件

65. 根据通用条件的规定，项目监理机构需要更换监理人员的情形是（　　）。
A. 正在接受继续教育的
B. 严重违反职业道德的
C. 短时间外出公干的
D. 不能胜任岗位职责的
E. 涉嫌犯罪的

66. 关于平行承包模式下建设单位委托多家监理单位实施监理的说法，正确的有（　　）。
A. 监理单位之间的配合需建设单位协调
B. 监理单位的监理对象相对复杂，不便于管理
C. 建设工程监理工作易被肢解，不利于工程总体协调
D. 各家监理单位各负其责
E. 建设单位合同管理工作较为容易

67. 根据《建设工程监理规范》GB/T 50319—2013，建设单位提交的监理工作总结报告内容包括（　　）。
A. 监理大纲的主要内容及编制情况
B. 工程监理合同履行情况
C. 监理任务及目标完成情况
D. 建设单位提供的设备清单
E. 监理工作终结情况的说明

68. 下列原则中，属于实施建设工程监理应遵循的原则有（　　）。
A. 权责一致
B. 综合效益
C. 严格把关
D. 利益最大
E. 热情服务

69. 下列总监理工作师职责中，可以委托给总监理工程师代表的有（　　）。
A. 组织审查专项施工方案
B. 组织审核分包单位资格
C. 组织工程竣工预验收
D. 组织审查和处理工程变更
E. 组织整理监理文件资料

70. 下列制度中，属于项目监理机构内部工作制作的有（　　）。
A. 施工备忘录签发制度
B. 施工组织设计审核制度
C. 工程变更处理制度
D. 监理工作日志制度
E. 监理业绩考核制度

71. 下列实行专业分包的工程中，专项施工方案不能由专业分包单位组织编制的有（　　）。

    A. 深基坑工程 　　　　　　　　　　B. 附着式升降脚手架工程

    C. 起重机械安装拆卸工程 　　　　　D. 高大模板工程

    E. 拆除、爆破工程

72. 项目监理机构在施工阶段进度控制的任务有（　　）。

    A. 完善建设工程控制性进度计划

    B. 审查施工单位专项施工方案

    C. 审查施工单位工程变更申请

    D. 制定预防工期索赔措施

    E. 组织召开进度协调会

73. 建筑信息建模（BIM）技术的基本特点有（　　）。

    A. 协调性 　　　　　　　　　　　　B. 模拟性

    C. 经济性 　　　　　　　　　　　　D. 优化性

    E. 可出图性

74. 见证取样的检验报告应满足的基本要求有（　　）。

    A. 试验报告应手工书写 　　　　　　B. 试验报告采用统一用表

    C. 试验报告签名定要手签 　　　　　D. 注明取样人的姓名

    E. 应有"见证检验专用章"

75. 项目监理机构应签发《监理通知单》的情形有（　　）。

    A. 未按审查通过的工程设计文件施工的

    B. 未经批准擅自组织施工的

    C. 在工程质量方面存在违规行为的

    D. 在工程进度方面存在违规行为的

    E. 使用不合格的工程材料的

76. 根据《建设工程监理规范》GB/T 50319—2013，工程质量评估报告包括的内容有（　　）。

    A. 工程参建单位情况 　　　　　　　B. 工程质量验收情况

    C. 专项施工方案评审情况 　　　　　D. 竣工资料审查情况

    E. 工程质量安全事故处理情况

77. 下列工程中，监理文件资料暂由建设单位保管的有（　　）。

    A. 维修工程 　　　　　　　　　　　B. 停建工程

    C. 缓建工程 　　　　　　　　　　　D. 改建工程

E. 扩建工程

78. 建设工程风险初始清单中，属于非技术风险的有(   )。
A. 设计风险   B. 施工风险
C. 经济风险   D. 合同风险
E. 材料风险

79. 采用工程保险方式转移工程风险时，需要考虑的内容有(   )。
A. 保险安排方式   B. 保险类型选择
C. 保险人选择   D. 保险合同谈判
E. 保险索赔报告

80. 关于计划性风险自留的说法，正确的有(   )。
A. 计划性风险自留是有计划的选择
B. 风险自留一般单独运用效果较好
C. 应保证重大风险已有对策后才使用
D. 在风险管理人员正确识别和评价风险后使用
E. 通常采用外部控制措施来化解风险

2017 年度全国监理工程师资格考试试卷参考答案及解析

一、单项选择题

1. A	2. D	3. D	4. D	5. C
6. D	7. C	8. D	9. A	10. D
11. B	12. C	13. D	14. B	15. B
16. D	17. B	18. D	19. A	20. D
21. A	22. B	23. D	24. B	25. C
26. C	27. D	28. C	29. B	30. A
31. A	32. C	33. C	34. B	35. D
36. A	37. B	38. A	39. B	40. D
41. A	42. C	43. A	44. A	45. B
46. C	47. C	48. B	49. B	50. C

【解析】

1. A。本题考核的是建设工程监理实施范围。建设工程监理定位于工程施工阶段，工程监理单位受建设单位委托，按照建设工程监理合同约定，在工程勘察、设计、保修等阶段提供的服务活动均为相关服务。

2. D。本题考核的是建设工程监理的基本职责。建设工程监理是一项具有中国特色的工程建设管理制度。工程监理单位的基本职责是在建设单位委托授权范围内，通过合同管理和信息管理，以及协调工程建设相关方的关系，控制建设工程质量、造价和进度三大目标，即："三控两管一协调"。此外，还需履行建设工程安全生产管理的法定职责，这是

《建设工程安全生产管理条例》赋予工程监理单位的社会责任。

3. D。本题考核的是国家规定必须实行监理的工程。国家规定必须实行监理的其他工程。是指：(1) 项目总投资额在3000万元以上关系社会公共利益、公众安全的下列基础设施项目：①煤炭、石油、化工、天然气、电力、新能源等项目；②铁路、公路、管道、水运、民航以及其他交通运输业等项目；③邮政、电信枢纽、通信、信息网络等项目；④防洪、灌溉、排涝、发电、引（供）水、滩涂治理、水资源保护、水土保持等水利建设项目；⑤道路、桥梁、地铁和轻轨交通、污水排放及处理、垃圾处理、地下管道、公共停车场等城市基础设施项目；⑥生态环境保护项目；⑦其他基础设施项目。(2) 学校、影剧院、体育场馆项目。

4. D。本题考核的是工程监理单位的法律责任。《建设工程质量管理条例》第六十条和第六十一条规定：工程监理单位有下列行为的，责令停止违法行为或改正，处合同约定的监理酬金1倍以上2倍以下的罚款，可以责令停业整顿，降低资质等级；情节严重的，吊销资质证书：(1) 超越本单位资质等级承揽工程的；(2) 允许其他单位或者个人以本单位名义承揽工程的。

5. C。本题考核的是项目法人的设立。在项目可行性研究报告被批准后，应正式成立项目法人。

6. D。本题考核的是政府投资工程。对于采用直接投资和资本金注入方式的政府投资工程，政府需要从投资决策的角度审批项目建议书和可行性研究报告，除特殊情况外，不再审批开工报告，同时还要严格审批其初步设计和概算。

7. C。本题考核的是施工图设计文件的审查。审查的主要内容包括：(1) 是否符合工程建设强制性标准；(2) 地基基础和主体结构的安全性；(3) 勘察设计企业和注册执业人员以及相关人员是否按规定在施工图上加盖相应的图章和签字；(4) 其他法律、法规、规章规定必须审查的内容。

8. D。本题考核的是工程质量监督手续的办理。办理质量监督注册手续时需提供下列资料：(1) 施工图设计文件审查报告和批准书；(2) 中标通知书和施工、监理合同；(3) 建设单位、施工单位和监理单位工程项目的负责人和机构组成；(4) 施工组织设计和监理规划（监理实施细则）；(5) 其他需要的文件资料。

9. A。本题考核的是项目总经理的职权。项目总经理的职权有：组织编制项目初步设计文件，对项目工艺流程、设备选型、建设标准、总图布置提出意见，提交董事会审查；组织工程设计、施工监理、施工队伍和设备材料采购的招标工作，编制和确定招标方案、标底和评标标准，评选和确定投标、中标单位；编制并组织实施项目年度投资计划、用款计划、建设进度计划；编制项目财务预算、决算；编制并组织实施归还贷款和其他债务计划；组织工程建设实施，负责控制工程投资、工期和质量；在项目建设过程中，在批准的概算范围内对单项工程的设计进行局部调整（凡引起生产性质、能力、产品品种和标准变化的设计调整以及概算调整，需经董事会决定并报原审批单位批准）；根据董事会授权处理项目实施中的重大紧急事件，并及时向董事会报告；负责生产准备工作和培训有关人员；负责组织项目试生产和单项工程预验收；拟订生产经营计划、企业内部机构设置、劳动定员定额方案及工资福利方案；组织项目后评价，提出项目后评价报告；按时向有关部门报送项目建设、生产信息和统计资料；提请董事会聘任或解聘项目高级管理人员。

10. D。本题考核的是工程招标的具体范围和规模标准。建设工程项目的勘察、设计、施工、监理以及与工程建设有关的重要设备、材料等的采购，达到下列标准之一的，必须进行招标：(1) 施工单项合同估算价在 200 万元人民币以上的；(2) 重要设备、材料等货物的采购，单项合同估算价在 100 万元人民币以上的；(3) 勘察、设计、监理等服务的采购，单项合同估算价在 50 万元人民币以上的；(4) 单项合同估算价低于前三项规定的标准，但项目总投资额在 3000 万元人民币以上的。

11. B。本题考核的是建筑工程施工许可。建设单位应当自领取施工许可证之日起 3 个月内开工，故选项 A 错误。建设单位申请领取施工许可证要有保证工程质量和安全的具体措施，故选项 B 正确。中止施工满 1 年的工程恢复施工前，建设单位应当报发证机关核验施工许可证，故选项 C 错误。建筑工程开工前，建设单位应当按照国家有关规定向工程所在地县级以上人民政府建设主管部门申请领取施工许可证，故选项 D 错误。

12. C。本题考核的是建筑安全生产管理。鼓励企业为从事危险作业的职工办理意外伤害保险，支付保险费，故选项 A 错误。未经安全生产教育培训的人员，不得上岗作业，故选项 B 错误。涉及建筑主体和承重结构变动的装修工程，建设单位应当在施工前委托原设计单位或者具有相应资质条件的设计单位提出设计方案；没有设计方案的，不得施工，故选项 D 错误。

13. D。本题考核的是招标要求。招标人不得向他人透露已获取招标文件的潜在投标人的名称、数量及可能影响公平竞争的有关招标投标的其他情况，故选项 A 错误。自招标文件开始发出之日起至投标人提交投标文件截止之日止，最短不得少于 20 日，故选项 B 错误。招标分为公开招标和邀请招标两种方式，故选项 C 错误。

14. B。本题考核的是合同部分条款无效的情形。合同中的下列免责条款无效：(1) 造成对方人身伤害的；(2) 因故意或者重大过失造成对方财产损失的。选项 A、C、D 均为无效合同的情形。

15. B。本题考核的是工程质量保修。建设工程的保修期，自竣工验收合格之日起计算。

16. D。本题考核的是工程质量事故报告。建设工程发生质量事故，有关单位应当在 24h 内向当地建设行政主管部门和其他有关部门报告。

17. B。本题考核的是安全施工措施及其费用。依法批准开工报告的建设工程，建设单位应当自开工报告批准之日起 15 日内，将保证安全施工的措施报送建设工程所在地的县级以上地方人民政府建设行政主管部门或者其他有关部门备案。

18. D。本题考核的是建设单位的安全责任。建设单位的安全责任包括：(1) 提供资料；(2) 禁止行为；(3) 安全施工措施及其费用（建设单位在编制工程概算时，应当确定建设工程安全作业环境及安全施工措施所需费用）；(4) 拆除工程发包与备案。应当考虑施工安全操作和防护的需要属于设计单位的安全责任内容，故选项 A 错误。禁止出租检测不合格的机械设备和施工机具及配件属于机械设备配件供应单位的安全责任，故选项 B 错误。施工单位应当设立安全生产管理机构，配备专职安全生产管理人员属于施工单位安全责任，故选项 C 错误。

19. A。本题考核的是事故调查报告。事故调查组应当自事故发生之日起 60 日内提交事故调查报告；特殊情况下，经负责事故调查的人民政府批准，提交事故调查报告的期限可以适当延长，但延长的期限最长不超过 60 日。

20. D。本题考核的是资格预审文件、招标文件的质疑。潜在投标人或者其他利害关系人对资格预审文件有异议的，应当在提交资格预审申请文件截止时间2日前提出；对招标文件有异议的，应当在投标截止时间10日前提出。招标人应当自收到异议之日起3日内作出答复。

21. A。本题考核的是专业监理工程师职责。专业监理工程师职责包括：（1）参与编制监理规划，负责编制监理实施细则；（2）审查施工单位提交的涉及本专业的报审文件，并向总监理工程师报告；（3）参与审核分包单位资格；（4）指导、检查监理员工作，定期向总监理工程师报告本专业监理工作实施情况；（5）检查进场的工程材料、构配件、设备的质量；（6）验收检验批、隐蔽工程、分项工程，参与验收分部工程；（7）处置发现的质量问题和安全事故隐患；（8）进行工程计量；（9）参与工程变更的审查和处理；（10）组织编写监理日志，参与编写监理月报；（11）收集、汇总、参与整理监理文件资料；（12）参与工程竣工预验收和竣工验收。

进行见证取样和检查工序施工结果属于监理员的职责，故选项B、C错误。组织召开监理例会属于总监理工程师的职责，故选项D错误。

22. B。本题考核的是注册监理工程师的权利。注册监理工程师的权利包括：（1）使用注册监理工程师称谓；（2）在规定范围内从事执业活动；（3）依据本人能力从事相应的执业活动；（4）保管和使用本人的注册证书和执业印章；（5）对本人执业活动进行解释和辩护；（6）接受继续教育；（7）获得相应的劳动报酬；（8）对侵犯本人权利的行为进行申诉。选项A、C、D为注册监理工程师义务。

23. D。本题考核的是建设工程监理大纲的内容。监理大纲一般应包括以下主要内容：工程概述；建设工程监理实施方案；监理依据和监理工作内容；建设工程监理难点、重点及合理化建议。

24. B。本题考核的是合同文件解释顺序。除专用条件另有约定外，本合同文件的解释顺序如下：（1）协议书；（2）中标通知书（适用于招标工程）或委托书（适用于非招标工程）；（3）专用条件及附录A、附录B；（4）通用条件；（5）投标文件（适用于招标工程）或监理与相关服务建议书（适用于非招标工程）。

25. C。本题考核的是监理人不履行合同义务的情形。监理人不履行合同义务的情形包括：（1）无正当理由单方解除合同；（2）无正当理由不履行合同约定的义务。

26. C。本题考核的是工程总承包方式的优点。采用建设工程总承包模式，建设单位的合同关系简单，组织协调工作量小。由于工程设计与施工由一个承包单位统筹安排，一般能做到工程设计与施工的相互搭接，有利于控制工程进度，可缩短建设周期。通过统筹考虑工程设计与施工，可以从价值工程或全寿命期费用角度取得明显的经济效果，有利于工程造价控制。

27. D。本题考核的是组建项目监理机构。总监理工程师应根据监理大纲和签订的建设工程监理合同组建项目监理机构，并在监理规划和具体实施计划执行中进行及时调整。

28. C。本题考核的是工程监理单位在组建项目监理机构的步骤。工程监理单位在组建项目监理机构时，一般按以下步骤进行：（1）确定项目监理机构目标；（2）确定监理工作内容；（3）项目监理机构组织结构设计；（4）制定工作流程和信息流程。

29. B。本题考核的是影响项目监理机构人员数量的因素。影响项目监理机构人员数量的主要因素，主要包括：（1）工程建设强度；（2）建设工程复杂程度；（3）工程监理单位的业务水平（工程监理单位的业务水平不同将影响监理人员需要量定额水平）；（4）项目监理机构的组织结构和任务职能分工。工程建设强度越大，需投入的监理人数越多，故选项A错误。可将工程复杂程度按五级划分：简单、一般、较复杂、复杂、很复杂，故选项C错误。工程复杂程度涉及以下因素：设计活动、工程地点位置、气候条件、地形条件、工程地质、工程性质、工程结构类型、施工方法、工期要求、材料供应、工程分散程度等，故选项D错误。

30. A。本题考核的是直线职能制的特点。直线职能制组织形式既保持了直线制组织实行直线领导、统一指挥、职责分明的优点，又保持了职能制组织目标管理专业化的优点。缺点是职能部门与指挥部门易产生矛盾，信息传递路线长，不利于互通信息。

31. A。本题考核的是监理规划编写要求。监理规划的编写还应听取建设单位的意见，以便能最大限度满足其合理要求，使监理工作得到有关各方的理解和支持，为进一步做好监理服务奠定基础。

32. C。本题考核的是监理大纲、监理规划和监理实施细则的内容。建设工程监理投标文件的核心是反映监理服务水平高低的监理大纲，故选项A错误。监理规划的内容应具有针对性、指导性和可操作性，故选项B错误。《建设工程监理规范》GB/T 50319—2013规定了监理实施细则编写的依据：（1）已批准的建设工程监理规划；（2）与专业工程相关的标准、设计文件和技术资料；（3）施工组织设计、（专项）施工方案，故选项D错误。

33. C。本题考核的是专项施工方案编制要求。对于超过一定规模的危险性较大的分部分项工程专项方案应当由施工单位组织召开专家论证会。

34. B。本题考核的是分析论证建设工程总目标遵循的基本原则。工程建设强制性标准是有关人民生命财产安全、人体健康、环境保护和公众利益的技术要求，在追求建设工程质量、造价和进度三大目标间最佳匹配关系时，应确保建设工程质量目标符合工程建设强制性标准。

35. D。本题考核的是三大目标控制措施中合同措施。通过选择合理的承发包模式和合同计价方式，选定满意的施工单位及材料设备供应单位，拟订完善的合同条款，并动态跟踪合同执行情况及处理好工程索赔等，是控制建设工程目标的重要合同措施。

36. A。本题考核的是签发工程暂停令的情形。项目监理机构发现下列情况之一时，总监理工程师应及时签发工程暂停令：（1）建设单位要求暂停施工且工程需要暂停施工的；（2）施工单位未经批准擅自施工或拒绝项目监理机构管理的；（3）施工单位未按审查通过的工程设计文件施工的；（4）施工单位违反工程建设强制性标准的；（5）施工存在重大质量、安全事故隐患或发生质量、安全事故的。

37. B。本题考核的是施工单位提出的工程变更处理程序。对涉及工程设计文件修改的工程变更，应由建设单位转交原设计单位修改工程设计文件。必要时，项目监理机构应建议建设单位组织设计、施工等单位召开论证工程设计文件的修改方案的专题会议。

38. A。本题考核的是成本核算。对于工程项目而言，预算超支现象是极其普遍的。而缺乏可靠的成本数据是造成工程造价超支的重要原因。

39. B。本题考核的是项目监理机构与施工单位的协调。监理工程师应强调各方面利益的一致性和建设工程总目标；应鼓励施工单位向其汇报建设工程实施状况、实施结果和遇到的困难和意见，以寻求对建设工程目标控制的有效解决办法，故选项 A 错误。监理工程师应采用科学的进度和质量控制方法，设计合理的奖罚机制及组织现场协调会议等协调工程施工进度和质量问题，故选项 B 正确。当发现施工单位采用不适当的方法进行施工，或采用不符合质量要求的材料时，监理工程师除立即制止外，还需要采取相应的处理措施。遇到这种情况，监理工程师需要在其权限范围内采用恰当的方式及时作出协调处理，故选项 C 错误。分包合同履行中发生的索赔问题，一般应由总承包单位负责，故选项 D 错误。

40. D。本题考核的是巡视工作的内容和职责。项目监理机构应在监理规划的相关章节中编制体现巡视工作的方案、计划、制度等相关内容，以及在监理实施细则中明确巡视要点、巡视频率和措施，并明确巡视检查记录表，故选项 A 错误。巡视检查内容以现场施工质量、生产安全事故隐患为主，且不限于工程质量、安全生产方面的内容，故选项 B 错误。在巡视检查中发现问题，应及时采取相应处理措施，巡视监理人员认为发现的问题自己无法解决或无法判断是否能够解决时，应立即向总监理工程师汇报，故选项 C 错误。总监理工程师应检查监理人员巡视的工作成果，与监理人员就当日巡视检查工作进行沟通，对发现的问题及时采取相应处理措施，故选项 D 正确。

41. A。本题考核的是见证取样的一般规定。项目监理机构应根据工程的特点和具体情况，制定工程见证取样送检工作制度，故选项 A 正确。计量证证分为两级实施：一级为国家级，一级为省级，故选项 B 错误。见证取样涉及三方行为：施工方、见证方、试验方，故选项 C 错误。施工单位取样人员在现场抽取和制作试样时，见证人必须在旁见证，且应对试样进行监护，并和委托送检的送检人员一起采取有效的封样措施或将试样送至检测单位，故选项 D 错误。

42. C。本题考核的是基本表式应用说明。"工程开工报审表"与"单位工程竣工验收报审表"必须由项目经理签字并加盖施工单位公章。

43. A。本题考核的是施工单位报审、报验用表（B 类表）的内容。施工控制测量成果报验表：施工单位完成施工控制测量并自检合格后，需要向项目监理机构报送《施工控制测量成果报验表》及施工控制测量依据和成果表。专业监理工程师审查合格后予以签认，故选项 A 正确。施工进度计划报审表：施工进度计划报审表。该表适用于施工总进度计划、阶段性施工进度计划的报审。施工进度计划在专业监理工程师审查的基础上，由总监理工程师审核签认，故选项 B 错误。分包单位资格报审表：《分包单位资格报审表》由专业监理工程师提出审查意见后，由总监理工程师审核签认，故选项 C 错误。分部工程报验表：在专业监理工程师验收的基础上，由总监理工程师签署验收意见，故选项 D 错误。

44. A。本题考核的是工程质量评估报告的内容。工程质量评估报告应在正式竣工验收前提交给建设单位。

45. B。本题考核的是建设工程监理文件资料组卷方法及要求。监理文件资料可按单位工程、分部工程、专业、阶段等组卷。

46. C。本题考核的是建设工程监理文件资料验收与移交。建设单位向城建档案管理部门移交工程档案（监理文件资料），应办理移交手续，填写移交目录，双方签字、盖章后交接。

47. C。本题考核的是建设工程风险划分的依据。建设工程的风险因素有很多，可以从不同的角度进行分类：（1）按照风险来源进行划分。风险因素包括自然风险、社会风险、经济风险、法律风险和政治风险。(2)按照风险涉及的当事人划分。风险因素包括建设单位的风险、设计单位的风险、施工单位的风险、工程监理单位的风险等。(3)按风险可否管理划分。可分为：可管理风险和不可管理风险。(4)按风险影响范围划分。可分为：局部风险和总体风险。

48. B。本题考核的是建设工程风险识别与评价中的风险识别成果。风险识别成果是进行风险分析与评价的重要基础。风险识别的最主要成果是风险清单。风险清单最简单的作用是描述存在的风险并记录可能减轻风险的行为。

49. B。本题考核的是建设工程风险对策及监控中的风险监控。风险管理计划实施后，风险控制措施必然会对风险的发展产生相应的效果。

50. C。本题考核的是工程设计成果评审的程序。工程设计成果评审程序如下：(1)事先建立评审制度和程序，并编制设计成果评审计划，列出预评审的设计成果清单；(2)根据设计成果特点，确定相应的专家人选；(3)邀请专家参与评审，并提供专家所需评审的设计成果资料、建设单位的需求及相关部门的规定等；(4)组织相关专家对设计成果评审会议，收集各专家的评审意见；(5)整理、分析专家评审意见，提出相关建议或解决方案，形成会议纪要或报告，作为设计优化或下一阶段设计的依据，并报建设单位或相关部门。

二、多项选择题

51. ABCD	52. ABCE	53. AC	54. DE	55. ABE
56. ACD	57. CE	58. BC	59. AC	60. CDE
61. CDE	62. ACD	63. CD	64. ABE	65. BDE
66. ACD	67. BE	68. ABE	69. BDE	70. DE
71. DE	72. ADE	73. ABDE	74. BCE	75. CDE
76. ABD	77. BC	78. CDE	79. ABCD	80. ACD

【解析】

51. ABCD。本题考核的是建设工程监理的性质。建设工程监理的性质可概括为服务性、科学性、独立性和公平性四个方面。

52. ABCE。本题考核的是项目建议书的内容。项目建议书的内容视工程项目不同而有繁有简，但一般应包括以下几方面内容：(1)项目提出的必要性和依据；(2)产品方案、拟建规模和建设地点的初步设想；(3)资源情况、建设条件、协作关系和设备技术引进国别、厂商的初步分析；(4)投资估算、资金筹措及还贷方案设想；(5)项目进度安排；(6)经济效益和社会效益的初步估计；(7)环境影响的初步评价。

53. AC。本题考核的是建设工程监理相关制度中项目董事会的职权的内容。建设项目董事会的职权有：负责筹措建设资金；审核、上报项目初步设计和概算文件；审核、上报年度投资计划并落实年度资金；提出项目开工报告；研究解决建设过程中出现的重大问题；负责提出项目竣工验收申请报告；审定偿还债务计划和生产经营方针，并负责按时偿还债务；聘任或解聘项目总经理，并根据总经理的提名，聘任或解聘其他高级管理人员。组织编制项目初步设计文件、拟定生产经营计划和提出项目后评价报告是项目总经理的职权。故选项B、D、E错误。

54. DE。本题考核的是建设工程监理相关制度中《工程建设项目招标范围和规模标准规定》的必须招标的内容。勘察、设计、施工、监理以及与工程建设有关的重要设备、材料等的采购，达到下列标准之一的，必须进行招标：（1）施工单项合同估算价在200万元人民币以上的；（2）重要设备、材料等货物的采购，单项合同估算价在100万元人民币以上的；（3）勘察、设计、监理等服务的采购，单项合同估算价在50万元人民币以上的；（4）单项合同估算价低于前三项规定的标准，但项目总投资额在3000万元人民币以上的。根据题意，故答案应选D、E选项。

55. ABE。本题考核的是《建筑法》中建筑工程发包与承包的主要内容。建筑工程造价应当按照国家有关规定，由发包单位与承包单位在合同中约定，故选项A正确。建筑工程的发包单位可以将建筑工程的勘察、设计、施工、设备采购一并发包给一个工程总承包单位，故选项B正确。按照合同约定，建筑材料、建筑构配件和设备由工程承包单位采购的，发包单位不得指定承包单位购入用于工程的建筑材料、建筑构配件和设备或者指定生产厂、供应商，故选项C错误。联合体承包：大型建筑工程或者结构复杂的建筑工程，可以由两个以上的承包单位联合共同承包。两个以上不同资质等级的单位实行联合共同承包的，应当按照资质等级低的单位的业务许可范围承揽工程。共同承包的各方对承包合同的履行承担连带责任，故选项D错误。建筑工程总承包单位按照总承包合同的约定对建设单位负责；分包单位按照分包合同的约定对总承包单位负责。总承包单位和分包单位就分包工程对建设单位承担连带责任，故选项E正确。

56. ACD。本题考核的是《招标投标法》主要内容。邀请招标，是指招标人以投标邀请书的方式邀请特定的法人或者其他组织投标，故选项A正确。招标人采用邀请招标方式的招标人不得以不合理的条件限制或者排斥潜在投标人，不得对潜在投标人实行歧视待遇（招标人可以告知拟邀投标人向他人发出邀请的情况，属于对他人的不公平歧视待遇），故选项B错误、选项C正确。招标文件不得要求或者标明特定的生产供应者以及含有倾向或者排斥潜在投标人的其他内容，故选项D正确。招标人对已发出的招标文件进行必要的澄清或者修改的，应当在招标文件要求提交投标文件截止时间至少15日前，以书面形式通知所有招标文件收受人，故选项E错误。

57. CE。本题考核的是《合同法》中委托合同的主要内容。建设工程合同包括工程勘察、设计、施工合同；建设工程监理合同、项目管理服务合同则属于委托合同。故选项C、E正确。

58. BC。本题考核的是《合同法》中要约与承诺的主要内容。要约是希望与他人订立合同的意思表示，故选项A正确。要约邀请，是希望他人向自己发出要约的意思表示。要约邀请并不是合同成立过程中的必经过程，它是当事人订立合同的预备行为，故选项B错误。撤销要约的通知应当在受要约人发出承诺通知之前到达受要约人，故选项C错误。承诺是受要约人同意要约的意思表示，故选项D正确。承诺的内容应当与要约的内容一致，故选项E正确。

59. AC。本题考核的是《建设工程质量管理条例》中最低保修期限的内容。在正常使用条件下，建设工程最低保修期限为：（1）基础设施工程、房屋建筑的地基基础工程和主体结构工程，为设计文件规定的该工程合理使用年限，故选项A正确。（2）屋面防水工程、有防水要求的卫生间、房间和外墙面的防渗漏，为5年，故选项B错误。（3）供热与供冷系统，为2个采暖期、供冷期，故选项C正确。（4）电气管道、给水排水管道、设备安装和装修工程，为2年，故选项D、E错误。

60. CDE。本题考核的是《建设工程安全生产管理条例》中施工单位的安全责任。不得压缩合同约定的工期属于建设单位的禁止行为，故选项A错误。由具有相应资质的单位安装、拆卸施工起重机械属于施工机械设施安装单位的安全责任，故选项B错误。施工单位的安全责任包括：（1）工程承揽；（2）安全生产责任制度：对所承担的建设工程进行定期和专项安全检查；（3）安全生产管理费用；（4）施工现场安全生产管理；（5）安全生产教育培训；（6）安全技术措施和专项施工方案：施工单位应当在施工组织设计中编制安全技术措施和施工现场临时用电方案；（7）施工现场安全防护；（8）施工现场卫生、环境与消防安全管理：施工单位对因建设工程施工可能造成损害的毗邻建筑物、构筑物和地下管线等，应当采取专项防护措施；（9）施工机具设备安全管理；（10）意外伤害保险。故选项C、D、E正确。

61. CDE。本题考核的是项目监理机构人员配备及职责分工。专业监理工程师职责：（1）检查进场的工程材料、构配件、设备的质量；（2）处置发现的质量问题和安全事故隐患；（3）参与工程变更的审查和处理等。审批监理实施细则属于总监理工程师岗位职责标准，故选项A错误。组织审核分包单位资质属于总监理工程师的职责，故选项B错误。

62. ACD。本题考核的是注册监理工程师职业道德守则。注册监理工程师应严格遵守如下职业道德守则：（1）维护国家的荣誉和利益，按照"守法、诚信、公平、科学"的经营活动准则执业；（2）执行有关工程建设法律、法规、标准和制度，履行建设工程监理合同规定的义务；（3）努力学习专业技术和建设工程监理知识，不断提高业务能力和监理水平；（4）不以个人名义承揽监理业务，故选项A正确；（5）不同时在两个或两个以上工程监理单位注册和从事监理活动，不在政府部门和施工、材料设备的生产供应等单位兼职；（6）不为所监理工程指定承包商、建筑构配件、设备、材料生产厂家和施工方法；（7）不收受施工单位的任何礼金、有价证券等；（8）不泄露所监理工程各方认为需要保密的事项，故选项C正确；（9）坚持独立自主地开展工作，故选项D正确。

63. CD。本题考核的是注册监理工程师执业和继续教育中注册监理工程师的义务。注册监理工程师应当履行下列义务：（1）遵守法律、法规和有关管理规定；（2）履行管理职责，执行技术标准、规范和规程；（3）保证执业活动成果的质量，并承担相应责任；（4）接受继续教育，努力提高执业水准；（5）在本人执业活动所形成的建设工程监理文件上签字、加盖执业印章；（6）保守在执业中知悉的国家秘密和他人的商业、技术秘密；（7）不得涂改、倒卖、出租、出借或者以其他形式非法转让注册证书或者执业印章；（8）不得同时在两个或者两个以上单位受聘或者执业；（9）在规定的执业范围和聘用单位业务范围内从事执业活动；（10）协助注册管理机构完成相关工作。依据本人能力从事相应的执业活动、对本人执业活动进行解释和辩护和保管和使用本人的注册证书和执业印章属于注册监理工程师享有的权利。

64. ABE。本题考核的是建设工程监理合同的组成文件。协议书明确了建设工程监理合同的组成文件：（1）协议书；（2）中标通知书（适用于招标工程）或委托书（适用于非招标工程）；（3）投标文件（适用于招标工程）或监理与相关服务建议书（适用于非招标工程）；（4）专用条件；（5）通用条件；（6）附录。故选项A、B、E正确。

65. BDE。本题考核的是监理人更换监理人员的情形。监理人应及时更换有下列情形之一的监理人员：（1）严重过失行为的；（2）有违法行为不能履行职责的；（3）涉嫌犯罪的；（4）不能胜任岗位职责的；（5）严重违反职业道德的；（6）专用条件约定的其他情形。

66．ACD。本题考核的是建设工程监理委托方式中平行承发包模式下工程监理委托方式。建设单位委托多家工程监理单位针对不同施工单位实施监理，需要分别与多家工程监理单位签订工程监理合同，这样，各工程监理单位之间的相互协作与配合需要建设单位进行协调，故选项 A 正确。采用这种委托方式，工程监理单位的监理对象相对单一，便于管理，故选项 B 错误。但建设工程监理工作被肢解，各家工程监理单位各负其责，故选项 D 正确。缺少一个对建设工程进行总体规划与协调控制的工程监理单位，故选项 C 正确。

67．BE。本题考核的是进行监理工作总结中向建设单位提交的监理工作总结的内容。向建设单位提交的监理工作总结。主要内容包括：建设工程监理合同履行情况概述，监理任务或监理目标完成情况评价，由建设单位提供的项目监理机构使用的办公用房、车辆、试验设施等的清单，表明建设工程监理工作终结的说明等。故选项 B、E 正确。

68．ABE。本题考核的是建设工程监理实施程序和原则。建设工程监理单位受建设单位委托实施建设工程监理时，应遵循以下基本原则：（1）公平、独立、诚信、科学的原则；（2）权责一致的原则；（3）总监理工程师负责制的原则；（4）严格监理，热情服务的原则；（5）综合效益的原则；（6）实事求是的原则。

69．BDE。本题考核的是总监理工程师代表职责。总监理工程师不得将下列工作委托给总监理工程师代表：组织审查施工组织设计、（专项）施工方案，故选项 A 错误。审查施工单位的竣工申请，组织工程竣工预验收，组织编写工程质量评估报告，参与工程竣工验收，故选项 C 错误。

70．DE。本题考核的是项目监理机构内部工作制度。项目监理机构内部工作制度包括：（1）项目监理机构工作会议制度，包括监理交底会议，监理例会、监理专题会，监理工作会议等；（2）项目监理机构人员岗位职责制度；（3）对外行文审批制度；（4）监理工作日志制度；（5）监理周报、月报制度；（6）技术、经济资料及档案管理制度；（7）监理人员教育培训制度；（8）监理人员考勤、业绩考核及奖惩制度。施工备忘录签发制度、施工组织设计审核制度和工程变更处理制度属于项目监理机构现场监理工作制度。故选项 A、B、C 错误。

71．DE。本题考核的是专项施工方案编制要求。实行施工总承包的，专项施工方案应当由总承包施工单位组织编制，其中，起重机械安装拆卸工程、深基坑工程、附着式升降脚手架等专业工程实行分包的，其专项施工方案可由专业分包单位组织编制。高大模板工程和拆除、爆破工程的，施工单位还应当组织专家进行论证、审查。故选项 D、E 错误。

72．ADE。本题考核的是项目监理机构在建设工程施工阶段进度控制的主要任务。项目监理机构在建设工程施工阶段进度控制的主要任务是通过完善建设工程控制性进度计划、审查施工单位提交的进度计划、做好施工进度动态控制工作、组织进度协调会议，协调有关各方关系、预防并处理好工期索赔，力求实际施工进度满足计划施工进度的要求。故选项 A、D、E 正确。

73．ABDE。本题考核的是建筑信息建模（BIM）技术的特点。BIM 具有可视化、协调性、模拟性、优化性、可出图性等特点。

74．BCE。本题考核的是见证取样的检验报告的要求。检验报告的要求：（1）试验报告应电脑打印；（2）试验报告采用统一用表；（3）试验报告签名一定要手签；（4）试验报告应有"见证检验专用章"统一格式；（5）注明见证人的姓名。

75. CDE。本题考核的是建设工程监理基本表式及其应用说明。施工单位发生下列情况时，项目监理机构应发出监理通知：（1）在施工过程中出现不符合设计要求、工程建设标准、合同约定；（2）使用不合格的工程材料、构配件和设备；（3）在工程质量、造价、进度等方面存在违规等行为。

76. ABD。本题考核的是工程质量评估报告的主要内容：（1）工程概况；（2）工程参建单位；（3）工程质量验收情况；（4）工程质量事故及其处理情况；（5）竣工资料审查情况；（6）工程质量评估结论。

77. BC。本题考核的是建设工程监理文件资料的移交。停建、缓建工程的监理文件资料暂由建设单位保管。

78. CDE。本题考核的是建设工程风险初始清单。建设工程风险初始清单中属于技术风险的见下表。

建设工程风险初始清单

风险因素		典型风险事件
技术风险	设计	设计内容不全、设计缺陷、错误和遗漏，应用规范不恰当，未考虑地质条件，未考虑施工可能性等
	施工	施工工艺落后，施工技术和方案不合理，施工安全措施不当，应用新技术新方案失败，未考虑场地情况等
	其他	工艺设计未达到先进性指标，工艺流程不合理，未考虑操作安全性等
非技术风险	自然与环境	洪水、地震、火灾、台风、雷电等不可抗拒自然力，不明的水文气象条件，复杂的工程地质条件，恶劣的气候，施工对环境的影响等
	政治法律	法律法规的变化，战争、骚乱、罢工、经济制裁或禁运等
	经济	通货膨胀或紧缩，汇率变化，市场动荡，社会各种摊派和征费的变化，资金不到位，资金短缺等
	组织协调	建设单位、项目管理咨询方、设计方、施工方、监理方之间的不协调及各方主体内部的不协调等
	合同	合同条款遗漏、表达有误，合同类型选择不当，承发包模式选择不当，索赔管理不力，合同纠纷等
	人员	建设单位人员、项目管理咨询人员、设计人员、监理人员、施工人员的素质不高、业务能力不强等
	材料设备	原材料、半成品、成品或设备供货不足或拖延，数量差错或质量规格问题，特殊材料和新材料的使用问题，过度损耗和浪费，施工设备供应不足、类型不配套、故障、安装失误、选型不当等

79. ABCD。本题考核的是保险转移。在决定采用保险转移这一风险对策后，需要考虑与保险有关的几个具体问题：一是保险的安排方式；二是选择保险类别和保险人，一般是通过多家比选后确定，也可委托保险经纪人或保险咨询公司代为选择；三是可能要进行保险合同谈判，这项工作最好委托保险经纪人或保险咨询公司完成，但免赔额的数额或比

例要由投保人自己确定。

80. ACD。本题考核的是建设工程风险管理中计划性风险自留。计划性风险自留是主动的、有意识的、有计划的选择，故选项 A 正确。是风险管理人员在经过正确的风险识别和风险评价后制定的风险对策。风险自留绝不可能单独运用，故选项 B 错误。而应与其他风险对策结合使用。在实行风险自留时，应保证重大和较大的建设工程风险已经进行了工程保险或实施了损失控制计划，故选项 C 正确。是风险管理人员在经过正确的风险识别和风险评价后制定的风险对策，故选项 D 正确。风险自留是指将建设工程风险保留在风险管理主体内部，通过采取内部控制措施等来化解风险，故选项 E 错误。

2016 年度全国监理工程师资格考试试卷

一、单项选择题（共 50 题，每题 1 分。每题的备选项中，只有 1 个最符合题意）

1. 关于建设工程监理的说法，错误的是（　　）。
   A. 履行建设工程安全生产管理的法定职责，是工程监理单位的社会责任
   B. 工程监理单位履行法律赋予的社会责任，具有工程建设重大问题的决策权
   C. 建设工程监理应当由具有相应资质的工程监理单位实施
   D. 工程监理单位与被监理工程的施工承包单位不得有隶属关系

2. 工程监理单位组建项目监理机构，按照工作计划和程序，根据自己的判断，采用科学的方法和手段开展工程监理工作，这是建设工程监理（　　）的具体表现。
   A. 服务性　　　　　　　　　B. 科学性
   C. 独立性　　　　　　　　　D. 公平性

3. 根据《建设工程监理范围和规模标准规定》，总投资为 2500 万元的（　　）项目必须实行监理。
   A. 供水工程　　　　　　　　B. 邮政通信
   C. 生态环境保护　　　　　　D. 体育场馆

4. 根据《国务院关于投资体制改革的决定》，对于企业投资《政府核准的投资项目目录》以外的项目，投资决策实行的制度是（　　）。
   A. 审批制　　　　　　　　　B. 核准制
   C. 备案制　　　　　　　　　D. 公示制

5. 在建设工程勘察设计工作中，对于重大工程和技术复杂工程，可根据需要增加（　　）阶段。
   A. 详细勘察　　　　　　　　B. 方案设计
   C. 技术设计　　　　　　　　D. 施工图审查

6. 建设工程施工单项合同估算价在（　　）万元以上的，必须进行招标。
   A. 50　　　　　　　　　　　B. 100
   C. 150　　　　　　　　　　　D. 200

7. 根据《建筑法》，关于建筑工程发包与承包的说法，错误的是（　　）。
   A. 分包单位按照分包合同的约定对建设单位负责

B. 主体结构工程施工必须由总承包单位自行完成

C. 除总承包合同中约定的分包工程，其余工程分包必须经建设单位认可

D. 总承包单位不得将工程分包给不具备相应资质条件的单位

8. 依法必须进行招标的项目，其评标委员会由招标人的代表和有关技术、经济等方面的专家组成。其中技术、经济等方面的专家不得少于成员总数的(　　)。

A. 1/2 　　　　　　　　　　　　　B. 2/3

C. 1/4 　　　　　　　　　　　　　D. 1/3

9. 根据《招标投标法》，关于投标文件的规定，说法正确的是(　　)。

A. 投标人应当按照招标文件的要求编制投标文件

B. 投标人应当在招标文件要求提交投标文件的截止时间前送达招标地点

C. 投标人数为 5 个以下的应重新招标

D. 投标人在提交投标文件的截止时间前修改的内容不属于投标文件的组成部分

10. 根据《招标投标法》，招标人应当自确定中标人之日起(　　)日内，向有关行政监督部门提交招标投标情况的书面报告。

A. 25 　　　　　　　　　　　　　B. 20

C. 15 　　　　　　　　　　　　　D. 10

11. 下列关于合同终止的情形，说法错误的是(　　)。

A. 债务已经按照约定履行 　　　　B. 债务人将全部债务转让给第三人

C. 债务人依法将标的物提存 　　　D. 债务相互抵销

12. 根据《建设工程质量管理条例》，正常使用条件下，设备安装工程的最低保修期限为(　　)年。

A. 5 　　　　　　　　　　　　　　B. 4

C. 3 　　　　　　　　　　　　　　D. 2

13. 根据《建设工程安全生产管理条例》，施工单位对列入(　　)的安全作业环境及安全施工措施费用，不得挪作他用。

A. 建设工程概算 　　　　　　　　B. 建设工程预算

C. 投标报价 　　　　　　　　　　D. 施工合同价

14. 根据《建设工程安全生产管理条例》，施工单位编制的(　　)专项施工方案，应当组织专家进行论证、审查。

A. 土方工程 　　　　　　　　　　B. 深基坑支护工程

C. 起重吊装工程 　　　　　　　　D. 爆破工程

15. 某工程施工中发生生产安全事故，造成 2 人死亡，3 人受伤，直接经济损失达 500 万元，根据《生产安全事故报告和调查处理条例》，该事故属于（   ）生产安全事故。

A. 特别重大   B. 重大

C. 较大   D. 一般

16. 根据《招标投标法实施条例》，潜在投标人或者其他利害关系人对招标文件有异议的，应当在投标截止时间（   ）日前提出。

A. 3   B. 7

C. 2   D. 10

17. 根据《招标投标法实施条例》，招标文件要求中标人提交履约保证金的，履约保证金不得超过中标合同金额的（   ）。

A. 10%   B. 8%

C. 5%   D. 3%

18. 根据《建设工程监理规范》GB/T 50319—2013，总监理工程师应组织专业监理工程师审查施工单位报送的（   ）及相关资料，报建设单位批准后签发工程开工令。

A. 施工组织设计报审表   B. 分包单位资格报审表

C. 施工控制测量成果表   D. 开工报审表

19. 根据《注册监理工程师管理规定》，注册监理工程师注册有效期满需继续执业的，应在有效期届满（   ）日前，按照规定的程序申请延期注册。

A. 60   B. 45

C. 30   D. 20

20. 对申请参加监理投标的潜在投标人进行资格预审的目的是（   ）。

A. 排除不合格的投标人   B. 选择实力强的投标人

C. 排除不满意的投标人   D. 便于对投标人能力进行考察

21. 在建设工程监理招标中，选择工程监理单位应遵循的最重要的原则是（   ）。

A. 报价优先   B. 基于制度的要求

C. 技术优先   D. 基于能力的选择

22. 组成《建设工程监理合同（示范文本）》GF—2012—0202 的合同文件有：①投标文件；②中标通知书；③协议书；④通用条件；⑤专用条件；⑥附录 A、附录 B，当上述文件内容出现歧义时，其解释顺序是（   ）。

A. ①②③④⑤⑥   B. ③②⑤⑥④①

C. ⑥④①③②⑤   D. ③②④⑤⑥①

23. 监理人在履行建设工程监理合同义务时，需完成的基本工作是（   ）。

A. 收到工程设计文件后编制监理规划，并在第一次工地会议 14d 前报委托人

B. 熟悉工程设计文件，并参加由委托人组织的专题会议

C. 审核施工承包人资质条件

D. 检查施工承包人工程质量、安全生产管理制度及组织机构和人员资格

24. 监理人更换项目监理机构专业监理工程师，应遵循的原则是（   ）。

A. 不少于现有人员数量　　　　　B. 不增加监理酬金

C. 不低于现有资格与能力　　　　D. 不超过现有监理成本

25. 监理合同履行期间，因相关法律法规导致监理服务的范围发生变化，所增加的监理工作内容应视为（   ）。

A. 正常工作　　　　　　　　　　B. 伴随工作

C. 附加工作　　　　　　　　　　D. 连带工作

26. 采用工程总承包模式的优点是（   ）。

A. 建设单位选择承包单位的范围大　　B. 工程招标发包工作难度小

C. 总承包单位承担的风险小　　　　　D. 发包人组织协调工作量小

27. 监理工程师"应运用合理的技能，谨慎而勤奋地工作"，属于工程监理实施的（   ）原则。

A. 权责一致　　　　　　　　　　B. 实事求是

C. 热情服务　　　　　　　　　　D. 综合效益

28. 关于项目监理机构专业分工与协调配合的说法，正确的是（   ）。

A. 监理部门和人员应根据组织目标和工作内容合理分工和相互配合

B. 监理工作的专业特点要求监理部门和人员应严格分工，弱化协作

C. 监理工作的综合管理要求监理部门和人员应相互配合，弱化分工

D. 监理工作的专业决策特点要求监理部门和人员独立工作，弱化分工与协作

29. 下列组织形式特点中，属于矩阵制监理组织形式特点的是（   ）。

A. 具有较大的机动性和适应性，纵横向协调工作量大

B. 直线领导，但职能部门与指挥部门易产生矛盾

C. 权利集中，组织机构简单，隶属关系明确

D. 信息传递线路长，不利于信息相互沟通

30. 下列监理人员基本职责中，属于监理员职责的是（   ）。

A. 进行见证取样　　　　　　　　B. 处理工程索赔

C. 检查现场安全生产管理体系　　D. 编写监理日志

31. 对监理规划的编制应把握工程项目运行脉搏的要求是指(   )。

    A. 监理规划的内容构成应当力求统一

    B. 监理规划的内容应当具有可操作性

    C. 监理规划的内容应随工程进展不断地补充完善

    D. 监理规划的编制应充分考虑其时效性

32. 下列监理规划的编制依据中，反应工程特征的是(   )。

    A. 设计图纸和施工说明书   B. 当地建筑材料的供应状况

    C. 招标投标及造价管理制度   D. 监理工作的范围与服务内容

33. 下列工程目标控制任务中，不属于工程质量控制任务的是(   )。

    A. 审查施工组织设计及专项施工方案

    B. 审查工程中使用的新技术、新工艺

    C. 分析比较实际完成工程量与计划工程量

    D. 复核施工控制测量成果与保护措施

34. 根据《建设工程监理规范》GB/T 50319—2013，下列内容中，不属于监理实施细则的是(   )。

    A. 监理工作控制要点   B. 建立工作组织制度

    C. 监理工作流程   D. 监理工作方法

35. 关于建设工程质量、进度和造价三大目标的说法，正确的是(   )。

    A. 应形成"自上而下层层展开，自上而下层层保证"的质量、进度和造价目标体系

    B. 应将建设工程总目标分解、为质量、进度和造价目标动态控制奠定基础

    C. 在不同的建设工程中质量、进度和造价目标，应具有相同的优先等级

    D. 质量、进度和造价目标之间相互制约，应使每一个目标均达到最优

36. 下列建设工程目标动态控制工作中，属于PDCA中检查工作的是(   )。

    A. 编制工程项目计划   B. 实施工程项目计划

    C. 收集工程项目实施绩效   D. 采取偏差纠正措施

37. 建立工程目标控制工作考评机制，作为各类措施的前提和保障的是(   )措施。

    A. 组织   B. 技术

    C. 合同   D. 经济

38. 工程暂停施工原因消失，具备复工条件时，关于复工审批或指令的说法，正确的是(   )。

    A. 施工单位提出复工申请的，专业监理工程师应签发工程复工令

    B. 施工单位提出复工申请的，建设单位应及时签发工程复工令

C. 施工单位未提出复工申请的，总监理工程师可指令施工单位恢复施工

D. 施工单位未提出复工申请的，建设单位应及时指令施工单位恢复施工

39. 设计信息分发制度时，一般不考虑的因素是（　　）。

A. 信息分发的内容、数量、范围、数据来源

B. 提供信息的介质

C. 分发信息的数据结构、类型、精度和格式

D. 信息使用部门的使用目的和使用要求

40. 根据工程实际进展安排工程监理人员及时进场或退场的关键是抓好监理人员的（　　）环节。

A. 招聘　　　　　　　　　　　　B. 培训

C. 调度　　　　　　　　　　　　D. 委任

41. 关于旁站的说法，错误的是（　　）。

A. 旁站记录是监理工程师依法行使有关签字权的重要依据

B. 旁站是建设工程监理工作中用以监督工程目标实现的重要手段

C. 旁站应在总监理工程师的指导下由现场监理人员负责具体实施

D. 工程竣工验收后，工程监理单位应当将旁站记录存档备查

42. 下列报审、报验表中，应由总监理工程师签字并加盖执业印章的是（　　）。

A. 分部工程报验表　　　　　　　B. 分包单位资格报审表

C. 费用索赔报审表　　　　　　　D. 施工进度计划报审表

43. 根据《建设工程监理规范》GB/T 50319—2013，在工程报验时，不使用《报验、报审表》的是（　　）。

A. 检验批报验　　　　　　　　　B. 分项工程报验

C. 隐蔽工程报验　　　　　　　　D. 分部工程报验

44. 关于工程质量评估报告的说法，正确的是（　　）。

A. 工程质量评估报告应在正式竣工验收前提交建设单位

B. 工程质量评估报告应由施工单位组织编制并经总监理工程师签认

C. 工程质量评估报告是工程竣工验收后形成的主要验收文件之一

D. 工程质量评估报告由专业监理工程师组织编制并经总监理工程师签认

45. 关于建设工程监理文件资料卷内排列要求的说法，正确的是（　　）。

A. 请示在前，批复在后　　　　　B. 主件在前，附件在后

C. 定稿在前，印本在后　　　　　D. 图纸在前，文字在后

46. 下列监理文件资料中，属于监理单位长期保存的是(　　)。
    A. 专题总结　　　　　　　　　　　B. 工程竣工总结
    C. 监理规划　　　　　　　　　　　D. 监理实施细则

47. 关于监理文件资料暂时保管单位的说法，正确的是(　　)。
    A. 停建、缓建工程的监理文件资料暂由建设单位保管
    B. 停建、缓建工程的监理文件资料暂由监理单位保管
    C. 改建、扩建工程的监理文件资料由建设单位保管
    D. 改建、扩建工程的监理文件资料由监理单位保管

48. 关于风险等级可接受性评定的说法，正确的是(　　)。
    A. 风险等级为大的风险因素是不希望有的风险
    B. 风险等级为中的风险因素是不可接受的风险
    C. 风险等级为小的风险因素是不可接受的风险
    D. 风险等级为很小的风险因素是可忽略的风险

49. 关于建设工程风险的损失控制对策的说法，正确的是(　　)。
    A. 预防损失措施的主要作用在于遏制损失的发展
    B. 减少损失措施的主要作用在于降低损失发生的概率
    C. 制定损失控制措施必须考虑其付出的费用和时间方面的代价
    D. 制定损失控制措施只需考虑其付出的费用代价

50. 工程监理单位在工程设计过程中（提出报告时），应审查设计单位提出的新材料、新工艺、新技术、新设备（"四新"）在相关部门的备案情况，必要时应协助(　　)组织专家评审。
    A. 建设单位　　　　　　　　　　　B. 设计单位
    C. 施工单位　　　　　　　　　　　D. "四新"备案部门

二、多项选择题（共 30 题，每题 2 分。每题的备选项中，有 2 个或 2 个以上符合题意，至少有 1 个错项。错选，本题不得分；少选，所选的每个选项得 0.5 分）

51. 根据《建设工程质量管理条例》，工程监理单位有(　　)行为的，将被处以 50 万元以上 100 万元以下的罚款，降低资质等级或者吊销资质证书。
    A. 超越本单位资质等级承揽工程监理业务
    B. 与建设单位串通，弄虚作假、降低工程质量
    C. 与施工单位串通，弄虚作假，降低工程质量
    D. 允许其他单位以本单位名义承揽工程监理业务
    E. 将不合格的建设工程按照合格签字

52. 根据《房屋建筑和市政基础设施工程施工图设计文件审查管理办法》，施工图审

查机构应对施工图涉及（　　）的内容进行审查。

    A. 公共利益   B. 工程条件

    C. 公众安全   D. 工程建设强制性标准

    E. 施工图预算

53. 关于施工许可证有效期的说法，正确的有（　　）。

    A. 自领取施工许可证之日起 3 个月内不能按期开工的，应当申请延期

    B. 施工许可证延期以 1 次为限，且不超过 6 个月

    C. 施工许可证延期以 2 次为限，每次不超过 3 个月

    D. 因故中止施工的，应当自中止施工之日起 1 个月内向施工许可证发证机关报告

    E. 中止施工满 6 个月以上的工程恢复施工前，应当报施工许可证发证机关核验

54. 根据《建筑法》，在施工过程中，施工企业施工工作人员的权力有（　　）。

    A. 获得安全生产所需的防护用品

    B. 根据现场条件改变施工图纸内容

    C. 对危及生命安全和人身健康的行为提出批评

    D. 对危及生命安全和人身健康的行为检举和控告

    E. 对影响人身健康的作业程序和条件提出改进意见

55. 根据《招标投标法》，在招标投标活动中，投标人不得采取的行为包括（　　）。

    A. 相互串通投标报价   B. 以低于成本的报价竞标

    C. 要求进行现场踏勘   D. 以他人名义投标

    E. 以联合体方式投标

56. 根据《合同法》，在合同中有下列（　　）情形的，签订的合同无效。

    A. 损害社会公共利益   B. 超越代理权签订合同

    C. 违反行政法规的强制性规定   D. 以合法形式掩盖非法目的

    E. 恶意串通，损害第三人利益

57. 根据《建设工程质量管理条例》，工程设计单位的质量责任和义务包括（　　）。

    A. 将工程概算控制在批准的投资估算之内

    B. 设计方案先进可靠

    C. 就审查合格的施工图设计文件向施工单位作出详细说明

    D. 除有特殊要求的，不得指定生产厂、供应商

    E. 参与建设工程质量事故分析

58. 根据《建设工程安全生产管理条例》，施工单位应满足现场卫生、环境与消防安全管理方面的要求包括（　　）。

    A. 做好施工现场人员调查

B. 将现场办公、生活与作业区分开设置，保持安全距离

C. 提供的职工膳食、饮水、休息场所符合卫生标准

D. 不得在尚未竣工的建筑物内设置员工集体宿舍

E. 设置消防通道、消防水源，配备消防设施和灭火器材

59. 根据《招标投标法实施条例》，应视为投标人相互串通投标的情形有（　　）。

A. 互相借用投标保证金　　　　　　　B. 投标文件由同一单位编制

C. 投标保证金从同一单位账户转出　　D. 投标文件出现异常一致

E. 有相同的类似工程业绩

60. 项目监理机构控制工程进度的主要工作包括（　　）。

A. 审查施工方案

B. 审查施工总进度计划和阶段性施工进度计划

C. 检查施工进度计划的实施情况

D. 对实际进度进行调整

E. 比较分析工程施工实际进度与计划进度

61. 根据《注册监理工程师管理规定》，完成规定学时的继续教育是注册监理工程师
（　　）的条件之一。

A. 初始注册　　　　　　　　　　　　B. 逾期初始注册

C. 变更注册　　　　　　　　　　　　D. 延续注册

E. 重新申请注册

62. 建设工程监理评标时应重点评审监理大纲的（　　）。

A. 全面性　　　　　　　　　　　　　B. 程序性

C. 针对性　　　　　　　　　　　　　D. 科学性

E. 创新性

63. 项目监理机构开展监理工作的主要依据有（　　）。

A. 与工程有关的标准

B. 监理合同

C. 施工总承包单位与分包单位签订的分包合同

D. 工程设计文件

E. 施工分包单位编制的施工组织设计

64. 根据《建设工程监理合同（示范文本）》GF—2012—0202，监理人未正确履行合
同义务的过错行为有（　　）。

A. 对不可预见因素未实施风险防范，使工程受到损失

B. 未按规范程序进行监理

C. 施工单位擅自违规作业未被发现而出现质量不合格

D. 未按正确数据进行判断而向施工承包人发出错误指令

E. 未能及时发出相关指令，导致工程实施进程发生重大延误

65. 根据《建设工程监理合同（示范文本）》GF—2012—0202，项目监理机构应向委托人提交的监理文件资料有（　　）。

A. 监理大纲　　　　　　　　　　B. 监理规划

C. 监理实施细则　　　　　　　　D. 监理月报

E. 监理专项报告

66. 建设工程采用施工总承包模式的主要缺点有（　　）。

A. 建设周期较长　　　　　　　　B. 协调工作量大

C. 质量控制较难　　　　　　　　D. 合同管理较难

E. 投标报价较高

67. 下列工作内容中，属于项目监理组织结构设计的有（　　）。

A. 确定项目监理机构目标　　　　B. 选择组织结构形式

C. 确定管理层次与跨度　　　　　D. 划分项目监理机构部门

E. 制定监理工作和信息流程

68. 下列总监理工程师的职责中，不得委托给总监理工程师代表的有（　　）。

A. 组织工程竣工结算　　　　　　B. 组织工程竣工预验收

C. 组织编写工程质量评估报告　　D. 组织审查施工组织设计

E. 组织审核分包单位资格

69. 下列工程造价控制内容中，属于工程造价动态比较内容的有（　　）。

A. 工程造价控制计划的编制　　　B. 工程造价控制计划的审核

C. 工程造价偏差的纠正　　　　　D. 工程造价目标值的预测分析

E. 工程造价目标分解值与实际值的比较

70. 实行工程总承包的工程，专项施工方案可由专业分包单位组织编制的有（　　）。

A. 起重机械安装　　　　　　　　B. 起重机械拆卸

C. 附着式升降脚手架　　　　　　D. 主体结构工程施工

E. 深基坑开挖

71. 下列工作内容中，属于建设工程目标动态控制过程的有（　　）。

A. 组织　　　　　　　　　　　　B. 计划

C. 执行　　　　　　　　　　　　D. 检查

E. 协调

72. 关于建设工程信息管理的说法，正确的有（　　）。

A. 工程监理人员对于数据和信息的加工要从鉴别开始

B. 信息检索需要建立在一定的分级管理制度上

C. 工程参建各方应分别确定各自的数据存储与编码体系

D. 尽可能以网络数据库形式存储数据，以实现数据共享

E. 需要信息的部门和人员有权在第一时间得到所需要的信息

73. 项目监理机构实施组织协调的常用方法有（　　）。

A. 会议协调　　　　　　　　　　　B. 行政协调

C. 交谈协调　　　　　　　　　　　D. 指令协调

E. 书面协调

74. 关于见证取样的说法，正确的有（　　）。

A. 国家级和省级计量认证机构认证的实施效力相同

B. 见证人员必须取得《见证员证书》且有建设单位授权

C. 检测单位接受委托检验任务时，须有送检单位填写的委托单

D. 见证人员应协助取样人员按随机取样方法和试件制作方法取样

E. 见证取样涉及的行为主体有材料供货方、施工方和见证方

75. 下列报审表中，需要建设单位签署审批意见的有（　　）。

A. 工程开工报审表　　　　　　　　B. 工程复工报审表

C. 费用索赔报审表　　　　　　　　D. 工程临时或最终延期报审表

E. 单位工程竣工验收报审表

76. 下列工作内容中，属于建设工程监理文件资料管理的有（　　）。

A. 收发文与登记　　　　　　　　　B. 文件起草与修改

C. 文件传阅　　　　　　　　　　　D. 文件分类存放

E. 文件组卷归档

77. 根据《建设工程文件归档整理规范》，下列工程质量验收记录中，属于建设单位永久保存的有（　　）。

A. 幕墙工程验收记录　　　　　　　B. 分部工程质量验收记录

C. 分项工程质量验收记录　　　　　D. 检验批质量验收记录

E. 基础、主体工程验收记录

78. 关于采用初始清单法识别风险的说法，正确的有（　　）。

A. 初始清单可由有关人员利用所掌握的丰富知识设计而成

B. 建立初始清单是为了便于人们较全面地认识工程风险的存在

C. 利用初始清单有利于风险识别人员不遗漏重要的工程风险

D. 建立初始清单需要参照同类工程风险的经验数据

E. 初始清单中列出的风险，是风险识别的最终结论

79. 关于风险跟踪检查与报告的说法，正确的有(　　)。

A. 跟踪风险控制措施的效果是风险监控的主要内容

B. 应定期将跟踪结果编制成风险跟踪报告

C. 风险跟踪过程中发现新的风险因素时应进行重新估计

D. 风险跟踪报告内容的详细程度应依据掌握的资料确定

E. 编制和提交风险跟踪报告是风险管理的一项日常工作

80. 下列内容中，属于工程设计评估报告内容的有(　　)。

A. 设计任务书的完成情况

B. 各专业计划的衔接情况

C. 出图节点与总体计划的符合情况

D. 有关部门审查意见的落实情况

E. 设计深度与设计标准的符合情况

2016 年度全国监理工程师资格考试试卷参考答案及解析

一、单项选择题

1. B	2. C	3. D	4. C	5. C
6. D	7. A	8. B	9. A	10. C
11. B	12. D	13. A	14. B	15. D
16. D	17. A	18. D	19. C	20. A
21. D	22. B	23. D	24. C	25. C
26. D	27. C	28. A	29. A	30. A
31. C	32. A	33. C	34. B	35. B
36. C	37. A	38. C	39. D	40. C
41. B	42. C	43. D	44. A	45. B
46. B	47. A	48. D	49. C	50. A

【解析】

1. B。本题考核的是建设工程监理的性质。选项 B 错误，因为工程监理单位不具有工程建设重大问题的决策权，只能在建设单位授权范围内采用规划、控制、协调等方法。

2. C。本题考核的是建设工程监理的独立性。在建设工程监理工作过程中，必须建立项目监理机构，按照自己的工作计划和程序，根据自己的判断，采用科学的方法和手段，独立地开展工作。

3. D。本题考核的是必须实行监理的工程范围和规模标准。《建设工程监理范围和规模标准规定》又进一步细化了必须实行监理的工程范围和规模标准：国家重点建设工程；大中型公用事业工程（项目总投资额在 3000 万元以上的供水、体育等工程项目）；成片开发建设的住宅小区工程；利用外国政府或者国际组织贷款、援助资金的工程；国家规定必

须实行监理的其他工程（项目总投资额在 3000 万元以上关系社会公共利益、公众安全的邮政、电信枢纽、通信、生态环境保护项目等基础设施项目和学校、影剧院、体育场馆项目）。

4. C。本题考核的是非政府投资工程实行的制度。对于《政府核准的投资项目目录》以外的企业投资项目，实行备案制。

5. C。本题考核的是建设工程设计阶段的工作内容。工程设计工作一般划分为两个阶段，即初步设计和施工图设计。重大工程和技术复杂工程，可根据需要增加技术设计阶段。

6. D。本题考核的是必须进行招标项目的标准。必须进行招标的标准：（1）施工单项合同估算价在 200 万元人民币以上的；（2）重要设备、材料等货物的采购，单项合同估算价在 100 万元人民币以上的；（3）勘察、设计、监理等服务的采购，单项合同估算价在 50 万元人民币以上的；（4）单项合同估算价低于前三项规定的标准，但项目总投资额在 3000 万元人民币以上的。

7. A。本题考核的是建筑工程分包的要求。建筑工程总承包单位按照总承包合同的约定对建设单位负责；分包单位按照分包合同的约定对总承包单位负责，所以选项 A 错误。

8. B。本题考核的是评标委员会的组成。依法必须进行招标的项目，其评标委员会由招标人的代表和有关技术、经济等方面的专家组成，成员人数为 5 人以上单数。其中，技术、经济等方面的专家不得少于成员总数的 2/3。

9. A。本题考核的是投标文件的规定。投标文件的内容：（1）投标人应当按照招标文件的要求编制投标文件；（2）投标人在招标文件要求提交投标文件的截止时间前，可以补充、修改或者撤回已提交的投标文件，并书面通知招标人。补充、修改的内容为投标文件的组成部分。投标文件的送达：（1）投标人应当在招标文件要求提交投标文件的截止时间前，将投标文件送达投标地点；（2）招标人收到投标文件后，应当签收保存，不得开启；（3）投标人少于 3 个的，招标人应当依照《招标投标法》重新招标。

10. C。本题考核的是《招标投标法》的主要内容。依法必须进行招标的项目，招标人应当自确定中标人之日起 15 日内，向有关行政监督部门提交招标投标情况的书面报告。

11. B。本题考核的是为合同终止的情形。合同终止的情形包括：（1）债务已经按照约定履行；（2）合同解除；（3）债务相互抵销；（4）债务人依法将标的物提存；（5）债权人免除债务；（6）债权债务同归于一人；（7）法律规定或者当事人约定终止的其他情形。

12. D。本题考核的是建设工程最低保修期限。在正常使用条件下，建设工程最低保修期限为：（1）基础设施工程、房屋建筑的地基基础工程和主体结构工程，为设计文件规定的该工程合理使用年限。（2）屋面防水工程、有防水要求的卫生间、房间和外墙面的防渗漏，为 5 年。（3）供热与供冷系统，为 2 个采暖期、供冷期。（4）电气管道、给水排水管道、设备安装和装修工程，为 2 年。

13. A。本题考核的是安全生产管理费用。施工单位对列入建设工程概算的安全作业环境及安全施工措施所需费用，应当用于施工安全防护用具及设施的采购和更新、安全施工措施的落实、安全生产条件的改善，不得挪作他用。

14. B。本题考核的是施工单位的安全责任。分部分项工程中涉及深基坑、地下暗挖工程、高大模板工程的专项施工方案，施工单位还应当组织专家进行论证、审查。

15. D。本题考核的是生产安全事故等级。根据生产安全事故造成的人员伤亡或者直接经济损失，生产安全事故分为以下等级：（1）特别重大生产安全事故，是指造成30人及以上死亡，或者100人及以上重伤（包括急性工业中毒，下同），或者1亿元及以上直接经济损失的事故。（2）重大生产安全事故，是指造成10人及以上30人以下死亡，或者50人及以上100人以下重伤，或者5000万元及以上1亿元以下直接经济损失的事故。（3）较大生产安全事故，是指造成3人及以上10人以下死亡，或者10人及以上50人以下重伤，或者1000万元及以上5000万元以下直接经济损失的事故。（4）一般生产安全事故，是指造成3人以下死亡，或者10人以下重伤，或者1000万元以下直接经济损失的事故。

16. D。本题考核的是对资格预审文件、招标文件质疑的处理。潜在投标人或者其他利害关系人对资格预审文件有异议的，应当在提交资格预审申请文件截止时间2日前提出；对招标文件有异议的，应当在投标截止时间10日前提出。

17. A。本题考核的是履约保证金的提交。招标文件要求中标人提交履约保证金的，中标人应当按照招标文件的要求提交。履约保证金不得超过中标合同金额的10%。

18. D。本题考核的是《建设工程监理规范》GB/T 50319—2013的一般规定。总监理工程师应组织专业监理工程师审查施工单位报送的开工报审表及相关资料，报建设单位批准后，总监理工程师签发工程开工令。

19. C。本题考核的是延续注册。注册监理工程师每一注册有效期为3年，注册有效期满需继续执业的，应当在注册有效期满30日前，按照规定的程序申请延续注册。

20. A。本题考核的是资格预审的目的。资格预审的目的是为了排除不合格的投标人，进而降低招标人的招标成本，提高招标工作效率。

21. D。本题考核的是建设单位在选择工程监理单位的原则。建设单位在选择工程监理单位最重要的原则是"基于能力的选择"，而不应将服务报价作为主要考虑因素。

22. B。本题考核的是合同文件解释顺序。合同文件的解释顺序如下：（1）协议书；（2）中标通知书（适用于招标工程）或委托书（适用于非招标工程）；（3）专用条件及附录A、附录B；（4）通用条件；（5）投标文件（适用于招标工程）或监理与相关服务建议书（适用于非招标工程）。

23. D。本题考核的是监理人需要完成的基本工作。监理人需要完成的基本工作包括：（1）收到工程设计文件后编制监理规划，并在第一次工地会议7d前报委托人；（2）熟悉工程设计文件，并参加由委托人主持的图纸会审和设计交底会议；（3）参加由委托人主持的第一次工地会议；（4）主持监理例会并根据工程需要主持或参加专题会议；（5）审核施工分包人资质条件；（6）检查施工承包人工程质量、安全生产管理制度及组织机构和人员资格等。

24. C。本题考核的是项目监理机构人员的更换。监理人更换项目监理机构其他监理人员，应以不低于现有资格与能力为原则，并应将更换情况通知委托人。

25. C。本题考核的是建设工程监理合同变更。增加的监理工作时间、工作内容应视为附加工作。附加工作酬金的确定方法在专用条件中约定。

26. D。本题考核的是工程总承包模式的优点。采用建设工程总承包模式，建设单位的合同关系简单，组织协调工作量小。由于工程设计与施工由一个承包单位统筹安排，一般能做到工程设计与施工的相互搭接，有利于控制工程进度，可缩短建设周期。通过统筹考虑工程设计与施工，可以从价值工程或全寿命期费用角度取得明显的经济效果，有利于工程造价控制。

27. C。本题考核的是建设工程监理实施原则。监理工程师应为建设单位提供热情服务，"应运用合理的技能，谨慎而勤奋地工作"。

28. A。本题考核的是划分项目监理机构部门。管理部门的划分要根据组织目标与工作内容确定，形成既有相互分工又有相互配合的组织机构。

29. A。本题考核的是矩阵制监理组织形式特点。矩阵制组织形式的优点是加强了各职能部门的横向联系，具有较大的机动性和适应性，将上下左右集权与分权实行最优结合，有利于解决复杂问题，有利于监理人员业务能力的培养。缺点是纵横向协调工作量大，处理不当会造成扯皮现象，产生矛盾。

30. A。本题考核的是监理员职责。监理员职责：（1）检查施工单位投入工程的人力、主要设备的使用及运行状况；（2）进行见证取样；（3）复核工程计量有关数据；（4）检查工序施工结果；（5）发现施工作业中的问题，及时指出并向专业监理工程师报告。

31. C。本题考核的是为监理规划编写要求。监理规划要把握工程项目运行脉搏，是指其可能随着工程进展进行不断的补充、修改和完善。

32. A。本题考核的是监理规划的编制依据。监理规划的编制依据见下表。

监理规划的编制依据

编制依据		文件资料名称
反映工程特征的资料	勘察设计阶段监理相关服务	（1）可行性研究报告或设计任务书； （2）项目立项批文； （3）规划红线范围； （4）用地许可证； （5）设计条件通知书； （6）地形图
	施工阶段监理	（1）设计图纸及施工说明书； （2）地形图； （3）施工合同及其他建设工程合同
反映建设单位对项目监理要求的资料	监理合同：反映监理工作范围和内容、监理大纲、监理投标文件	
反映工程建设条件的资料	（1）当地气象资料和工程地质及水文资料； （2）当地建筑材料供应状况的资料； （3）当地勘察设计和土建安装力量的资料； （4）当地交通、能源和市政公用设施的资料； （5）检测、监测、设备租赁等其他工程参建方的资料	
反映当地工程建设法规及政策方面的资料	（1）工程建设程序； （2）招投标和工程监理制度； （3）工程造价管理制度等； （4）有关法律法规及政策	
工程建设法律、法规及标准	法律法规，部门规章，建设工程监理规范，勘察、设计、施工、质量评定、工程验收等方面的规范、规程、标准等	

33. C。本题考核的是工程质量控制主要任务。工程质量控制主要任务：（1）审查施工单位现场的质量保证体系；（2）审查施工组织设计、（专项）施工方案；（3）审查工程

使用的新材料、新工艺、新技术、新设备的质量认证材料和相关验收标准的适用性；
（4）检查、复核施工控制测量成果及保护措施；（5）审核分包单位资格，检查施工单位为
本工程提供服务的试验室；（6）审查施工单位用于工程的材料、构配件、设备的质量证明
文件，并按要求对用于工程的材料进行见证取样、平行检验，对施工质量进行平行检验；
（7）审查影响工程质量的计量设备的检查和检定报告；（8）采用旁站、巡视检查、平行检
验等方式对施工过程进行检查监督；（9）对隐蔽工程、检验批、分项工程和分部工程进行验
收；（10）对质量缺陷、质量问题、质量事故及时进行处置和检查验收；（11）对单位工程进
行竣工验收，并组织工程竣工预验收；（12）参加工程竣工验收，签署建设工程监理意见。

34. B。本题考核的是监理实施细则主要内容。《建设工程监理规范》GB/T 50319—
2013 明确规定了监理实施细则应包含的内容，即：专业工程特点、监理工作流程、监理
工作控制要点，以及监理工作方法及措施。

35. B。本题考核的是建设工程三大目标的确定与分解。选项 A 错误，应该是需要从
不同角度将建设工程总目标分解成若干分目标、子目标及可执行目标，从而形成"自上而
下层层展开、自下而上层层保证"的目标体系，为建设工程三大目标动态控制奠定基础。
选项 C 错误，应该是不同建设工程三大目标可具有不同的优先等级。选项 D 错误，应该
是建设工程三大目标之间密切联系、相互制约，需要应用多目标决策、多级梯阶、动态规
划等理论统筹考虑、分析论证，努力在"质量优、投资省、工期短"之间寻求最佳匹配。

36. C。本题考核的是建设工程目标体系的 PDCA。选项 A 属于计划工作；选项 B 属
于执行工作；选项 C 属于检查工作；选项 D 属于纠偏工作。

37. A。本题考核的是三大目标控制措施。组织措施是其他各类措施的前提和保障，
包括：建立建设工程目标控制工作考评机制等。

38. C。本题考核的是复工审批或指令。施工单位未提出复工申请的，总监理工程师
应根据工程实际情况指令施工单位恢复施工。

39. D。本题考核的是设计信息分发制度时需要考虑的因素。设计信息分发制度时需
要考虑：（1）了解信息使用部门和人员的使用目的、使用周期、使用频率、获得时间及信
息的安全要求；（2）决定信息分发的内容、数量、范围、数据来源；（3）决定分发信息的
数据结构、类型、精度和格式；（4）决定提供信息的介质。

40. C。本题考核的是协调平衡需求关系需要考虑的环节。要抓住调度环节，注意各
专业监理工程师的配合。工程监理人员的安排必须考虑到工程进展情况，根据工程实际进
展安排工程监理人员进退场计划，以保证建设工程监理目标的实现。

41. B。本题考核的是旁站的作用。旁站是建设工程监理工作中用以监督工程质量的
一种手段，可以起到及时发现问题、第一时间采取措施、防止偷工减料、确保施工工艺工
序按施工方案进行、避免其他干扰正常施工的因素发生等作用。所以选项 B 错误。

42. C。本题考核的是费用索赔报审表的签字盖章。《费用索赔报审表》需要由总监理
工程师签字，并加盖执业印章。

43. D。本题考核的是报验、报审表的应用。报验、报审表主要用于隐蔽工程、检验
批、分项工程的报验，也可用于为施工单位提供服务的试验室的报审。

44. A。本题考核的是工程质量评估报告编制的基本要求。工程质量评估报告编制的
基本要求：（1）工程质量评估报告的编制应文字简练、准确、重点突出、内容完整。

（2）工程竣工预验收合格后，由总监理工程师组织专业监理工程师编制工程质量评估报告，编制完成后，由项目总监理工程师及监理单位技术负责人审核签认并加盖监理单位公章后报建设单位。工程质量评估报告应在正式竣工验收前提交给建设单位。

45. B。本题考核的是卷内文件排列。同一事项的请示与批复、同一文件的印本与定稿、主件与附件不能分开，并按批复在前、请示在后，印本在前、定稿在后，主件在前、附件在后的顺序排列。

46. B。本题考核的是建设工程监理文件资料的保管期限。选项A的保管期限为短期；选项B的保管期限为长期；选项C的保管期限为短期；选项D的保管期限为短期。

47. A。本题考核的是建设工程监理文件资料的移交。建设工程监理文件资料的移交中要求停建、缓建工程的监理文件资料暂由建设单位保管。

48. D。本题考核的是风险可接受性评定。风险等级为大、很大的风险因素表示风险重要性较高，是不可接受的风险，需要给予重点关注；风险等级为中等的风险因素是不希望有的风险；风险等级为小的风险因素是可接受的风险；风险等级为很小的风险因素是可忽略的风险。

49. C。本题考核的是建设工程风险对策。预防损失措施的主要作用在于降低或消除（通常只能做到降低）损失发生的概率，而减少损失措施的作用在于降低损失的严重性或遏制损失的进一步发展，使损失最小化。制定损失控制措施必须考虑其付出的代价，包括费用和时间两个方面的代价，而时间方面的代价往往又会引起费用方面的代价。

50. A。本题考核的是工程设计"四新"的审查。工程监理单位应审查设计单位提出的新材料、新工艺、新技术、新设备在相关部门的备案情况，必要时应协助建设单位组织专家评审。

二、多项选择题

51. BCE	52. ACD	53. ACD	54. ACDE	55. ABD
56. ACDE	57. CDE	58. BCDE	59. BCD	60. BCE
61. BDE	62. ACD	63. ABD	64. BDE	65. BDE
66. AE	67. BCD	68. BCD	69. DE	70. ABCE
71. BCD	72. ABDE	73. ACE	74. ABC	75. ABCD
76. ACDE	77. ABE	78. ABCD	79. ABCE	80. ADE

【解析】

51. BCE。本题考核的是工程监理单位的法律责任。《建设工程质量管理条例》第67条规定："工程监理单位有下列行为之一的，责令改正，处50万元以上100万元以下的罚款，降低资质等级或者吊销资质证书；有违法所得的，予以没收；造成损失的，承担连带赔偿责任：（1）与建设单位或者施工单位串通，弄虚作假、降低工程质量的；（2）将不合格的建设工程、建筑材料、建筑构配件和设备按照合格签字的。"

52. ACD。本题考核的是施工图设计文件的审查。施工图审查机构按照有关法律、法规，对施工图涉及公共利益、公众安全和工程建设强制性标准的内容进行审查。

53. ACD。本题考核的是施工许可证的有效期。建设单位应当自领取施工许可证之日起3个月内开工。因故不能按期开工的，应当向发证机关申请延期；延期以两次为限，每次不超过3个月。在建的建筑工程因故中止施工的，建设单位应当自中止施工之日起1个月内，向发证机关报告，并按照规定做好建筑工程的维护管理工作。中止施工满 1 年的工程恢复施工前，建设单位应当报发证机关核验施工许可证。

54. ACDE。本题考核的是施工企业施工工作人员的权力。作业人员有权对影响人身健康的作业程序和作业条件提出改进意见，有权获得安全生产所需的防护用品。作业人员对危及生命安全和人身健康的行为有权提出批评、检举和控告。

55. ABD。本题考核的是投标人不得采取的行为。投标人不得相互串通投标报价，不得排挤其他投标人的公平竞争、损害招标人或其他投标人的合法权益。投标人不得与招标人串通投标，损害国家利益、社会公共利益或者他人的合法权益。投标人不得以低于成本的报价竞标，也不得以他人名义投标或者以其他方式弄虚作假，骗取中标。

56. ACDE。本题考核的是无效合同的情形。有下列情形之一的，合同无效：（1）一方以欺诈、胁迫的手段订立合同，损害国家利益；（2）恶意串通，损害国家、集体或第三人利益；（3）以合法形式掩盖非法目的；（4）损害社会公共利益；（5）违反法律、行政法规的强制性规定。

57. CDE。本题考核的是工程设计单位的质量责任和义务。设计单位应当就审查合格的施工图设计文件向施工单位作出详细说明。除有特殊要求的建筑材料、专用设备、工艺生产线等外，设计单位不得指定生产厂、供应商。设计单位还应当参与建设工程质量事故分析，并对因设计造成的质量事故，提出相应的技术处理方案。

58. BCDE。本题考核的是施工现场卫生、环境与消防安全管理。施工单位应当将施工现场的办公、生活区与作业区分开设置，并保持安全距离；职工的膳食、饮水、休息场所等应当符合卫生标准；施工单位不得在尚未竣工的建筑物内设置员工集体宿舍；施工单位应当在施工现场建立消防安全责任制度，设置消防通道、消防水源，配备消防设施和灭火器材，并在施工现场入口处设置明显标志。

59. BCD。本题考核的是投标人相互串通投标的情形。有下列情形之一的，视为投标人相互串通投标：（1）不同投标人的投标文件由同一单位或者个人编制；（2）不同投标人委托同一单位或者个人办理投标事宜；（3）不同投标人的投标文件载明的项目管理成员为同一人；（4）不同投标人的投标文件异常一致或者投标报价呈规律性差异；（5）不同投标人的投标文件相互混装；（6）不同投标人的投标保证金从同一单位或者个人的账户转出。

60. BCE。本题考核的是项目监理机构控制工程进度的主要工作。工程进度控制包括：审查施工单位报审的施工总进度计划和阶段性施工进度计划；检查施工进度计划的实施情况；比较分析工程施工实际进度与计划进度，预测实际进度对工程总工期的影响等。

61. BDE。本题考核的是注册监理工程师继续教育。继续教育作为注册监理工程师逾期初始注册、延续注册和重新申请注册的条件之一。

62. ACD。本题考核的是建设工程监理评标内容。评标时应重点评审建设工程监理大纲的全面性、针对性和科学性。

63. ABD。本题考核的是项目监理机构开展监理工作的主要依据。监理依据包括：（1）适用的法律、行政法规及部门规章；（2）与工程有关的标准；（3）工程设计及有关文件；（4）本合同及委托人与第三方签订的与实施工程有关的其他合同。

64. BDE。本题考核的是监理人未正确履行合同义务的情形。监理人未正确履行合同义务的情形包括：（1）未完成合同约定范围内的工作；（2）未按规范程序进行监理；

（3）未按正确数据进行判断而向施工承包人及其他合同当事人发出错误指令；（4）未能及时发出相关指令，导致工程实施进程发生重大延误或混乱；（5）发出错误指令，导致工程受到损失等。

65. BDE。本题考核的是建设工程监理合同履行的义务。项目监理机构应按专用条件约定的种类、时间和份数向委托人提交监理与相关服务的报告，包括：监理规划、监理月报，还可根据需要提交专项报告等。

66. AE。本题考核的是施工总承包模式的缺点。施工总承包模式的缺点是：建设周期较长；施工总承包单位的报价可能较高。

67. BCD。本题考核的是项目监理机构组织结构设计。项目监理机构组织结构设计包括：选择组织结构形式；合理确定管理层次与管理跨度；划分项目监理机构部门；制定岗位职责及考核标准；选派监理人员。

68. BCD。本题考核的是总监理工程师代表职责。总监理工程师不得将下列工作委托给总监理工程师代表：（1）组织编制监理规划，审批监理实施细则；（2）根据工程进展及监理工作情况调配监理人员；（3）组织审查施工组织设计、（专项）施工方案；（4）签发工程开工令、暂停令和复工令；（5）签发工程款支付证书，组织审核竣工结算；（6）调解建设单位与施工单位的合同争议，处理工程索赔；（7）审查施工单位的竣工申请，组织工程竣工预验收，组织编写工程质量评估报告，参与工程竣工验收；（8）参与或配合工程质量安全事故的调查和处理。

69. DE。本题考核的是工程造价动态比较的内容。工程造价动态比较的内容包括：（1）工程造价目标分解值与造价实际值的比较；（2）工程造价目标值的预测分析。

70. ABCE。本题考核的是专项施工方案编制要求。实行施工总承包的，专项施工方案应当由总承包施工单位组织编制，其中，起重机械安装拆卸工程、深基坑工程、附着式升降脚手架等专业工程实行分包的，其专项施工方案可由专业分包单位组织编制。

71. BCD。本题考核的是建设工程目标动态控制过程。建设工程目标体系的PDCA动态控制过程包括：Plan——计划；Do——执行；Check——检查；Action——纠偏。

72. ABDE。本题考核的是建设工程信息管理。工程监理人员对于数据和信息的加工要从鉴别开始。信息的分发要根据需要来进行，信息的检索需要建立在一定的分级管理制度上。需要信息的部门和人员，有权在需要的第一时间，方便地得到所需要的信息。工程参建各方要协调统一数据存储方式，数据文件名要规范化，要建立统一的编码体系，所以选项C错误。尽可能以网络数据库形式存储数据，减少数据冗余，保证数据的唯一性，并实现数据共享。

73. ACE。本题考核的是项目监理机构实施组织协调的常用方法。项目监理机构组织协调方法包括：会议协调法；交谈协调法；书面协调法。

74. ABC。本题考核的是见证取样的一般规定。计量证证分为两级实施：一级为国家级，由国家认证认可监督管理委员会组织实施；一级为省级，实施的效力均完全一致。见证人员必须取得《见证员证书》，且通过建设单位授权。检测单位在接受委托检验任务时，须有送检单位填写委托单。见证取样监理人员应监督施工单位取样人员按随机取样方法和试件制作方法进行取样，所以选项D错误。见证取样涉及三方行为：施工方、见证方、试验方，所以选项E错误。

75. ABCD。本题考核的是需要建设单位签署审批意见的报审表。下列表式需要建设单位审批同意：（1）施工组织设计或（专项）施工方案报审表；（2）工程开工报审表；（3）工程复工报审表；（4）施工进度计划报审表；（5）费用索赔报审表；（6）工程临时或最终延期报审表。

76. ACDE。本题考核的是建设工程监理文件资料的管理要求。建设工程监理文件资料的管理要求体现在建设工程监理文件资料管理全过程，包括：监理文件资料收发文与登记、传阅、分类存放、组卷归档、验收与移交等。

77. ABE。本题考核的是与工程建设监理有关施工文件的保管期限。根据《建设工程文件归档规范》的规定，与工程建设监理有关施工文件的保管期限见下表。

与工程建设监理有关施工文件的保管期限

序号	名称		建设单位	施工单位	监理单位	城建档案管理部门
1	工程质量检验记录（土建工程）	① 检验批质量验收记录	长期	长期	长期	—
		② 分项工程质量验收记录	长期	长期	长期	—
		③ 基础、主体工程验收记录	永久	长期	长期	√
		④ 幕墙工程验收记录	永久	长期	长期	√
		⑤ 分部（子分部）工程质量验收记录	永久	长期	长期	√
2	工程质量检验记录（安装工程）	① 检验批质量验收记录	长期	长期	长期	—
		② 分项工程质量验收记录	长期	长期	长期	—
		③ 分部（子分部）工程质量验收记录	永久	长期	长期	√

［说明］《建设工程文件归档整理规范》GB/T 50328—2001 替换为《建设工程文件归档规范》GB/T 50328—2014。

78. ABCD。本题考核的是初始清单法。初始清单法是指有关人员利用所掌握的丰富知识设计而成的初始风险清单表，尽可能详细地列举建设工程所有的风险类别，按照系统化、规范化的要求去识别风险。初始清单只是为了便于人们较全面地认识风险的存在，而不至于遗漏重要的建设工程风险，但并不是风险识别的最终结论，所以选项 E 错误。初始清单需要参照同类建设工程风险的经验数据，或者针对具体工程的特点进行风险调查。

79. ABCE。本题考核的是风险跟踪检查与报告。跟踪风险控制措施的效果是风险监控的主要内容，选项 A 正确。在实际工作中，通常采用风险跟踪表格来记录跟踪的结果，然后定期地将跟踪的结果制成风险跟踪报告，使决策者及时掌握风险发展趋势的相关信息，以便及时地作出反应，选项 B 正确。在风险管理进程中，即使没有出现新的风险，也需要在工程进展的关键时段对风险进行重新估计，选项 C 正确。风险报告应该及时、准确并简明扼要，向决策者传达有用的风险信息，报告内容的详细程度应按照决策者的需要而定，选项 D 错误。编制和提交风险跟踪报告是风险管理的一项日常工作，报告的格式和频率应视需要和成本而定，选项 E 正确。

80. ADE。本题考核的是工程设计评估报告内容。评估报告应包括下列主要内容：（1）设计工作概况；（2）设计深度、与设计标准的符合情况；（3）设计任务书的完成情况；（4）有关部门审查意见的落实情况；（5）存在的问题及建议。

第二部分 权威预测试卷

权威预测试卷 (一)

一、单项选择题（共 50 题，每题 1 分。每题的备选项中，只有 1 个最符合题意）

1. 注册监理工程师在执业活动中应履行的义务是（   ）。
A. 使用注册监理工程师称谓
B. 根据本人能力从事相应的执业活动
C. 对本人执业活动进行解释和辩护
D. 保证执业活动成果的质量，并承担相应责任

2. 关于监理工程师的法律责任，说法正确的是（   ）。
A. 监理工程师因过错造成质量事故的，情节特别恶劣的，终身不予注册
B. 注册监理工程师未执行法律、法规和工程建设强制性标准的，责令停止执业 3 年
C. 造成重大质量事故的，吊销执业资格证书，3 年以内不予注册
D. 监理工程师因过错造成质量事故的，责令停止执业 3 年

3. 关于可行性研究报告应完成的工作内容的说法，错误的是（   ）。
A. 进行市场研究，以解决工程项目建设的必要性问题
B. 进行工艺技术方案研究，以解决工程项目建设的技术可行性问题
C. 进行财务和经济分析，以解决工程项目建设的经济合理性问题
D. 进行企业人员研究，以解决工程项目建设的岗位人员分配合理性问题

4. 根据《建筑法》，关于施工许可证的有效期的说法，正确的是（   ）。
A. 在建的建筑工程因故中止施工的，建设单位应当自中止施工之日起 1 个月内，向发证机关报告，并按照规定做好建筑工程的维护管理工作
B. 建设单位应当自领取施工许可证之日起 6 个月内开工
C. 不能按期开工的，应当向发证机关申请延期，延期以两次为限，每次不超过 1 个月
D. 中止施工满 24 个月的工程恢复施工前，建设单位应当报发证机关核验施工许可证

5. 根据《合同法》，下列选项中，属于建设工程合同的是（   ）。
A. 建设工程监理合同   B. 承揽合同
C. 施工合同   D. 项目管理服务合同

6. 根据《建设工程监理规范》GB/T 50319—2013，施工单位未经批准擅自施工的，总监理工程师应(   )。

  A. 及时签发《监理通知单》   B. 立即报告建设单位

  C. 及时签发《工程暂停令》   D. 立即报告政府主管部门

7. 根据《建设工程监理规范》GB/T 50319—2013，下列关于工程质量控制内容的说法，错误的是(   )。

  A. 审查施工单位现场安全生产规章制度的建立和实施情况

  B. 审查施工单位报送的新材料、新工艺、新技术、新设备的质量认证材料和相关验收标准的适用性

  C. 检查、复核施工单位报送的施工控制测量成果及保护措施

  D. 对用于工程的材料进行见证取样、平行检验

8. 根据《建设工程质量管理条例》，关于建设工程监理业务承揽的说法，错误的是(   )。

  A. 工程监理单位可以转让建设工程监理业务

  B. 禁止工程监理单位允许其他单位或者个人以本单位的名义承担建设工程监理业务

  C. 工程监理单位应当依法取得相应等级的资质证书，并在其资质等级许可的范围内承担工程监理业务

  D. 禁止工程监理单位超越本单位资质等级许可的范围或者以其他工程监理单位的名义承担建设工程监理业务

9. 根据《建设工程质量管理条例》，工程监理单位与建筑材料供应单位有隶属关系的，按规定责令改正，并对监理单位处以(   )的罚款。

  A. 50 万元以上 100 万元以下   B. 10 万元以上 20 万元以下

  C. 30 万元以上 50 万元以下   D. 5 万元以上 10 万元以下

10. 根据《建设工程质量管理条例》，在正常使用条件下，设备安装和装修工程的最低保修期限为(   )年。

  A. 5   B. 3

  C. 2   D. 1

11. 根据《建设工程安全生产管理条例》，施工单位应当在施工现场入口处及有害危险气体和液体存放处等危险部位，设置明显的符合国家标准的安全警示标志，这是施工单位履行的(   )安全责任。

  A. 施工现场安全生产管理   B. 安全生产责任制度

  C. 施工现场卫生、环境与消防安全管理 D. 施工现场安全防护

12. 根据《建设工程监理规范》GB/T 50319—2013，一名注册监理工程师当需要同时

担任多项建设工程监理合同的总监理工程师时，应经建设单位书面同意，且最多不得超过（   ）项。

    A. 2   B. 3

    C. 1   D. 4

13. 根据《工程监理企业资质管理规定》，下列情形中，不能被撤销工程监理企业资质的是（   ）。

    A. 资质许可机关工作人员滥用职权、玩忽职守作出准予工程监理企业资质许可的

    B. 违反资质审批程序作出准予工程监理企业资质许可的

    C. 超越法定职权作出准予工程监理企业资质许可的

    D. 资质证书有效期届满，未依法申请延续的

14. 不需要开槽的建设工程，开工时间以（   ）的日期作为开工日期。

    A. 开始进行土石方工程施工   B. 场地旧建筑物拆除

    C. 施工用临时道路施工   D. 正式开始打桩

15. 根据《生产安全事故报告和调查处理条例》，某单位发生安全事故，造成 45 人受伤，5000 万元直接经济损失，按规定该单位应处以（   ）的罚款。

    A. 一年收入 60%   B. 一年收入 40%

    C. 50 万元以上 200 元以下   D. 200 万元以上 500 万元以下

16. 建设工程监理目标是项目监理机构建立的前提，应根据（   ）确定的监理目标建立项目监理机构。

    A. 监理实施细则   B. 建设工程监理合同

    C. 监理大纲   D. 监理规划

17. 根据监理大纲，在对招标工程进行透彻分析的基础上，结合自身工程经验，从工程质量、造价、进度控制及安全生产管理等方面确定监理工作的重点和难点，提出（   ）措施和对策。

    A. 综合性   B. 合理性

    C. 科学性   D. 针对性

18. 下列分析法中，适用于风险型决策分析的一种简便易行的实用方法是（   ）。

    A. 定量分析方法   B. 会议协调法

    C. 决策树分析法   D. 综合评价法

19. 采用邀请招标方式选择工程监理单位时，建设单位的正确做法是（   ）。

    A. 只需发布招标公告，不需要进行资格预审

    B. 不仅需要发布招标公告，而且需要进行资格预审

C. 既不需要发布招标公告，也不进行资格预审

D. 不需要发布招标公告，但需要进行资格预审

20. 根据《建设工程监理合同（示范文本）》GF—2012—0202 的附录 A 是用来明确约定(   )的。
    A. 相关服务工作内容和范围　　　　 B. 项目监理机构人员及其职责
    C. 项目监理设备配置数量和时间　　 D. 监理服务酬金及支付时间

21. 根据《建设工程监理合同（示范文本）》GF—2012—0202，下列关于项目监理机构人员更换的说法，正确的是(   )。
    A. 在行使职责中存在严重过失行为的监理人员，监理人可更换
    B. 在建设工程监理合同履行过程中，总监理工程师及重要岗位监理人员应伦理与担任
    C. 需更换总监理工程师时，应提前 3d 向委托人书面报告，经委托人同意后方可更换
    D. 监理人更换的其他监理人员，应以公平、科学为原则

22. 根据《建设工程监理合同（示范文本）》GF—2012—0202，应用于招标的监理工程，除专用条件另有约定外，合同文件解释顺序正确的是(   )。
    A. 中标通知书→通用条件→协议书→投标文件
    B. 中标通知书→协议书→通用条件→投标文件
    C. 协议书→投标文件→中标通知书→通用条件
    D. 协议书→中标通知书→通用条件→投标文件

23. 根据《合同法》，委托人(   )未支付或未提出监理人可以接受的延期支付安排，监理人可向委托人发出暂停工作的通知并可自行暂停全部或部分工作。
    A. 接到通知 14d 后　　　　　　　　 B. 接到通知 7d 后
    C. 暂停工作 14d 后　　　　　　　　 D. 暂停工作 7d 后

24. 下列表式中，属于通用表（C 类表）的是(   )。
    A. 监理通知回复单　　　　　　　　 B. 分部工程报验表
    C. 工程变更单　　　　　　　　　　 D. 施工控制测量成果报验表

25. 下列选项中，属于反映当地工程建设政策、法规有关资料的是(   )。
    A. 工程地质及水文地质资料　　　　 B. 当地关于工程造价管理的有关规定
    C. 气象资料　　　　　　　　　　　 D. 类似工程项目投资方面的有关资料

26. 根据《建设工程监理合同（示范文本）》GF—2012—0202，工程监理单位需要更换总监理工程师时，应提前(   )d 书面报告建设单位。
    A. 3　　　　　　　　　　　　　　　 B. 5

C. 7   D. 14

27. 关于直线职能制项目监理机构组织形式的说法，正确的是（   ）。
   A. 组织机构简单，权力集中，命令统一，职责分明
   B. 加强了项目监理目标控制的职能化分工，减轻总监理工程师负担
   C. 信息传递路线长，利于互通信息
   D. 保持职能制组织目标管理专业化

28. 根据《建设工程监理规范》GB/T 50319—2013，关于监理员职责的说法，正确的是（   ）。
   A. 检查施工单位投入工程的人力、主要设备的使用及运行状况
   B. 检查进场的工程材料、构配件、设备的质量
   C. 指导、检查监理员工作，定期向总监理工程师报告本专业监理工作实施情况
   D. 审查施工单位提交的涉及本专业的报审文件，并向总监理工程师报告

29. 下列内容中属于监理规划编写要求的是（   ）。
   A. 工程监理单位受施工单位委托，控制建设工程质量、造价、进度三大目标
   B. 明确规定项目监理机构在工程关键工作的具体方式方法
   C. 工程项目的动态性决定了监理规划的具体可变性
   D. 听取施工单位的意见，以便能最大限度满足其合理要求

30. 根据《建设工程监理规范》GB/T 50319—2013，反映建设单位对项目监理要求的资料不包括的是（   ）。
   A. 监理投标文件   B. 勘察设计文件
   C. 反映监理工作范围和内容   D. 监理合同

31. 根据《建设工程监理规范》GB/T 50319—2013，项目监理机构现场监理工作制度的内容不包括的是（   ）。
   A. 质量安全事故报告和处理制度   B. 工程变更处理制度
   C. 技术经济签证制度   D. 监理周报、月报制度

32. 项目监理机构对施工单位进行的涉及结构安全的试块、试件及工程材料现场取样、封样、送检工作的监督活动指的是（   ）。
   A. 旁站   B. 见证取样
   C. 巡视   D. 平行检验

33. 根据《建设工程监理规范》GB/T 50319—2013，下列选项中，不包括安全生产管理的监理工作内容的是（   ）。
   A. 审查监理单位现场安全生产规章制度的建立和实施情况

B. 对施工单位拒不整改或不停止施工时，应及时向有关主管部门报送监理报告

C. 巡视检查危险性较大的分部分项工程专项施工方案实施情况

D. 编制建设工程监理实施细则，落实相关监理人员

34. 根据《建设工程监理规范》GB/T 50319—2013，关于对安全生产管理监理工作内容的审核的说法，正确的是（　　）。

A. 建立了监理工程师执业资格制度

B. 是否制定了相应的安全生产管理法规或标准

C. 审核安全生产管理的监理工作内容是否明确

D. 审核是否认真落实安全生产管理部门的提出的要求

35. 根据《建设工程监理规范》GB/T 50319—2013 规定，监理实施细则由（　　）编制完成后，需要报总监理工程师批准后方能实施。

A. 监理工程师 　　　　　　　　　B. 专业监理工程师

C. 总监理工程师代表 　　　　　　D. 监理员

36. 在建设工程平行承发包模式下，需委托多家工程监理单位实施监理时，各工程监理单位之间的关系需要由（　　）进行协调。

A. 设计单位 　　　　　　　　　　B. 建设单位

C. 质量监督机构 　　　　　　　　D. 施工总承包单位

37. 为了有效地控制建设工程项目目标，应从组织、技术、经济、合同多方面采取措施，其中（　　）是其他各类措施的前提和保障。

A. 合同措施 　　　　　　　　　　B. 组织措施

C. 经济措施 　　　　　　　　　　D. 技术措施

38. 在信息管理系统的基本功能中建设工程信息管理系统可以为监理工程师提供（　　）的数据。

A. 可视化、信息化 　　　　　　　B. 标准化、结构化

C. 数字化、制度化 　　　　　　　D. 规范化、标准化

39. 监理例会应由总监理工程师或其授权的专业监理工程师主持召开，宜（　　）召开一次。

A. 每天 　　　　　　　　　　　　B. 每周

C. 每月 　　　　　　　　　　　　D. 每季度

40. 矩阵制监理组织形式的缺点有（　　）。

A. 信息传递路线长，不利于互通信息　　B. 下级人员受多头指挥，易产生矛盾

C. 纵横向协调工作量大 　　　　　　　　D. 总监理工程师成为"全能"式人物

41. 根据建设部《关于印发〈房屋建筑工程和市政基础设施工程实行见证取样和送检制度的规定〉的通知》（［2000］211 号）的要求，检测单位应在检验报告上加盖有"见证取样送检"印章。发生试样不合格情况，应在（　　）h 内上报质监站，并建立不合格项目台账。

A. 24　　　　　　　　　　　　　　　　B. 1

C. 48　　　　　　　　　　　　　　　　D. 12

42. 根据《建设工程监理规范》GB/T 50319—2013，当导致工程暂停施工的原因消失、具备复工条件时，建设单位代表在《工程复工报审表》上签字同意复工后，（　　）应签发《工程复工令》指令施工单位复工。

A. 总监理工程师　　　　　　　　　　B. 总监理工程师代表

C. 建设单位　　　　　　　　　　　　D. 监理单位

43. 下列选项中，不属于建设工程监理主要文件资料的是（　　）。

A. 第一次工地会议、监理例会、专题会议会议纪要

B. 工程变更、费用索赔及工程延期文件资料

C. 中标通知书

D. 施工组织设计、（专项）施工方案、施工进度计划报审文件资料

44. 列入城建档案管理部门接收范围的工程，建设单位在（　　）内向城建档案管理部门移交一套符合规定的工程档案。

A. 工程竣工验收后 3 个月　　　　　B. 工程竣工验收后 1 个月

C. 工程竣工后 3 个月　　　　　　　D. 工程竣工后 1 个月

45. 在建设工程风险管理中，风险管理的首要步骤是（　　）。

A. 风险对策的决策　　　　　　　　B. 风险对策的实施

C. 风险识别　　　　　　　　　　　D. 风险分析与评价

46. 建设工程风险管理中十分重要且广泛应用的对策是（　　）。

A. 风险自留　　　　　　　　　　　B. 损失控制

C. 风险回避　　　　　　　　　　　D. 风险转移

47. 目前在我国工程建设实践中，按照工程项目管理单位与建设单位的结合方式不同，全过程集成化项目管理服务可归纳为（　　）三种模式。

A. 合理化、规范化、直线式　　　　B. 科学化、专业化、职能式

C. 标准化、矩阵式、程序化　　　　D. 咨询式、一体化、植入式

48. 根据 EPC 标准合同条件规定，如果委派业主代表来管理，业主代表应是业主的全权代表，若业主想更换业主代表，只需提前（　　）d 通知承包商，不需征得承包商的同意。

A. 14   B. 7
C. 3   D. 30

49. 国际工程实施组织模式中的（   ）实质上是建设工程业主的决策支持机构，其日常工作就是及时、准确地收集建设工程实施过程中产生的与建设工程目标有关的各种信息，并科学地对其进行分析和处理，最后将处理结果以多种不同的书面报告形式提供给业主管理人员，以使业主能够及时地作出正确决策。
    A. EPC 模式   B. CM 模式
    C. Project Controlling 模式 D. Partnering 模式

50. 根据《建设工程监理规范》GB/T 50319—2013 规定，关于项目监理机构文件资料监理职责的说法，错误的是（   ）。
    A. 应建立和完善监理文件资料管理制度，宜设专人管理监理文件资料
    B. 应及时整理、分类汇总监理文件资料，并按分项工程组卷存放
    C. 应及时收集、整理、编制、传递监理文件资料
    D. 应根据工程特点和有关规定保存监理档案，并向有关单位、部门移交

二、多项选择题（共 30 题，每题 2 分。每题的备选项中，有 2 个或 2 个以上符合题意，至少有 1 个错项。错选，本题不得分；少选，所选的每个选项得 0.5 分）

51. 根据《建设工程监理范围和规模标准规定》，项目总投资额在 3000 万元以上的（   ）工程项目，称为大中型公用事业工程。
    A. 卫生、社会福利项目
    B. 生态环境保护项目
    C. 邮政、电信枢纽、通信、信息网络项目
    D. 科技、教育、文化项目
    E. 体育、旅游、商业项目

52. 根据法人责任制的有关规定，项目总经理的职权包括（   ）。
    A. 聘任或解聘项目总经理，并根据总经理的提名，聘任或解聘其他高级管理人员
    B. 审定偿还债务计划和生产经营方针，并负责按时偿还债务
    C. 拟订生产经营计划、企业内部机构设置、劳动定员定额方案及工资福利方案
    D. 在项目建设过程中，在批准的概算范围内对单项工程的设计进行局部调整
    E. 负责组织项目试生产和单项工程预验收

53. 根据《建设工程监理合同（示范文本）》GF—2012—0202，需要在协议书中约定的内容有（   ）。
    A. 监理合同文件组成   B. 总监理工程师
    C. 监理与相关服务酬金支付方式   D. 合理化建议奖励金额的确定方法
    E. 监理与相关服务期限

54. 根据《注册监理工程师管理规定》，注册监理工程师的权利有（   ）。

A. 通过继续教育提高执业水准

B. 保管和使用本人的注册证书和执业印章

C. 使用注册监理工程师称谓

D. 在规定范围内从事执业活动

E. 保守在执业中知悉的商业、技术秘密

55. 根据《招标投标法》规定，关于评标的要求的说法，正确的是（   ）。

A. 招标人应当根据项目规模和技术复杂程度因素合理确定评标时间，超过 1/2 的评标委员会成员认为评标时间不够的，招标人应当适当延长

B. 招标文件没有规定的评标标准和方法不得作为评标的依据

C. 招标项目设有标底的，招标人应当在开标时公布

D. 招标人应当向评标委员会提供评标所必需的信息，但不得明示或者暗示其倾向或者排斥特定投标人

E. 评标委员会成员应当按照招标文件规定的评标标准和方法，客观、公正地对投标文件提出评审意见

56. 根据《建设工程监理规范》GB/T 50319—2013 规定，工程勘察设计阶段服务内容包括（   ）。

A. 检查设计进度计划执行情况

B. 对建设单位或使用单位提出的工程质量缺陷，工程监理单位应安排监理人员进行检查和记录，并应要求施工单位予以修复，同时应监督实施，合格后应予以签认

C. 审查勘察单位提交的勘察成果报告，参与勘察成果验收

D. 审查各专业、各阶段设计进度计划

E. 审核勘察单位提交的勘察费用支付申请

57. 根据《建筑法》，下列情形属于建设单位应按规定办理申请批准手续的是（   ）。

A. 需要临时占用规划批准范围以外场地的

B. 可能损坏邮电通信公共设施的场地

C. 需要临时停水、停电的场地

D. 需要进行爆破作业的场地

E. 需要进行焊接作业的场地

58. 根据《公司法》规定，有限责任公司组织机构的规定包括（   ）。

A. 执行董事可以兼任公司经理

B. 股东人数较少或者规模较小的有限责任公司，可以设一名执行董事，不设董事会

C. 股东会是公司的权力机构，依照《公司法》行使职权

D. 有限责任公司设董事会，其成员为 2～12 人

E. 有限责任公司股东会由全体股东组成

59. 关于监理工程师注册的说法，正确的是（　　　）。

A. 初始注册的人员可自资格证书签发之日起 3 年内提出申请

B. 初始注册的人员逾期未申请者，下一年重新考试通过后方可申请初始注册

C. 注册监理工程师每一注册有效期为 5 年

D. 延续注册有效期 3 年

E. 注册有效期满需继续执业的，应当在注册有效期满 15 日前，申请延续注册

60. 根据《合同法》，关于委托合同中受托人的主要权利和义务的说法，正确的是（　　　）。

A. 受托人要变更委托人指示时，应得到委托人的同意

B. 委托合同终止时，受托人应当报告委托事务的结果

C. 紧急情况下受托人需要转委托的，应当对转委托的第三人的行为承担责任

D. 委托人同意第三人处理委托事务的，造成损失时，受托人可以向第三人要求赔偿

E. 三个受托人共同处理委托事务时，对委托人承担连带责任

61. 建设工程监理招标方案中需要明确的内容有（　　　）。

A. 监理招标组织　　　　　　　　　　B. 监理标段划分

C. 监理投标人条件　　　　　　　　　D. 监理招标工作进度

E. 监理招标程序

62. 工程监理单位依靠其在行业和客户中长期形成的良好信誉和口碑，争取招标人的信任和支持，不参与价格竞争，这个策略适用于（　　　）的工程。

A. 有重大影响力

B. 代表性

C. 工程项目前期建设较为复杂，招标人组织结构不完善，专业人才和经验不足

D. 特大

E. 建设单位对工期因素比较敏感

63. 建设工程监理合同规定，监理人的基本工作包括（　　　）。

A. 审查施工承包人提交的竣工结算申请并报委托人

B. 经委托人同意，签发工程暂停令和复工令

C. 编制、整理建设工程监理归档文件并报委托人

D. 审查施工承包人报送的工程材料、构配件、设备的质量证明资料，抽检进场的工程材料、构配件的质量

E. 在巡视、旁站和检验过程中，发现工程质量、施工安全存在事故隐患的，要求施工承包人整改并报监理人

64. 根据《建设工程监理与相关服务收费管理规定》，单方解除合同的解除通知到达对方时生效，任何一方对对方解除合同的行为有异议，仍可按照约定的合同争议条款采

用（　　）的程序保护自己的合法权益。

A. 协商
B. 仲裁
C. 诉讼
D. 调解
E. 和解

65. 建设工程监理工作的规范化体现在（　　）方面。

A. 工作目标的确定性
B. 职责分工的严密性
C. 监理工作的连续性
D. 管理活动的复杂性
E. 工作的时序性

66. 总监理工程师是建设工程监理的权力主体，根据总监理工程师承担责任的要求，总监理工程师负责制主要包括的有（　　）。

A. 对监理工作进行总结、监督、评价
B. 组织实施监理活动
C. 组织结构模式和规模
D. 组织编制监理规划
E. 组建项目监理机构

67. 根据《建设工程质量管理条例》，关于建设工程在正常使用条件下最低保修期限的说法，正确的有（　　）。

A. 屋面防水工程，3 年
B. 电气管线工程，2 年
C. 给排水管道工程，2 年
D. 外墙面防渗漏，3 年
E. 地基基础工程，3 年

68. 每个工程监理单位的业务水平和对某类工程的熟悉程度不完全相同，在（　　）方面也存在差异，这都会直接影响到监理效率的高低。

A. 社会信誉
B. 企业诚信度
C. 管理水平
D. 监理人员素质
E. 监理设备手段

69. 根据《建设工程质量管理条例》，建设单位有（　　）行为的，责令改正，处 20 万元以上 50 万元以下的罚款。

A. 任意压缩合理工期
B. 迫使承包方以低于成本的价格竞标
C. 明示或暗示施工单位使用不合格的建筑材料
D. 未组织竣工验收，擅自交付使用
E. 对不合格的建设工程按照合格工程验收

70. 根据《建设工程监理规范》GB/T 50319—2013 规定，审查施工单位现场的质量保证体系包括的有（　　　）。

    A. 专职管理人员和特种作业人员的资格　B. 质量管理组织机构

    C. 职责分工及有关制度　　　　　　　D. 管理制度

    E. 质量监督制度

71. 根据《建设工程监理规范》GB/T 50319—2013 规定，下列属于工程造价控制具体措施的有（　　　）。

    A. 通过审核施工组织设计和施工方案，使施工组织合理化

    B. 达到建设单位特定质量目标要求的，按合同支付工程质量补偿金或奖金

    C. 减少施工单位的索赔，正确处理索赔事宜

    D. 按合同条款支付工程款，防止过早、过量的支付

    E. 及时进行计划费用与实际费用的分析比较

72. 下列工作内容中，属于灾难计划编制内容的是（　　　）。

    A. 安全撤离现场人员　　　　　　　　B. 救援及处理伤口人员

    C. 起草保险索赔报告　　　　　　　　D. 控制事故的进一步发展

    E. 保证受影响区域的安全尽快恢复正常

73. 根据《建设工程监理规范》GB/T 50319—2013 规定，为完成施工阶段进度控制任务，项目监理机构需要做好的工作包括（　　　）。

    A. 研究确定预防费用索赔的措施，以避免、减少施工索赔

    B. 研究制定预防工期索赔的措施，做好工程延期审批工作

    C. 及时处理施工索赔，并协助建设单位进行反索赔

    D. 跟踪检查实际施工进度

    E. 协助建设单位做好施工现场准备工作，为施工单位提交合格的施工现场

74. 在信息管理中，属于 BIM 具有的特点是（　　　）。

    A. 模拟性　　　　　　　　　　　　　B. 协调性

    C. 针对性　　　　　　　　　　　　　D. 可视化

    E. 可出图性

75. 施工单位使用承租的机械设备和施工机具及配件的，由（　　　）共同进行验收，验收合格的方可使用。

    A. 安装单位　　　　　　　　　　　　B. 分包单位

    C. 材料供应单位　　　　　　　　　　D. 施工总承包单位

    E. 出租单位

76. 根据《建设工程监理规范》GB/T 50319—2013 的规定，下列属于当日监理工作情况的内容的是（　　　）。

A. 当日存在的问题及协调解决情况　　B. 旁站、巡视、见证取样、平行检验情况
C. 安全生产情况　　　　　　　　　　D. 工程质量情况
E. 施工环境情况

77. 根据《建设工程文件归档整理规范》GB/T 50328—2001 规定，下列选项中由监理单位长期保存的文件包括(　　)。
A. 建设工程监理合同　　　　　　　　B. 监理规划
C. 项目监理机构总控制计划　　　　　D. 监理实施细则
E. 项目监理机构及负责人名单

78. 根据《建设工程安全生产管理条例》，施工单位的安全责任有(　　)。
A. 主要负责人应当依法对本单位的安全生产工作全面负责
B. 应当设立安全生产管理机构，配备专职安全生产管理人员
C. 总包单位应当对分包工程的安全生产全面负责，分包单位承担连带责任
D. 应对达到一定规模的危险性较大的分部分项工程编制专项施工方案
E. 主要负责人、项目负责人、专职安全生产管理人员应当经建设行政主管部门或其他有关部门考核合格后方可任职

79. 下列选项中，属于项目管理知识体系中的项目采购管理内容的是(　　)。
A. 采购收尾　　　　　　　　　　　　B. 进行整体变更控制
C. 管理采购　　　　　　　　　　　　D. 编制项目计划
E. 编制采购计划

80. Partnering 协议并不仅仅是建设单位与承包单位双方之间的协议，而需要工程项目参建各方共同签署，包括(　　)。
A. 主要的材料设备供应单位　　　　　B. 主要的分包单位
C. 监理单位　　　　　　　　　　　　D. 建设单位
E. 总承包单位

权威预测试卷（一）参考答案及解析

一、单项选择题

1. D	2. A	3. D	4. A	5. C
6. C	7. A	8. A	9. D	10. C
11. D	12. B	13. D	14. D	15. C
16. B	17. D	18. C	19. C	20. A
21. D	22. A	23. A	24. C	25. B
26. C	27. D	28. A	29. C	30. D
31. D	32. B	33. A	34. C	35. B
36. B	37. B	38. B	39. B	40. C

41. A	42. A	43. C	44. A	45. C
46. D	47. D	48. A	49. C	50. B

【解析】

1. D。本题考核的是注册监理工程师的义务。注册监理工程师应当履行下列义务：(1) 遵守法律、法规和有关管理规定；(2) 履行管理职责，执行技术标准、规范和规程；(3) 保证执业活动成果的质量，并承担相应责任；(4) 接受继续教育，努力提高执业水准；(5) 在本人执业活动所形成的建设工程监理文件上签字、加盖执业印章；(6) 保守在执业中知悉的国家秘密和他人的商业、技术秘密；(7) 不得涂改、倒卖、出租、出借或者以其他形式非法转让注册证书或者执业印章；(8) 不得同时在两个或者两个以上单位受聘或者执业；(9) 在规定的执业范围和聘用单位业务范围内从事执业活动；(10) 协助注册管理机构完成相关工作。

2. A。本题考核的是监理工程师的法律责任。监理工程师因过错造成质量事故的，责令停止执业1年，故选项D错误。造成重大质量事故的，吊销执业资格证书，5年以内不予注册，故选项C错误。注册监理工程师未执行法律、法规和工程建设强制性标准的，责令停止执业3个月以上1年以下，故选项B错误。

3. D。本题考核的是可行性研究应完成的工作内容。可行性研究应完成以下工作内容：(1) 进行市场研究，以解决工程项目建设的必要性问题；(2) 进行工艺技术方案研究，以解决工程项目建设的技术可行性问题；(3) 进行财务和经济分析，以解决工程项目建设的经济合理性问题

4. A。本题考核的是施工许可证的有效期。建设单位应当自领取施工许可证之日起3个月内开工，故选项B错误。因故不能按期开工的，应当向发证机关申请延期；延期以两次为限，每次不超过3个月，故选项C错误。既不开工又不申请延期或者超过延期时限的，施工许可证自行废止。在建的建筑工程因故中止施工的，建设单位应当自中止施工之日起1个月内，向发证机关报告，并按照规定做好建筑工程的维护管理工作。建筑工程恢复施工时，应当向发证机关报告。中止施工满1年的工程恢复施工前，建设单位应当报发证机关核验施工许可证，故选项D错误。

5. C。本题考核的是《合同法》的分类。建设工程合同包括工程勘察、设计、施工合同；建设工程监理合同、项目管理服务合同则属于委托合同。

6. C。本题考核的是签发工程暂停令的情形。项目监理机构发现下列情况之一时，总监理工程师应及时签发工程暂停令：(1) 建设单位要求暂停施工且工程需要暂停施工的；(2) 施工单位未经批准擅自施工或拒绝项目监理机构管理的；(3) 施工单位未按审查通过的工程设计文件施工的；(4) 施工单位违反工程建设强制性标准的；(5) 施工存在重大质量、安全事故隐患或发生质量、安全事故的。

7. A。本题考核的是工程质量控制的内容。工程质量控制的内容包括：审查施工单位报送的新材料、新工艺、新技术、新设备的质量认证材料和相关验收标准的适用性；检查、复核施工单位报送的施工控制测量成果及保护措施；对用于工程的材料进行见证取样、平行检验等。审查施工单位现场安全生产规章制度的建立和实施情况属于安全生产管理的监理工作。故选项A错误。

8. A。本题考核的是建设工程监理业务的承揽。工程监理单位应当依法取得相应等级

的资质证书，并在其资质等级许可的范围内承担工程监理业务。禁止工程监理单位超越本单位资质等级许可的范围或者以其他工程监理单位的名义承担建设工程监理业务；禁止工程监理单位允许其他单位或者个人以本单位的名义承担建设工程监理业务。工程监理单位不得转让建设工程监理业务。

9. D。本题考核的是工程监理单位的法律责任。根据《建设工程质量管理条例》第六十八条规定，违反本条例规定，工程监理单位与被监理工程的施工承包单位以及建筑材料、建筑构配件和设备供应单位有隶属关系或者其他利害关系承担该项建设工程的监理业务的，责令改正，处5万元以上10万元以下的罚款，降低资质等级或者吊销资质证书；有违法所得的，予以没收。

10. C。本题考核的是建设工程最低保修期限。在正常使用条件下，建设工程最低保修期限为：（1）基础设施工程、房屋建筑的地基基础工程和主体结构工程，为设计文件规定的该工程合理使用年限；（2）屋面防水工程、有防水要求的卫生间、房间和外墙面的防渗漏，为5年；（3）供热与供冷系统，为2个采暖期、供冷期；（4）电气管道、给水排水管道、设备安装和装修工程，为2年。

11. D。本题考核的是施工现场安全防护。施工单位应当在施工现场入口处、施工起重机械、临时用电设施、脚手架、出入通道口、楼梯口、电梯井口、孔洞口、桥梁口、隧道口、基坑边沿、爆破物及有害危险气体和液体存放处等危险部位，设置明显的符合国家标准的安全警示标志。

12. B。本题考核的是总监理工程师的要求。一名注册监理工程师可担任一项建设工程监理合同的总监理工程师。当需要同时担任多项建设工程监理合同的总监理工程师时，应经建设单位书面同意，且最多不得超过三项。

13. D。本题考核的是撤销工程监理企业资质的情形。可以撤销工程监理企业资质：（1）资质许可机关工作人员滥用职权、玩忽职守作出准予工程监理企业资质许可的；（2）超越法定职权作出准予工程监理企业资质许可的；（3）违反资质审批程序作出准予工程监理企业资质许可的；（4）对不符合许可条件的申请人作出准予工程监理企业资质许可的；（5）依法可以撤销资质证书的其他情形。资质证书有效期届满，未依法申请延续的是注销工程监理企业资质的情形。故选项D错误。

14. D。本题考核的是建设工程的开工时间。工程地质勘察、平整场地、旧建筑物拆除、临时建筑、施工用临时道路和水、电等工程开始施工的日期不能算作正式开工日期。故选项B、C错误。铁路、公路、水库等需要进行大量土石方工程的，以开始进行土石方工程施工的日期作为正式开工日期。故选项A错误。

15. C。本题考核的是事故发生单位的处罚规定。首先判定事故等级，属于重大事故。按规定发生重大事故的单位，处50万元以上200万元以下的罚款。

16. B。本题考核的是确定项目监理机构目标。建设工程监理目标是项目监理机构建立的前提，项目监理机构的建立应根据建设工程监理合同中确定的目标，制定总目标并明确划分项目监理机构的分解目标。

17. D。本题考核的是建设工程监理大纲。建设工程监理大纲中应对工程特点、监理重点与难点进行识别。在对招标工程进行透彻分析的基础上，结合自身工程经验，从工程质量、造价、进度控制及安全生产管理等方面确定监理工作的重点和难点，提出针对性措施和对策。

18. C。本题考核的是决策树分析法的适用范围。决策树分析法是适用于风险型决策分析的一种简便易行的实用方法，其特点是用一种树状图表示决策过程，通过事件出现的概率和损益期望值的计算比较，帮助决策者对行动方案作出抉择。

19. C。本题考核的是采用邀请招标方式选择工程监理单位时，建设单位的注意事项。邀请招标属于有限竞争性招标，也称为"选择性招标"。采用邀请招标方式，建设单位不需要发布招标公告，也不进行资格预审（但可组织必要的资格审查），使招标程序得到简化。

20. A。本题考核的是建设工程监理合同的组成文件。《建设工程监理合同（示范文本）》GF—2012—0202 的附录 A 内容中指出：如果委托人委托监理人完成相关服务时，应在附录 A 中明确约定委托的工作内容和范围。

21. D。本题考核的是项目监理机构人员的更换。项目监理机构人员的更换：（1）在建设工程监理合同履行过程中，总监理工程师及重要岗位监理人员应保持相对稳定，以保证监理工作正常进行。（2）监理人可根据工程进展和工作需要调整项目监理机构人员。需要更换总监理工程师时，应提前 7 天向委托人书面报告，经委托人同意后方可更换；监理人更换项目监理机构其他监理人员，应以不低于现有资格与能力为原则，并应将更换情况通知委托人。

22. A。本题考核的是合同文件解释顺序。除专用条件另有约定外，合同文件的解释顺序如下：（1）协议书；（2）中标通知书（适用于招标工程）或委托书（适用于非招标工程）；（3）专用条件及附录 A、附录 B；（4）通用条件；（5）投标文件（适用于招标工程）或监理与相关服务建议书（适用于非招标工程）。

23. A。本题考核的是委托人的延期支付。委托人接到通知 14d 后仍未支付或未提出监理人可以接受的延期支付安排，监理人可向委托人发出暂停工作的通知并可自行暂停全部或部分工作。

24. C。本题考核的是通用表（C 类表）的组成。通用表（C 类表）包括：（1）工作联系单；（2）工程变更单；（3）索赔意向通知书。

25. B。本题考核的是反映当地工程建设政策、法规的有关资料。主要包括：关于工程建设报建程序的有关规定，当地关于拆迁工作的有关规定，当地有关建设工程监理的有关规定，当地关于工程建设招标投标的有关规定，当地关于工程造价管理的有关规定等。

26. C。本题考核的是项目监理机构人员更换的注意事项。监理人可根据工程进展和工作需要调整项目监理机构人员，需要更换总监理工程师时，应提前 7 日向委托人书面报告。

27. D。本题考核的是直线职能制组织形式的特点。选项 C 的正确说法是信息传递路线长，不利于互通信息。选项 A 属于直线制组织形式，选项 B 属于职能制组织形式。

28. A。本题考核的是监理员职责。监理员职责包括：（1）检查施工单位投入工程的人力、主要设备的使用及运行状况；（2）进行见证取样；（3）复核工程计量有关数据等。

29. C。本题考核的是监理规划的编写要求。根据建设工程监理的基本内涵，工程监理单位受建设单位委托，需要控制建设工程质量、造价、进度三大目标故选项 A 错误。在监理规划中应明确规定项目监理机构在工程实施过程中各个阶段的工作内容、工作人员、工作时间和地点、工作的具体方式方法等，故选项 B 错误。监理规划的编写还应听取建设单位的意见，以便能最大限度满足其合理要求，使监理工作得到有关各方的理解和支持，为进一步做好监理服务奠定基础故选项 D 错误。

30．B。本题考核的是反映建设单位对项目监理要求资料的内容。反映建设单位对项目监理要求的资料的内容包括：监理合同、反映监理工作范围和内容、监理大纲、监理投标文件。

31．D。本题考核的是项目监理机构现场监理工作制度。项目监理机构现场监理工作制度包括：（1）质量安全事故报告和处理制度；（2）技术经济签证制度；（3）工程变更处理制度。

32．B。本题考核的是见证取样的概念。见证取样是指项目监理机构对施工单位进行的涉及结构安全的试块、试件及工程材料现场取样、封样、送检工作的监督活动。

33．A。本题考核的是安全生产管理的监理工作内容。安全生产管理的监理工作内容包括：（1）编制建设工程监理实施细则，落实相关监理人员；（2）审查施工单位现场安全生产规章制度的建立和实施情况；（3）巡视检查危险性较大的分部分项工程专项施工方案实施情况；（4）对施工单位拒不整改或不停止施工时，应及时向有关主管部门报送监理报告等。

34．C。本题考核的是对安全生产管理监理工作内容的审核的内容。其内容主要是审核安全生产管理的监理工作内容是否明确；是否制定了相应的安全生产管理实施细则；是否建立了对施工组织设计、专项施工方案的审查制度；是否建立了对现场安全隐患的巡视检查制度；是否建立了安全生产管理状况的监理报告制度；是否制定了安全生产事故的应急预案等。

35．B。本题考核的是监理实施细则的审核内容。监理实施细则由专业监理工程师编制完成后，需要报总监理工程师批准后方能实施。

36．B。本题考核的是建设单位委托多家工程监理单位实施监理。建设单位委托多家工程监理单位针对不同施工单位实施监理，需要分别与多家工程监理单位签订工程监理合同，这样，各工程监理单位之间的相互协作与配合需要建设单位进行协调。

37．B。本题考核的是组织措施的作用。为了有效地控制建设工程项目目标，应从组织、技术、经济、合同等多方面采取措施，其中组织措施是其他各类措施的前提和保障。

38．B。本题考核的是信息管理系统的基本功能。建设工程信息管理系统可以为监理工程师提供标准化、结构化的数据。

39．B。本题考核的是监理例会。监理例会应由总监理工程师或其授权的专业监理工程师主持召开，宜每周召开一次。

40．C。本题考核的是矩阵制监理组织形式的缺点。直线制组织形式的缺点是实行没有职能部门的"个人管理"，这就要求总监理工程师通晓各种业务和多种专业技能，成为"全能"式人物。故选项 D 错误。职能组织形式的缺点是由于下级人员受多头指挥，如果这些指令相互矛盾，会使下级在监理工作中无所适从。故选项 B 错误。直线职能制组织形式的缺点是职能部门与指挥部门易产生矛盾，信息传递路线长，不利于互通信息。故选项 A 错误。矩阵制组织形式的缺点是纵横向协调工作量大，处理不当会造成扯皮现象，产生矛盾。故选项 C 正确。

41. A。本题考核的是见证取样的试验报告。检测单位应在检验报告上加盖有"见证取样送检"印章。发生试样不合格情况，应在24h内上报质监站，并建立不合格项目台账。

42. A。本题考核的是工程监理单位用表。当导致工程暂停施工的原因消失、具备复工条件时，建设单位代表在《工程复工报审表》上签字同意复工后，总监理工程师应签发《工程复工令》指令施工单位复工。

43. C。本题考核的是建设工程监理主要文件资料。建设工程监理主要文件资料包括：(1) 施工组织设计、(专项) 施工方案、施工进度计划报审文件资料；(2) 工程变更、费用索赔及工程延期文件资料；(3) 第一次工地会议、监理例会、专题会议等会议纪要。

44. A。本题考核的是建设工程监理文件资料的移交。列入城建档案管理部门接收范围的工程，建设单位在工程竣工验收后3个月内向城建档案管理部门移交一套符合规定的工程档案 (监理文件资料)。

45. C。本题考核的是风险识别。风险识别是风险管理的首要步骤，是指通过一定的方式，系统而全面地识别影响建设工程目标实现的风险事件并加以适当归类的过程。必要时，还需对风险事件的后果进行定性估计。

46. D。本题考核的是风险转移。风险转移是建设工程风险管理中十分重要且广泛应用的一项对策。

47. D。本题考核的是。目前在我国工程建设实践中，按照工程项目管理单位与建设单位的结合方式不同，全过程集成化项目管理服务可归纳为咨询式、一体化和植入式三种模式。

48. A。本题考核的是EPC模式的特征。如果委派业主代表来管理，业主代表应是业主的全权代表。如果业主想更换业主代表，只需提前14d通知承包商，不需征得承包商的同意。

49. C。本题考核的是Project Controlling模式。Project Controlling方实质上是建设工程业主的决策支持机构，其日常工作就是及时、准确地收集建设工程实施过程中产生的与建设工程目标有关的各种信息，并科学地对其进行分析和处理，最后将处理结果以多种不同的书面报告形式提供给业主管理人员，以使业主能够及时地作出正确决策。

50. B。本题考核的是建设工程监理文件资料的管理职责。建设工程监理文件资料的管理职责包括：(1) 应建立和完善监理文件资料管理制度，宜设专人管理监理文件资料。(2) 应及时、准确、完整地收集、整理、编制、传递监理文件资料，宜采用信息技术进行监理文件资料管理。(3) 应及时整理、分类汇总监理文件资料，并按规定组卷，形成监理档案，故选项B错误。(4) 应根据工程特点和有关规定，保存监理档案，并应向有关单位、部门移交需要存档的监理文件资料。

二、多项选择题

51. ADE	52. CDE	53. BE	54. BCD	55. BCDE
56. ACDE	57. ABCD	58. ABCE	59. AD	60. ABE
61. BCD	62. ABD	63. ABCD	64. BCD	65. ABE
66. ABDE	67. BC	68. CDE	69. ABC	70. ABD
71. ACDE	72. ABDE	73. BD	74. ABDE	75. ABDE
76. AB	77. AE	78. ABDE	79. ACE	80. ABDE

【解析】

51. ADE。本题考核的是大中型公用事业工程。大中型公用事业工程，是指项目总投资额在 3000 万元以上的下列工程项目：（1）供水、供电、供气、供热等市政工程项目；（2）科技、教育、文化等项目；（3）体育、旅游、商业等项目；（4）卫生、社会福利等项目；（5）其他公用事业项目。

52. CDE。本题考核的是项目总经理的职权。项目总经理的职权有：拟订生产经营计划、企业内部机构设置、劳动定员定额方案及工资福利方案；在项目建设过程中，在批准的概算范围内对单项工程的设计进行局部调整；负责组织项目试生产和单项工程预验收等。

53. BE。本题考核的是《建设工程监理合同（示范文本）》GF—2012—0202 关于协议书的规定。《建设工程监理合同（示范文本）》GF—2012—0202 规定，协议书不仅明确了委托人和监理人，而且明确了双方约定的委托建设工程监理与相关服务的工程概况（工程名称、工程地点、工程规模、工程概算投资额或建筑安装工程费）；总监理工程师（姓名、身份证号、注册号）；签约酬金（监理酬金、相关服务酬金）；服务期限（监理期限、相关服务期限）；双方对履行合同的承诺及合同订立的时间、地点、份数等。

54. BCD。本题考核的是注册监理工程师的权利。注册监理工程师享有下列权利：（1）使用注册监理工程师称谓；（2）在规定范围内从事执业活动；（3）依据本人能力从事相应的执业活动；（4）保管和使用本人的注册证书和执业印章；（5）对本人执业活动进行解释和辩护；（6）接受继续教育；（7）获得相应的劳动报酬；（8）对侵犯本人权利的行为进行申诉。

55. BCDE。本题考核的是评标的要求。招标人应当根据项目规模和技术复杂程度等因素合理确定评标时间。超过 1/3 的评标委员会成员认为评标时间不够的，招标人应当适当延长。故选项 A 错误。评标委员会成员不得私下接触投标人，不得收受投标人给予的财物或者其他好处，不得向招标人征询确定中标人的意向，不得接受任何单位或者个人明示或者暗示提出的倾向或者排斥特定投标人的要求。评标委员会成员应当按照招标文件规定的评标标准和方法，客观、公正地对投标文件提出评审意见。招标文件没有规定的评标标准和方法不得作为评标的依据。招标项目设有标底的，招标人应当在开标时公布。

56. ACDE。本题考核的是工程勘察设计阶段服务的内容。工程勘察设计阶段服务内容包括：检查设计进度计划执行情况；审查勘察单位提交的勘察成果报告，参与勘察成果验收；审查各专业、各阶段设计进度计划；审核勘察单位提交的勘察费用支付申请等。对建设单位或使用单位提出的工程质量缺陷，工程监理单位应安排监理人员进行检查和记录，并应要求施工单位予以修复，同时应监督实施，合格后应予以签认属于工程保修阶段服务的内容。

57. ABCD。本题考核的是应办理申请批准手续的施工现场。有下列情形之一的，建设单位应当按照国有关规定办理申请批准手续：（1）需要临时占用规划批准范围以外场地的；（2）可能损坏道路、管线、电力、邮电通信等公共设施的；（3）需要临时停水、停电、中断道路交通的；（4）需要进行爆破作业的；（5）法律、法规规定需要办理报批手续的其他情形。

58. ABCE。本题考核的是有限责任公司组织机构的规定。有限责任公司组织机构的规定包括：（1）股东会。有限责任公司股东会由全体股东组成。股东会是公司的权力机构，依照《公司法》行使职权。（2）董事会。有限责任公司设董事会，其成员为3～13人。股东人数较少或者规模较小的有限责任公司，可以设一名执行董事，不设董事会。执行董事可以兼任公司经理。

59．AD。本题考核的是监理工程师注册的规定。初始注册者，可自资格证书签发之日起3年内提出申请。故选项A正确。逾期未申请者，须符合继续教育的要求后方可申请初始注册。故选项B错误。注册监理工程师每一注册有效期为3年。故选项C错误。延续注册有效期3年。故选项D正确。注册有效期满需继续执业的，应当在注册有效期满30日前，按照规定的程序申请延续注册。故选项E错误。

60．ABE。本题考核的是受托人的权利和义务。转委托未经同意的，受托人应当对转委托的第三人的行为承担责任，但在紧急情况下受托人为维护委托人的利益需要转委托的除外，故选项C错误。委托人经受托人同意，可以在受托人之外委托第三人处理委托事务。因此给受托人造成损失的，受托人可以向委托人要求赔偿损失，故选项D错误。

61．BCD。本题考核的是建设工程监理招标方案需要明确的内容。建设工程监理招标方案的内容包括：划分监理标段、选择招标方式、选定合同类型及计价方式、确定投标人资格条件、安排招标工作进度等。

62．ABD。本题考核的是选择有针对性的监理投标策略。工程监理单位依靠其在行业和客户中长期形成的良好信誉和口碑，争取招标人的信任和支持，不参与价格竞争，这个策略适用于特大、代表性或有重大影响力的工程，这类工程的招标人注重工程监理单位的服务品质，对于价格因素不是很敏感。

63．ABCD。本题考核的是监理人的基本工作。监理人的基本工作包括：（1）审查施工承包人提交的竣工结算申请并报委托人；（2）经委托人同意，签发工程暂停令和复工令；（3）编制、整理建设工程监理归档文件并报委托人；（4）审查施工承包人报送的工程材料、构配件、设备的质量证明资料，抽检进场的工程材料、构配件的质量；（5）在巡视、旁站和检验过程中，发现工程质量、施工安全存在事故隐患的，要求施工承包人整改并报委托人。

64．BCD。本题考核的是合同解除后的结算、清理、争议解决。单方解除合同的解除通知到达对方时生效，任何一方对对方解除合同的行为有异议，仍可按照约定的合同争议条款采用调解、仲裁或诉讼的程序保护自己的合法权益。

65．ABE。本题考核的是建设工程监理工作的规范化体现。建设工程监理工作的规范化体现在：（1）工作的时序性；（2）职责分工的严密性；（3）工作目标的确定性。

66．ABDE。本题考核的是总监理工程师是建设工程监理的权力主体。根据总监理工程师承担责任的要求，总监理工程师负责制体现了总监理工程师全面领导工程项目监理工作。包括组建项目监理机构，组织编制监理规划，组织实施监理活动，对监理工作进行总结、监督、评价等。

67．BC。本题考核的是建设工程最低保修期限。在正常使用条件下：（1）基础设施工程、房屋建筑的地基基础工程和主体结构工程，为设计文件规定的该工程合理使用年限。（2）屋面防水工程、有防水要求的卫生间、房间和外墙面的防渗漏，为5年。（3）供热与供冷系统，为2个采暖期、供冷期。（4）电气管道、给水排水管道、设备安装和装修工程，为 2 年。

68. CDE。本题考核的是工程监理单位的业务水平。每个工程监理单位的业务水平和对某类工程的熟悉程度不完全相同，在监理人员素质、管理水平和监理设备手段等方面也存在差异，这都会直接影响到监理效率的高低。

69. ABC。本题考核的是《建设工程质量管理条例》（国务院令第 279 号）的规定。根据《建设工程质量管理条例》（国务院令第 279 号）第 56 条，建设单位有下列行为之一的，责令改正，处 20 万元以上 50 万元以下的罚款：（1）迫使承包方以低于成本的价格竞标的；（2）任意压缩合理工期的；（3）明示或者暗示设计单位或者施工单位违反工程建设强制性标准，降低工程质量的；（4）明示或者暗示施工单位使用不合格的建筑材料、建筑构配件和设备的；（5）未按照国家规定将竣工验收报告、有关认可文件或者准许使用文件报送备案的等。

70. ABD。本题考核的是审查施工单位现场的质量保证体系的内容。审查施工单位现场的质量保证体系，包括：质量管理组织机构、管理制度及专职管理人员和特种作业人员的资格。

71. ACDE。本题考核的是工程造价控制措施。工程造价控制具体措施：（1）组织措施：包括建立健全项目监理机构，完善职责分工及有关制度，落实工程造价控制责任；（2）技术措施：对材料、设备采购，通过质量价格比选，合理确定生产供应单位；通过审核施工组织设计和施工方案，使施工组织合理化；（3）经济措施：包括及时进行计划费用与实际费用的分析比较；对原设计或施工方案提出合理化建议并被采用，由此产生的投资节约按合同规定予以奖励；（4）合同措施：按合同条款支付工程款，防止过早、过量的支付。减少施工单位的索赔，正确处理索赔事宜等。

72. ABDE。本题考核的是灾难计划的内容。灾难计划的内容应满足以下要求：（1）安全撤离现场人员；（2）援救及处理伤亡人员；（3）控制事故的进一步发展，最大限度地减少资产和环境损害；（4）保证受影响区域的安全尽快恢复正常。

73. BD。本题考核的是为完成施工阶段进度控制任务，项目监理机构需要做好的工作。为完成施工阶段进度控制任务，项目监理机构需要做好以下工作：完善建设工程控制性进度计划；审查施工单位提交的施工进度计划；协助建设单位编制和实施由建设单位负责供应的材料和设备供应进度计划；组织进度协调会议，协调有关各方关系；跟踪检查实际施工进度；研究制定预防工期索赔的措施，做好工程延期审批工作等。

74. ABDE。本题考核的是 BIM 的特点。BIM 具有可视化、协调性、模拟性、优化性、可出图性等特点。

75. ABDE。本题考核的是审查施工单位的管理制度、人员资格及验收手续。使用承租的机械设备和施工机具及配件的，由施工总承包单位、分包单位、出租单位和安装单位共同进行验收，验收合格的方可使用。

76. AB。本题考核的是当日监理工作情况的内容。当日监理工作情况的内容包括：旁站、巡视、见证取样、平行检验等情况；当日存在的问题及协调解决情况；其他有关事项。

77. AE。本题考核的是建设工程监理文件资料归档范围和保管期限。由监理单位长期保存的文件包括：建设工程监理合同；项目监理机构及负责人名单等。

78. ABDE。本题考核的是施工单位的安全责任。施工单位的安全责任包括：（1）施工单位主要负责人依法对本单位的安全生产工作全面负责；（2）总承包单位和分包单位对分包工程的安全生产承担连带责任；（3）施工单位应当设立安全生产管理机构，配备专职安全生产管理人员；（4）施工单位的主要负责人、项目负责人、专职安全生产管理人员应当经建设行政主管部门或者其他有关部门考核合格后方可任职；（5）对达到一定规模的危险性较大的分部分项工程编制专项施工方案，并附具安全验算结果，经施工单位技术负责人、总监理工程师签字后实施，由专职安全生产管理人员进行现场监督。

79. ACE。本题考核的是项目管理知识体系中的项目采购管理的内容。项目管理知识体系中的项目采购管理的内容包括：编制采购计划；实施采购；管理采购；采购收尾。

80. ABDE。本题考核的是 Partnering 模式的主要特征。Partnering 协议并不仅仅是建设单位与承包单位双方之间的协议，而需要工程项目参建各方共同签署，包括建设单位、总承包单位、主要的分包单位、设计单位、咨询单位、主要的材料设备供应单位等。

权威预测试卷（二）

一、单项选择题（共 50 题，每题 1 分。每题的备选项中，只有 1 个最符合题意）

1. 根据《建筑法》，建设工程监理定位于（　　）。
   A. 建设实施阶段
   B. 工程施工阶段
   C. 工程勘察设计阶段
   D. 项目策划决策阶段

2. 根据《建设工程监理范围和规模标准规定》，下列工程必须实行监理的是（　　）。
   A. 总投资额 1500 万元的电影院项目
   B. 总投资额 2500 万元的供水项目
   C. 总投资额 2800 万元的通信项目
   D. 总投资额 1800 万元的地下管道项目

3. 根据《国务院关于投资体制改革的决定》，对于《政府核准的投资项目目录》以外的企业投资项目，实行（　　）。
   A. 备案制
   B. 审批制
   C. 实名制
   D. 核准制

4. 下列关于项目总经理职权的说法，错误的是（　　）。
   A. 编制并组织实施项目年度投资计划、用款计划、建设进度计划
   B. 审核、上报年度投资计划并落实年度资金
   C. 组织编制项目初步设计文件，对项目工艺流程、设备选型、建设标准、总图布置提出意见，提交董事会审查
   D. 组织工程设计、施工监理、施工队伍和设备材料采购的招标工作，编制和确定招标方案、标底和评标标准，评选和确定投标、中标单位

5. 根据《招标投标法》，招标人和中标人应当自中标通知书发出之日起（　　）日内，按照招标文件和中标人的投标文件订立书面合同。
   A. 10
   B. 15
   C. 20
   D. 30

6. 根据《招标投标法》，关于联合投标的说法，正确的是（　　）。
   A. 两个以上法人可以组成一个联合体，但必须以多个投标人的身份共同投标
   B. 国家有关规定或者招标文件对投标人资格条件有规定的，联合体各方均应当具备规定的相应资格条件
   C. 两个资质不同的联合体单位，按照资质等级较低的单位确定资质等级
   D. 三个以上法人或者其他组织可以组成一个联合体，以一个投标人的身份共同投标

7. 根据《合同法》，关于撤销权消灭的说法，正确的是(　　)。

A. 具有撤销权的当事人自知道或者应当知道撤销事由之日起 3 年内没有行使撤销权的

B. 具有撤销权的当事人知道撤销事由后必须出具相关书面文件证明放弃撤销权的

C. 受损害的一方当事人可请求人民检察院或仲裁机构撤销合同

D. 撤销权是指受损害的一方当事人对可撤销的合同依法享有的权利

8. 根据《建设工程质量管理条例》，工程监理单位发现安全事故隐患未及时要求施工单位整改的，逾期未改正的，责令停业整顿，并对监理单位处以(　　)的罚款。

A. 100 万元以上 200 万元以下　　　B. 30 万元以上 50 万元以下

C. 50 万元以上 100 万元以下　　　D. 10 万元以上 30 万元以下

9. 根据《建设工程质量管理条例》，下列在建设工程的最低保修期限，保修期限为 2 年的工程是(　　)。

A. 电气管道、设备安装和装修工程

B. 供热与供冷系统

C. 有防水要求的卫生间、房间和外墙面的防渗漏工程

D. 房屋建筑的地基基础工程

10. 根据《建设工程质量管理条例》，在正常使用条件下，设备安装和装修工程的最低保修期限为(　　)年。

A. 1　　　　　　　　　　　　　B. 2

C. 3　　　　　　　　　　　　　D. 5

11. 根据《生产安全事故报告和调查处理条例》，关于事故报告内容的说法，错误的是(　　)。

A. 道路交通事故、火灾事故自发生之日起 30 日内，事故造成的伤亡人数发生变化的，应当及时补报

B. 自事故发生之日起 30 日内，事故造成的伤亡人数发生变化的，应当及时补报

C. 事故报告的内容应该记录事故的简要经过

D. 事故报告的内容应该记录事故已经造成或者可能造成的伤亡人数和初步估计的直接经济损失

12. 根据《招标投标法实施条例》，关于投标保证金的说法，正确的是(　　)。

A. 招标人在招标文件中要求投标人提交投标保证金的，投标保证金不得超过招标项目估算价的 2%

B. 依法必须进行招标的项目的境内投标单位，必须以支票的方式进行支付

C. 依法必须进行招标的项目的境内投标单位，可从一般账户中转出

D. 投标保证金有效期比投标有效期时间要长

13. 根据《工程监理企业资质管理规定》，资质审批中不能由企业所在地省、自治区、直辖市人民政府建设主管部门审批的是( )。

A. 专业甲级资质 　　　　　　　　B. 专业乙级资质

C. 专业丙级资质 　　　　　　　　D. 事务所资质

14. 根据《建设工程质量管理条例》，施工单位的质量责任和义务是( )。

A. 工程开工前，应按照国家有关规定办理工程质量监督手续

B. 工程完工后，应组织竣工预验收

C. 施工过程中，应立即改正所发现的设计图纸差错

D. 隐蔽工程在隐蔽前，应通知建设单位和建设工程质量监督机构

15. 根据《生产安全事故报告和调查处理条例》，某工程发生生产安全事故造成2人伤亡、20人重伤，800万元直接经济损失，该生产安全事故属于( )。

A. 特别重大事故 　　　　　　　　B. 重大事故

C. 一般事故 　　　　　　　　　　D. 较大事故

16. 根据《注册监理工程师管理规定》，监理工程师的初始注册的说法，正确的是( )。

A. 省、自治区、直辖市人民政府建设主管部门受理后提出初审意见，并将初审意见和全部申报材料报国务院建设主管部门审批

B. 初始注册者，可自资格证书签发之日起5年内提出申请

C. 注册证书和执业印章的有效期为5年

D. 由省级建设主管部门核发注册证书和执业印章

17. 下列能反映投标人技术、管理和服务综合水平的文件和投标人对工程的分析和理解程度的是( )。

A. 建设单位资质文件 　　　　　　B. 建设工程监理投标申请书

C. 建设工程监理评估报告 　　　　D. 建设工程监理大纲

18. 下列选项中，关于建设工程监理进行投标决策基本原则的说法，错误的是( )。

A. 对于竞争激烈、风险特别大或把握不大的工程项目，应主动放弃投标

B. 由于目前工程监理单位普遍存在注册监理工程师稀缺、监理人员数量不足的情况，因此在一般情况下，工程监理单位与其将有限人力资源分散到几个小工程投标中，不如集中优势力量参与一个较大建设工程监理投标

C. 充分考虑国家政策、建设单位信誉、招标条件、资金落实情况，保证中标后工程项目能顺利实施

D. 充分衡量自身人员和技术实力能否满足工程项目要求，且要根据工程施工单位自身实力、经验和外部资源因素来确定是否参与竞标

19. 根据《建设工程监理合同（示范文本）》GF—2012—0202，附录 B 是用来明确约定（　　）的。

A. 相关服务工作内容和范围
B. 项目监理机构人员及其职责
C. 派遣的人员、数量和时间
D. 监理服务酬金及支付时间

20. 根据《建设工程安全生产管理条例》，下列达到一定规模的危险性较大的分部分项工程中，需由施工单位组织专家对专项施工方案进行论证、审查的是（　　）。

A. 起重吊装工程
B. 脚手架工程
C. 高大模板工程
D. 拆除、爆破工程

21. 关于监理人需要完成的基本工作的说法，正确的是（　　）。

A. 收到工程设计文件后编制监理规划，并在第一次工地会议 7d 前报委托人
B. 可以参加工程竣工验收，但是不能签署竣工验收意见
C. 审核施工承包人资质条件
D. 审查施工再分包人提交的施工组织设计

22. 根据《建设工程安全生产管理条例》，建设单位的安全责任是（　　）。

A. 编制工程概算时，应确定建设工程安全作业环境及安全施工措施所需费用
B. 采用新工艺时，应提出保障施工作业人员安全的措施
C. 采用新技术、新工艺时，应对作业人员进行相关的安全生产教育培训
D. 工程施工前，应审查施工单位的安全技术措施

23. 根据《合同法》，关于委托人延期支付的说法，错误的是（　　）。

A. 委托人按期支付酬金是其基本义务
B. 委托人应对支付酬金的违约行为承担违约赔偿责任
C. 委托人接到通知 14d 后仍未支付或未提出监理人可以接受的延期支付安排，监理人可向委托人发出暂停工作的通知并可自行暂停全部或部分工作
D. 监理人在专用条件约定的支付日的 7d 后未收到应支付的款项，可发出酬金催付通知

24. 关于施工总承包模式下建设工程监理委托方式特点的说法，正确的是（　　）。

A. 施工总承包单位的报价较低
B. 施工总承包单位具有控制的积极性，施工分包单位之间也有相互制约的作用，有利于总体进度的协调控制
C. 有利于建设单位的合同管理，协调工作量大，可发挥工程监理单位与施工总承包单位多层次协调的积极性
D. 建设周期较短

25. 关于反映当地工程建设政策、法规的有关资料不包括的有（　　）。

A. 当地关于工程建设招标投标的有关规定

B. 供水、供电、供热、供燃气、电信有关的可提供的容（用）量、价格的资料

C. 当地有关建设工程监理的有关规定

D. 当地关于拆迁工作的有关规定

26. 关于为了体现权责一致原则应给予总监理工程师充分授权的单位是（   ）。

    A. 设计单位
                B. 监理单位

    C. 承包单位
                D. 建设单位

27. 根据《建设工程质量管理条例》，存在下列（   ）行为的，可处 10 万元以上 30 万元以下罚款。

    A. 施工单位未对商品混凝土进行检验

    B. 设计单位未根据勘察成果文件进行工程设计

    C. 建设单位迫使承包方以低于成本的价格竞标

    D. 建设单位暗示施工单位使用不合格建筑材料

28. 根据《建设工程监理规范》GB/T 50319—2013，下列符合总监理工程师职责的是（   ）。

    A. 验收检验批、隐蔽工程、分项工程，参与验收分部工程

    B. 组织审查和处理工程变更

    C. 进行见证取样

    D. 检查工序施工结果

29. 根据《建设工程监理合同（示范文本）》GF—2012—0202，需要在专用条件中约定的委托人义务是（   ）。

    A. 对监理人的授权范围
                B. 向监理人提供财产的清单

    C. 要求监理人提供工程监理的依据
      D. 派遣委托人代表的姓名和职责

30. 根据《建设工程监理规范》GB/T 50319—2013，关于工程勘察设计阶段监理相关服务不包括（   ）。

    A. 施工合同及其他建设工程合同
      B. 项目立项批文

    C. 规划红线范围
                D. 可行性研究报告或设计任务书

31. 下列关于项目监理机构现场监理工作制度，包括的是（   ）。

    A. 监理工作报告制度

    B. 对外行文审批制度

    C. 监理人员教育培训制度

    D. 监理人员考勤、业绩考核及奖惩制度

32. 在建设工程风险初始清单中，关于技术风险的内容，包括的有（   ）。

A. 施工工艺落后，施工技术和方案不合理

B. 原材料、半成品、成品或设备供货不足或拖延

C. 通货膨胀或紧缩

D. 设计人员、监理人员、施工人员的素质不高

33. 建设工程施工招标阶段，监理单位需要建立的制度不包括的有（   ）。

A. 标底或招标控制价编制及审核制度　　B. 施工图纸审核制度

C. 合同条件拟订及审核制度　　　　　　D. 招标管理制度

34. 通过审查（   ）现场安全生产规章制度的建立和实施情况，督促其落实安全技术措施和应急救援预案，加强风险防范意识，预防和避免安全事故发生。

A. 建设单位　　　　　　　　　　　　　B. 设计单位

C. 施工单位　　　　　　　　　　　　　D. 监理单位

35. 监理工作措施中，关于工程质量事中控制的说法，错误的是（   ）。

A. 复查周期每 7d 不少于 1 次

B. 定期复查轴线控制桩、水准点是否有变化，应使其不受压桩及运输的影响

C. 开始沉桩时应注意观察桩身、桩架是否垂直一致，确认垂直后，方可转入正常压桩

D. 按设计图纸要求，进行工程桩标高和压力桩的控制

36. 在建设工程目标系统中，（   ）通常采用定性分析方法。

A. 进度目标　　　　　　　　　　　　　B. 质量目标

C. 计划目标　　　　　　　　　　　　　D. 造价目标

37. 下列动态控制任务中，属于事后计划控制的有（   ）。

A. 比较实施绩效和预定目标　　　　　　B. 分析可能产生的偏差

C. 收集项目实施绩效　　　　　　　　　D. 采取纠偏措施

38. 关于设计信息分发制度时，不需要考虑的是（   ）。

A. 允许检索的范围，检索的密级划分，密码管理

B. 决定提供信息的介质

C. 决定分发信息的数据结构、类型、精度和格式

D. 决定信息分发的内容、数量、范围、数据来源

39. 建设工程监理实践证明，项目监理机构与（   ）组织协调关系的好坏，在很大程度上决定了建设工程监理目标能否顺利实现。

A. 监理单位　　　　　　　　　　　　　B. 建设单位

C. 施工单位   D. 设计单位

40. 关于旁站的作用，下列说法正确的是（   ）。
A. 无法避免其他干扰正常施工的因素发生
B. 是项目监理机构在施工阶段质量控制的重要工作
C. 是工程质量预验收和工程竣工验收的重要依据
D. 旁站是建设工程监理工作中用以监督工程质量的一种手段

41. 项目监理机构对施工单位进行的涉及结构安全的试块、试件及工程材料现场取样、封样、送检工作的监督活动称为（   ）。
A. 平行检验   B. 旁站
C. 见证取样   D. 巡视

42. 某工程发生钢筋混凝土预制梁吊装脱落事故，造成 6 人死亡，直接经济损失 900 万元，该事故属于（   ）。
A. 特别重大事故   B. 重大事故
C. 较大事故   D. 一般事故

43. 关于建设工程监理主要文件资料的说法，错误的是（   ）。
A. 包括总监理工程师任命书，工程开工令、暂停令、复工令、开工或复工报审文件资料
B. 施工控制测量成果报验文件资料是其中的组成部分
C. 中标通知书是必不可少的文件之一
D. 分包单位资格报审会议纪要是其中的组成部分

44. 监理月报是项目监理机构每月向（   ）和本监理单位提交的建设工程监理工作及建设工程实施情况等分析总结报告。
A. 分包单位   B. 建设单位
C. 承包单位   D. 设计单位

45. 关于项目管理知识体系中的项目时间管理的内容，不包括的是（   ）。
A. 控制进度   B. 进行整体变更控制
C. 编制进度计划   D. 估算活动所需资源

46. 关于风险非保险转移的说法，正确的是（   ）。
A. 建设单位可通过监理工程师指令将风险转移给对方当事人
B. 施工单位可通过工程分包将专业技术风险转移给分包人
C. 非保险转移风险的代价会小于实际发生的损失，对转移者有利
D. 第三方担保由建设单位履约担保、施工单位付款担保、分包单位工资支付担保

47. 对于非施工单位原因造成的工程质量缺陷，应核实施工单位申报的修复工程费用，并应签认工程款支付证书，同时报(　　　)。

A. 承包单位
B. 分包单位
C. 建设单位
D. 设计单位

48. 为提高 CM 单位控制工程费用的(　　　)，也可在合同中约定，节余部分由业主与 CM 单位按一定比例分成。

A. 实践性
B. 系统性
C. 针对性
D. 积极性

49. 关于工程质量评估报告的说法，正确的是(　　　)。

A. 工程质量评估报告应在正式竣工验收后报送建设单位
B. 工程质量评估报告应在工程竣工验收前报送建设单位
C. 工程质量评估报告应由总监理工程师组织专业监理工程师编写
D. 工程质量评估报告由总监理工程师及监理单位法定代表人审核签认

50. Project Controlling 咨询单位直接向(　　　)的决策层负责，相当于业主决策层的智囊，为其提供决策支持，业主不向 Project Controlling 咨询单位在该项目上的具体工作人员下达指令。

A. 设计单位
B. 业主
C. 分包单位
D. 监理单位

二、多项选择题 (共 30 题，每题 2 分。每题的备选项中，有 2 个或 2 个以上符合题意，至少有 1 个错项。错选，本题不得分；少选，所选的每个选项得 0.5 分)

51. 关于合同效力的说法，正确的有(　　　)。

A. 附终止期限的合同，自期限届满时失效
B. 限制民事行为能力人订立的合同为效力待定合同
C. 合同被追认之前，善意相对人有撤销的权利
D. 当事人为自己的利益不正当地阻止条件成就的，视为条件不成就
E. 与无权代理人签订合同的相对人可以催告被代理人在 3 个月内予以追认

52. 根据《关于实行建设项目法人责任制的暂行规定》，在项目法人责任制中，项目董事会的职权包括(　　　)。

A. 提出项目开工报告
B. 负责生产准备工作和培训有关人员
C. 审核、上报年度投资计划并落实年度资金
D. 根据董事会授权处理项目实施中的重大紧急事件，并及时向董事会报告
E. 审核、上报项目初步设计和概算文件

53. 根据《合同法》，为实现工程项目总目标，建设单位可通过签订合同将工程项目有关活动委托给相应的专业承包单位或专业服务机构，相应的合同有（　　）。

A. 工程勘察合同
B. 运输合同
C. 工程分包合同
D. 工程承包合同
E. 工程设计合同

54. 根据《合同法》中的合同分类，委托合同包括的有（　　）。

A. 行纪合同
B. 工程设计合同
C. 承揽合同
D. 建设工程监理合同
E. 项目管理服务合同

55. 根据《建设工程监理规范》GB/T 50319—2013，需要由建设单位代表签字并加盖建设单位公章的报审表有（　　）。

A. 分包单位资格报审表
B. 工程复工报审表
C. 费用索赔报审表
D. 工程最终延期报审表
E. 单位工程竣工验收报审表

56. 根据《建设工程监理规范》GB/T 50319—2013，关于工程质量、造价、进度控制及安全生产管理的监理工作的一般规定的说法，正确的是（　　）。

A. 项目监理机构应协调工程建设相关方的关系
B. 工程开工前，项目监理机构监理人员应参加由建设单位主持召开的第一次工地会议
C. 项目监理机构可根据工程需要，主持或参加专题会议，解决监理工作范围内工程专项问题
D. 项目监理机构应定期召开监理例会，并组织有关单位研究解决与监理相关的问题
E. 项目监理机构监理人员应熟悉工程设计文件，并参加设计单位主持的图纸会审和设计交底会议

57. 关于在建设工程中，属于加工冶炼工程的有（　　）。

A. 船舶水工工程
B. 铀矿采选工程
C. 矿井工程
D. 核加工工程
E. 冶炼工程

58. 根据《工程监理企业资质管理规定》，关于工程监理企业资质审批的规定的说法，正确的有（　　）。

A. 国务院有关部门应当在 28d 内审核完毕，并将审核意见报国务院建设主管部门
B. 专业乙级由企业所在地省、自治区、直辖市人民政府建设主管部门审批
C. 对在资质有效期内遵守有关法律法规、规章、技术标准，信用档案中无不良记录，且专业技术人员满足资质标准要求的企业，经资质许可机关同意，有效期

延续5年

D. 涉及铁路、交通、水利、通信、民航专业工程监理资质的，由国务院建设主管部门送国务院有关部门审核

E. 资质有效期届满，工程监理企业需要继续从事工程监理活动的，应在资质证书有效期届满60d前，向企业所在地省级资质许可机关申请办理延续手续

59. 关于工程监理企业应当建立健全企业信用管理制度的内容，包括的有（   ）。

A. 建立企业内部信用管理责任制度，及时检查和评估企业信用实施情况，不断提高企业信用管理水平

B. 建立工程监理人才库，优化调整市场资源结构

C. 建立健全与建设单位的合作制度，及时进行信息沟通，增强相互间信任

D. 建立健全建设工程监理服务需求调查制度，这也是企业进行有效竞争和防范经营风险的重要手段之一

E. 建立健全合同管理制度

60. 根据《注册监理工程师管理规定》，关于注册监理工程师的权利的说法，正确的是（   ）。

A. 保守在执业中知悉的国家秘密和他人的商业、技术秘密的权利

B. 由对本人执业活动进行解释和辩护的权利

C. 可以接受继续教育

D. 保管和使用本人的注册证书和执业印章

E. 能在规定范围内从事执业活动

61. 根据《建设工程监理规范》GB/T 50319—2013，总监理工程师应及时签发《工程暂停令》的有（   ）。

A. 施工单位违反工程建设强制性标准的

B. 建设单位要求暂停施工且工程需要暂停施工的

C. 施工存在重大质量、安全事故隐患的

D. 施工单位未按审查通过的工程设计文件施工的

E. 施工单位未按审查通过的施工方案施工的

62. 根据《建设工程监理规范》GB/T 50319—2013，项目监理机构签发《监理通知单》的情形有（   ）。

A. 施工单位未按审查通过的工程设计文件施工

B. 施工单位违反工程建设强制性标准

C. 工程存在安全事故隐患

D. 施工单位未按审查通过的专项施工方案施工

E. 因施工不当造成工程质量不合格

63. 根据《建设工程监理合同（示范文本）》GF—2012—0202 中的通用条件规定，监理依据包括的有（   ）。

A. 施工合同及物资采购合同

B. 本合同及委托人与第三方签订的与实施工程有关的其他合同

C. 工程设计及有关文件

D. 与工程有关的标准

E. 适用的法律、行政法规及部门规章

64. 根据《合同法》，关于监理人的违约情况包括不履行合同义务的故意行为和未正确履行合同义务的过错行为，其中监理人不履行合同义务的情形包括（   ）。

A. 无正当理由不履行合同约定的义务

B. 未按规范程序进行监理

C. 未按正确数据进行判断而向施工承包人及其他合同当事人发出错误指令

D. 无正当理由单方解除合同

E. 未完成合同约定范围内的工作

65. 项目监理机构控制建设工程施工质量的任务有（   ）。

A. 检查施工单位现场质量管理体系

B. 处理工程质量事故

C. 控制施工工艺过程质量

D. 处置工程质量问题和质量缺陷

E. 组织单位工程质量验收

66. 建设单位采用施工总承包模式发包工程的优点有（   ）。

A. 分包单位参与管理，可降低施工总承包单位的报价

B. 建设周期相对较短，有利于工程较早投入使用

C. 总包合同价确定较早，有利于工程造价控制

D. 有总承包单位监督和分包单位自控，有利于工程质量控制

E. 协调工作量少，有利于合同管理

67. 根据《建设工程监理规范》GB/T 50319—2013，监理实施细则应包含的内容有（   ）。

A. 监理实施依据   B. 监理组织形式

C. 监理工作流程   D. 监理工作要点

E. 监理工作方法

68. 在项目监理机构的人员结构中，为了提高（   ），应根据建设工程的特点和建设工程监理工作需要，确定项目监理机构中监理人员的技术职称结构。

A. 可行性   B. 适应性

C. 综合性　　　　　　　　　　　D. 经济性
E. 管理效率

69. 关于在工程实施过程中，输出的有关工程信息主要包括(　　)。
A. 重大工程变更　　　　　　　　B. 监理与相关服务依据
C. 施工图设计　　　　　　　　　D. 方案设计
E. 工程招标投标情况

70. 监理规划中应明确的工程进度控制措施有(　　)。
A. 建立多级网络计划体系
B. 严格审核施工组织设计
C. 建立进度控制协调制度
D. 按施工合同及时支付工程款
E. 监控施工单位实施作业计划

71. 工程造价控制工作内容包括(　　)。
A. 按程序进行竣工结算款审核，签署竣工结算款支付证书
B. 建立月完成工程量统计表，对实际完成量与计划完成量进行比较分析，发现偏差的，应提出调整建议，并报告建设单位
C. 检查、复核施工控制测量成果及保护措施
D. 熟悉施工合同及约定的计价规则，复核、审查施工图预算
E. 定期进行工程计量，复核工程进度款申请，签署进度款付款签证

72. 建设工程系统内的单位，进行建设工程系统内的单位协调重点分析，主要包括(　　)。
A. 设计单位　　　　　　　　　　B. 建设行政主管机构
C. 材料和设备供应单位　　　　　D. 资金提供单位
E. 施工单位

73. 关于为完成施工阶段质量控制任务，下列属于项目监理机构需要做好的工作的是(　　)。
A. 组织进度协调会议，协调有关各方关系
B. 审核工程竣工图
C. 参加工程竣工验收
D. 组织工程预验收
E. 协助处理工程质量事故

74. 在建设工程信息管理系统的基本功能中，其子系统包括(　　)。
A. 工程造价控制　　　　　　　　B. 工程合同管理

C. 工程动态控制   D. 工程进度控制

E. 工程质量控制

75. 下列监理文件资料中，需要建设单位审批同意的有(　　)。

A. 工程开工令   B. 工程暂停令

C. 费用索赔报审表   D. 单位工程竣工验收报审表

E. 工程临时或最终延期报审表

76. 根据《建设工程监理规范》GB/T 50319—2013，监理日志的主要内容包括(　　)。

A. 工程质量情况   B. 施工环境情况

C. 安全生产情况   D. 天气情况

E. 工程进度情况

77. 关于旁站工作内容的说法，正确的有(　　)。

A. 发现施工活动已经危及工程质量的，监理人员有权责令施工单位立即整改

B. 发现施工单位有违反工程建设强制性标准行为的，由总监理工程师下达局部暂停施工指令

C. 旁站记录是监理工程师依法行使有关签字权的重要依据

D. 对于重点控制的关键工序，项目监理机构应制定旁站方案

E. 监理单位应在工程竣工验收后，将旁站资料记录存档

78. 关于建设工程监理文件资料组卷要求的说法，正确的有(　　)。

A. 案卷厚度应一致，每卷厚度为 40mm

B. 案卷内应有重份文件作为备份

C. 不同载体文件应按形成时间统一组卷

D. 文字材料按事项、专业顺序排列

E. 相同专业图纸按图号顺序排列

79. 项目管理知识体系中的项目沟通管理的内容包括(　　)。

A. 编制沟通计划   B. 发布信息

C. 编制进度计划   D. 估算活动所需资源

E. 管理利益相关者期望

80. 快速路径法又称为阶段施工法，这种方法的基本特征是将设计工作分为若干阶段完成，包括(　　)。

A. 装修工程   B. 上部结构工程

C. 监理工程   D. 基础工程

E. 安装工程

权威预测试卷（二）参考答案及解析

一、单项选择题

1. B	2. A	3. A	4. B	5. D
6. B	7. D	8. D	9. A	10. B
11. A	12. A	13. A	14. D	15. B
16. A	17. D	18. D	19. C	20. C
21. A	22. A	23. D	24. B	25. B
26. B	27. B	28. B	29. D	30. A
31. A	32. A	33. B	34. C	35. A
36. B	37. D	38. A	39. B	40. D
41. C	42. C	43. C	44. B	45. B
46. B	47. C	48. D	49. C	50. B

【解析】

1. B。本题考核的是建设工程监理实施范围。建设工程监理定位于工程施工阶段。

2. A。本题考核的是实施监理的工程范围。根据《建设工程监理范围和规模标准规定》（建设部令第 86 号）第七条，国家规定必须实行监理的其他工程是指：（1）项目总投资额在 3000 万元以上关系社会公共利益、公众安全的基础设施项目；（2）学校、影剧院、体育场馆项目。

3. A。本题考核的是投资项目决策管理制度中非政府投资工程备案制的内容。对于《政府核准的投资项目目录》以外的企业投资项目，实行备案制。

4. B。本题考核的是项目总经理的职权。项目总经理的职权有：组织编制项目初步设计文件，对项目工艺流程、设备选型、建设标准、总图布置提出意见，提交董事会审查；组织工程设计、施工监理、施工队伍和设备材料采购的招标工作，编制和确定招标方案、标底和评标标准，评选和确定投标、中标单位；编制并组织实施项目年度投资计划、用款计划、建设进度计划；编制项目财务预算、决算；编制并组织实施归还贷款和其他债务计划；组织工程建设实施，负责控制工程投资、工期和质量；在项目建设过程中，在批准的概算范围内对单项工程的设计进行局部调整（凡引起生产性质、能力、产品品种和标准变化的设计调整以及概算调整，需经董事会决定并报原审批单位批准）；根据董事会授权处理项目实施中的重大紧急事件，并及时向董事会报告；负责生产准备工作和培训有关人员；负责组织项目试生产和单项工程预验收；拟订生产经营计划、企业内部机构设置、劳动定员定额方案及工资福利方案；组织项目后评价，提出项目后评价报告；按时向有关部门报送项目建设、生产信息和统计资料；提请董事会聘任或解聘项目高级管理人员。审核、上报年度投资计划并落实年度资金是项目董事会的职权。故选项 B 错误。

5. D。本题考核的是《招标投标法》的主要内容。招标人和中标人应当自中标通知书发出之日起 30 日内，按照招标文件和中标人的投标文件订立书面合同。

6. B。本题考核的是联合投标的内容。两个以上法人或者其他组织可以组成一个联合体，以一个投标人的身份共同投标。联合体各方均应具备承担招标项目的相应能力。

国家有关规定或者招标文件对投标人资格条件有规定的，联合体各方均应当具备规定的相应资格条件。由同一专业的单位组成的联合体，按照资质等级较低的单位确定资质等级。

7. D。本题考核的是撤销权消灭的情形及定义。具有撤销权的当事人自知道或者应当知道撤销事由之日起1年内没有行使撤销权，故选项A错误。具有撤销权的当事人知道撤销事由后明确表示或者以自己的行为放弃撤销权，故选项B错误。撤销权是指受损害的一方当事人对可撤销的合同依法享有的、可请求人民法院或仲裁机构撤销该合同的权利，故选项C错误、选项D正确。

8. D。本题考核的是工程监理单位的法律责任。根据《建设工程质量管理条例》第五十七条规定，工程监理单位有下列行为之一的，责令限期改正；逾期未改正的，责令停业整顿，并处10万元以上30万元以下的罚款：（1）未对施工组织设计中的安全技术措施或者专项施工方案进行审查的；（2）发现安全事故隐患未及时要求施工单位整改或者暂时停止施工的；（3）施工单位拒不整改或者不停止施工，未及时向有关主管部门报告的；（4）未依照法律、法规和工程建设强制性标准实施监理的。

9. A。本题考核的是建设工程最低保修期限。电气管道、给水排水管道、设备安装和装修工程的最低保修期限为2年。

10. B。本题考核的是建设工程最低保修期限。在正常使用条件下，建设工程最低保修期限为：（1）基础设施工程、房屋建筑的地基基础工程和主体结构工程，为设计文件规定的该工程合理使用年限；（2）屋面防水工程、有防水要求的卫生间、房间和外墙面的防渗漏，为5年；（3）供热与供冷系统，为2个采暖期、供冷期；（4）电气管道、给水排水管道、设备安装和装修工程，为2年。

11. A。本题考核的是事故报告。道路交通事故、火灾事故自发生之日起7日内，事故造成的伤亡人数发生变化的，应当及时补报。

12. A。本题考核的是投标保证金。招标人在招标文件中要求投标人提交投标保证金的，投标保证金不得超过招标项目估算价的2%。投标保证金有效期应当与投标有效期一致。依法必须进行招标的项目的境内投标单位，以现金或者支票形式提交的投标保证金应当从其基本账户转出。招标人不得挪用投标保证金。

13. A。本题考核的是资质审批。专业乙级、丙级资质和事务所资质由企业所在地省、自治区、直辖市人民政府建设主管部门审批。申请综合资质、专业甲级资质的，省、自治区、直辖市人民政府建设主管部门应当自受理申请之日起20日内初审完毕，并将初审意见和申请材料报国务院建设主管部门。故选项A错误。

14. D。本题考核的是施工单位的质量责任和义务。施工单位的质量责任和义务是隐蔽工程在隐蔽前，施工单位应当通知建设单位和建设工程质量监督机构。

15. D。本题考核的是生产安全事故等级。较大生产安全事故是指造成3人及以上10人以下死亡，或者10人及以上50人以下重伤，或者1000万元及以上5000万元以下直接经济损失的事故。

16. A。本题考核的是监理工程师的初始注册。初始注册者，可自资格证书签发之日起3年内提出申请，故选项B错误。注册证书和执业印章的有效期为3年，故选项C错误。由国务院建设主管部门核发注册证书和执业印章，故选项D错误。

17. D。本题考核的是签订建设工程监理合同。建设工程监理大纲是反映投标人技术、管理和服务综合水平的文件，反映了投标人对工程的分析和理解程度。

18. D。本题考核的是投标决策原则。投标决策活动要从工程特点与工程监理企业自身需求之间选择最佳结合点。为实现最优赢利目标，可以参考如下基本原则进行投标决策：（1）充分衡量自身人员和技术实力能否满足工程项目要求，且要根据工程监理单位自身实力、经验和外部资源等因素来确定是否参与竞标；（2）充分考虑国家政策、建设单位信誉、招标条件、资金落实情况等，保证中标后工程项目能顺利实施；（3）由于目前工程监理单位普遍存在注册监理工程师稀缺、监理人员数量不足的情况，因此在一般情况下，工程监理单位与其将有限人力资源分散到几个小工程投标中，不如集中优势力量参与一个较大建设工程监理投标；（4）对于竞争激烈、风险特别大或把握不大的工程项目，应主动放弃投标。

19. C。本题考核的是建设工程监理合同的组成文件。附录B是委托人为监理人开展正常监理工作派遣的人员和无偿提供的房屋、资料、设备，应在附录B中明确约定派遣或提供的对象、数量和时间。

20. C。本题考核的是施工单位的安全技术措施和专项施工方案。工程中涉及深基坑、地下暗挖工程、高大模板工程的专项施工方案，施工单位还应当组织专家进行论证、审查。

21. A。本题考核的是监理人需要完成的基本工作。收到工程设计文件后编制监理规划，并在第一次工地会议7d前报委托人。根据有关规定和监理工作需要，编制监理实施细则，故选项A正确。参加工程竣工验收，签署竣工验收意见，故选项B错误。审核施工分包人资质条件，故选项C错误。审查施工承包人提交的施工组织设计，重点审查其中的质量安全技术措施、专项施工方案与工程建设强制性标准的符合性，故选项D错误。

22. A。本题考核的是建设单位的安全责任。安全责任包括：（1）提供资料；（2）禁止行为；（3）安全施工措施及其费用；（4）拆除工程发包与备案。建设单位在编制工程概算时，应当确定建设工程安全作业环境及安全施工措施所需费用。

23. D。本题考核的是委托人的延期支付。监理人在专用条件约定的支付日的28d后未收到应支付的款项，可发出酬金催付通知。

24. B。本题考核的是建设工程施工总承包模式的特点。采用建设工程施工总承包模式，有利于建设工程的组织管理。由于施工合同数量比平行承发包模式更少，有利于建设单位的合同管理，减少协调工作量，可发挥工程监理单位与施工总承包单位多层次协调的积极性；总包合同价可较早确定，有利于控制工程造价；由于既有施工分包单位的自控，又有施工总承包单位监督，还有工程监理单位的检查认可，有利于工程质量控制；施工总承包单位具有控制的积极性，施工分包单位之间也有相互制约的作用，有利于总体进度的协调控制。但该模式的缺点是：建设周期较长；施工总承包单位的报价可能较高。

25. B。本题考核的是进一步收集建设工程监理有关资料中反映当地工程建设政策、法规的有关资料的内容。内容主要包括：关于工程建设报建程序的有关规定，当地关于拆迁工作的有关规定，当地有关建设工程监理的有关规定，当地关于工程建设招标投标的有关规定，当地关于工程造价管理的有关规定等。而供水、供电、供热、供燃气、电信有关的可提供的容（用）量、价格等的资料属于反映工程所在地区经济状况等建设条件的资料的内容。故选项 B 错误。

26．B。本题考核的是权责一致的原则。工程监理单位应给予总监理工程师充分授权，体现权责一致原则。

27．B。本题考核的是勘察、设计单位的违法行为。根据《建设工程质量管理条例》第六十三条，违反本条例规定，有下列行为之一的，责令改正，处 10 万元以上 30 万元以下的罚款：(1) 勘察单位未按照工程建设强制性标准进行勘察的；(2) 设计单位未根据勘察成果文件进行工程设计的；(3) 设计单位指定建筑材料、建筑构配件的生产厂、供应商的；(4) 设计单位未按照工程建设强制性标准进行设计的。选项 A 处 10 万元以上 20 万元以下罚款。选项 C、D 处 20 万元以上 50 万元以下罚款。

28．B。本题考核的是总监理工程师的职责。总监理工程师职责包括：(1) 确定项目监理机构人员及其岗位职责；(2) 组织编制监理规划，审批监理实施细则；(3) 根据工程进展及监理工作情况调配监理人员，检查监理人员工作；(4) 组织召开监理例会；(5) 组织审核分包单位资格；(6) 组织审查施工组织设计、(专项) 施工方案；(7) 审查开复工报审表，签发工程开工令、暂停令和复工令；(8) 组织检查施工单位现场质量、安全生产管理体系的建立及运行情况；(9) 组织审核施工单位的付款申请，签发工程款支付证书，组织审核竣工结算；(10) 组织审查和处理工程变更；(11) 调解建设单位与施工单位的合同争议，处理工程索赔；(12) 组织验收分部工程，组织审查单位工程质量检验资料；(13) 审查施工单位的竣工申请，组织工程竣工预验收，组织编写工程质量评估报告，参与工程竣工验收；(14) 参与或配合工程质量安全事故的调查和处理；(15) 组织编写监理月报、监理工作总结，组织质量监理文件资料。而进行见证取样属于监理员的职责。故选项 B 错误。

29．D。本题考核的是建设工程监理合同订立。专用条件中需要约定的委托人义务包括委托人代表与答复。其中在委托人义务中规定了"委托人应授权一名熟悉工程情况的代表，负责与监理人联系。委托人应在双方签订本合同后 7d 内，将委托人代表的姓名和职责书面告知监理人。当委托人更换委托人代表时，应提前 7d 通知监理人。"因此选项 D 包含在该规定范围内。

30．A。本题考核的是勘察设计阶段监理相关服务的内容。勘察设计阶段监理相关服务内容包括：(1) 可行性研究报告或设计任务书；(2) 项目立项批文；(3) 规划红线范围；(4) 用地许可证；(5) 设计条件通知书；(6) 地形图。

31．A。本题考核的是项目监理机构现场监理工作制度。项目监理机构现场监理工作制度包括：(1) 图纸会审及设计交底制度；(2) 整改制度，包括签发监理通知单和工程暂停令等；(3) 平行检验、见证取样、巡视检查和旁站制度等。对外行文审批制度、监理人员教育培训制度、监理人员考勤、业绩考核及奖惩制度属于项目监理机构内部工作制度。

32．A。本题考核的是建设工程风险初始清单，技术风险的内容。建设工程风险初始清单，技术风险的内容见下表。

建设工程风险初始清单

风险因素		典型风险事件
技术风险	设计	设计内容不全、设计缺陷、错误和遗漏，应用规范不恰当，未考虑地质条件，未考虑施工可能性等
	施工	施工工艺落后，施工技术和方案不合理，施工安全措施不当，应用新技术新方案失败，未考虑场地情况等
	其他	工艺设计未达到先进性指标，工艺流程不合理，未考虑操作安全性等

33．B。本题考核的是施工招标阶段，监理单位需要建立的制度。施工招标阶段：包括招标管理制度，标底或招标控制价编制及审核制度，合同条件拟订及审核制度，组织招标实务有关规定等。

34．C。本题考核的是安全生产管理的监理方法和措施。通过审查施工单位现场安全生产规章制度的建立和实施情况，督促施工单位落实安全技术措施和应急救援预案，加强风险防范意识，预防和避免安全事故发生。

35．A。本题考核的是工程质量事中控制。定期复查轴线控制桩、水准点是否有变化，应使其不受压桩及运输的影响，复查周期每10d不少于1次。

36．B。本题考核的是定性分析与定量分析相结合。在建设工程目标系统中，质量目标通常采用定性分析方法，而造价、进度目标可采用定量分析方法。

37．D。本题考核的是建设工程目标动态控制过程的内容。事前计划控制包括建设工程目标体系和编制工程项目计划。事中过程控制包括分析各种可能产生的偏差、采取预防偏差产生的措施、实施工程项目计划、收集工程项目实施绩效、比较实施绩效和预定目标及分析产生的原因等。事后纠偏控制包括采取纠偏措施。

38．A。本题考核的是设计信息分发制度时需要考虑的内容。设计信息分发制度时需要考虑的内容包括：（1）了解信息使用部门和人员的使用目的、使用周期、使用频率、获得时间及信息的安全要求；（2）决定信息分发的内容、数量、范围、数据来源；（3）决定分发信息的数据结构、类型、精度和格式；（4）决定提供信息的介质。允许检索的范围，检索的密级划分，密码管理等属于设计信息检索时需要考虑的内容。故选项A错误。

39．B。本题考核的是项目监理机构与建设单位的协调。建设工程监理实践证明，项目监理机构与建设单位组织协调关系的好坏，在很大程度上决定了建设工程监理目标能否顺利实现。

40．D。本题考核的是旁站的作用。旁站是建设工程监理工作中用以监督工程质量的一种手段，可以起到及时发现问题、第一时间采取措施、防止偷工减料、确保施工工艺工序按施工方案进行、避免其他干扰正常施工的因素发生等作用。旁站与监理工作其他方法手段结合使用，成为工程质量控制工作中相当重要和必不可少的工作方式。

41．C。本题考核的是见证取样的定义。见证取样是指项目监理机构对施工单位进行的涉及结构安全的试块、试件及工程材料现场取样、封样、送检工作的监督活动。

42．C。本题考核的是生产安全事故等级。较大生产安全事故，是指造成3人及以上10人以下死亡，或者10人及以上50人以下重伤，或者1000万元及以上5000万元以下直接经济损失的事故。选项 A 错误，特别重大生产安全事故是指造成 30 人及以上死亡，或者 100 人及以上重伤，或者 1 亿元及以上直接经济损失的事故。选项 B 错误，重大生产安全事故是指造成 10 人及以上 30 人以下死亡，或者 50 人及以上 100 人以下重伤，或者 5000 万元及以上 1 亿元以下直接经济损失的事故。选项 D 错误，一般生产安全事故，是指造成 3 人以下死亡，或者 10 人以下重伤，或者 1000 万元以下直接经济损失的事故。

43. C。本题考核的是建设工程监理主要文件资料的内容。建设工程监理主要文件资料包括：（1）勘察设计文件、建设工程监理合同及其他合同文件；（2）监理规划、监理实施细则；（3）设计交底和图纸会审会议纪要；（4）施工组织设计、（专项）施工方案、施工进度计划报审文件资料；（5）分包单位资格报审会议纪要；（6）施工控制测量成果报验文件资料；（7）总监理工程师任命书，工程开工令、暂停令、复工令，开工或复工报审文件资料。

44. B。本题考核的是监理月报的概念。监理月报是项目监理机构每月向建设单位和本监理单位提交的建设工程监理工作及建设工程实施情况等分析总结报告。

45. B。本题考核的是项目管理知识体系中的项目时间管理的内容。项目时间管理的内容包括：定义活动、活动排序、估算活动所需资源、估算活动持续时间、编制进度计划、控制进度。

46. B。本题考核的是非保险转移。非保险转移又称为合同转移，一般是通过签订合同的方式将建设工程风险转移给非保险人的对方当事人，故选项 A 错误。非保险转移一般都要付出一定的代价，有时转移风险的代价可能会超过实际发生的损失，从而对转移者不利，故选项 C 错误。第三方担保主要有建设单位付款担保、施工单位履约担保、预付款担保、分包单位付款担保、工资支付担保等，故选项 D 错误。

47. C。本题考核的是工程质量缺陷处理。对于非施工单位原因造成的工程质量缺陷，应核实施工单位申报的修复工程费用，并应签认工程款支付证书，同时报建设单位。

48. D。本题考核的是非代理型 CM。为提高 CM 单位控制工程费用的积极性，也可在合同中约定，节余部分由业主与 CM 单位按一定比例分成。

49. C。本题考核的是工程质量评估报告编制的基本要求。选项 A、B 错误，工程质量评估报告应在正式竣工验收前提交给建设单位；选项 D 错误，编制完成后，由项目总监理工程师及监理单位技术负责人审核签认并加盖监理单位公章后报建设单位。

50. B。本题考核的是 Project Controlling 的地位。Project Controlling 咨询单位直接向业主的决策层负责，相当于业主决策层的智囊，为其提供决策支持，业主不向 Project Controlling 咨询单位在该项目上的具体工作人员下达指令。

二、多项选择题

51. ABC	52. ACE	53. ADE	54. DE	55. BD
56. ABCD	57. ADE	58. BCDE	59. ACDE	60. BCDE
61. ABCD	62. CD	63. BCDE	64. AD	65. ACD
66. CDE	67. CE	68. DE	69. ACDE	70. ACE
71. ABDE	72. ACDE	73. BCDE	74. ABDE	75. CE
76. BD	77. CDE	78. DE	79. ABE	80. ABDE

【解析】

51. ABC。本题考核的是合同效力的法律规定。当事人为自己的利益不正当地阻止条件成就的，视为条件已成就，故选项 D 错误。与无权代理人签订合同的相对人可以催告被代理人在 1 个月内予以追认，故选项 E 错误。

52. ACE。本题考核的是项目董事会的职权。建设项目董事会的职权有：负责筹措建设资金；审核、上报项目初步设计和概算文件；审核、上报年度投资计划并落实年度资金；提出项目开工报告；研究解决建设过程中出现的重大问题；负责提出项目竣工验收申请报告；审定偿还债务计划和生产经营方针，并负责按时偿还债务；聘任或解聘项目总经理，并根据总经理的提名，聘任或解聘其他高级管理人员。

53. ADE。本题考核的是建设单位的主要合同关系。为实现工程项目总目标，建设单位可通过签订合同将工程项目有关活动委托给相应的专业承包单位或专业服务机构，相应的合同有：工程承包（总承包、施工承包）合同、工程勘察合同、工程设计合同、材料设备采购合同、工程咨询（可行性研究、技术咨询、造价咨询）合同、工程监理合同、工程项目管理服务合同、工程保险合同、贷款合同等。

54. DE。本题考核的是委托合同的种类。委托合同包括：建设工程监理合同、项目管理服务合同。

55. BD。本题考核的是《建设工程监理规范》GB/T 50319—2013 关于报审表的规定。总监理工程师签署审查意见，并报建设单位批准后，总监理工程师方可签发工程复工令。施工单位申请工程延期时，需要向项目监理机构报送工程临时或最终延期报审表。项目监理机构对施工单位的申请事项进行审核并签署意见，经建设单位批准后方可延长合同工期。选项 A 由总监理工程师审核签认；选项 C、E 由总监理工程师签字、盖章。

56. ABCD。本题考核的是工程质量、造价、进度控制及安全生产管理的监理工作的一般规定的内容。一般规定的内容包括：（1）项目监理机构监理人员应熟悉工程设计文件，并参加建设单位主持的图纸会审和设计交底会议，故选项 E 错误。（2）工程开工前，项目监理机构监理人员应参加由建设单位主持召开的第一次工地会议，故选项 B 正确。（3）项目监理机构应定期召开监理例会，并组织有关单位研究解决与监理相关的问题，故选项 D 正确。项目监理机构可根据工程需要，主持或参加专题会议，解决监理工作范围内工程专项问题，故选项 C 正确。（4）项目监理机构应协调工程建设相关方的关系，故选项 A 正确。

57. ADE。本题考核的是加工冶炼工程的分类。加工冶炼工程包括：冶炼工程；船舶水工工程；各类加工工程；核加工工程。

58. BCDE。本题考核的是工程监理企业资质的审批。工程监理企业资质审批的规定包括：涉及铁路、交通、水利、通信、民航等专业工程监理资质的，由国务院建设主管部门送国务院有关部门审核。国务院有关部门应当在 20d 内审核完毕，并将审核意见报国务院建设主管部门。专业乙级、丙级资质和事务所资质由企业所在地省、自治区、直辖市人民政府建设主管部门审批。资质有效期届满，工程监理企业需要继续从事工程监理活动的，应当在资质证书有效期届满 60d 前，向企业所在地省级资质许可机关申请办理延续手续。对在资质有效期内遵守有关法律、法规、规章、技术标准，信用档案中无不良记录，且专业技术人员满足资质标准要求的企业，经资质许可机关同意，有效期延续5年。

59. ACDE。本题考核的是工程监理企业应当建立健全企业信用管理制度。工程监理企业应当建立健全企业信用管理制度包括：（1）建立健全合同管理制度；（2）建立健全与建设单位的合作制度，及时进行信息沟通，增强相互间信任；（3）建立健全建设工程监理服务需求调查制度，这也是企业进行有效竞争和防范经营风险的重要手段之一；（4）建立企业内部信用管理责任制度，及时检查和评估企业信用实施情况，不断提高企业信用管理水平。

60. BCDE。本题考核的是注册监理工程师的权利。注册监理工程师享有的权利包括：（1）使用注册监理工程师称谓；（2）在规定范围内从事执业活动；（3）依据本人能力从事相应的执业活动；（4）保管和使用本人的注册证书和执业印章；（5）对本人执业活动进行解释和辩护；（6）接受继续教育；（7）获得相应的劳动报酬；（8）对侵犯本人权利的行为进行申诉。

61. ABCD。本题考核的是总监理工程师及时签发工程暂停令的情形。项目监理机构发现下列情况之一时，总监理工程师应及时签发工程暂停令：（1）建设单位要求暂停施工且工程需要暂停施工的；（2）施工单位未经批准擅自施工或拒绝项目监理机构管理的；（3）施工单位未按审查通过的工程设计文件施工的；（4）施工单位违反工程建设强制性标准的；（5）施工存在重大质量、安全事故隐患或发生质量、安全事故的。

62. CD。本题考核的是项目监理机构签发监理通知单的情形。发现未按专项施工方案实施时，应签发监理通知单，要求施工单位按专项施工方案实施。项目监理机构在实施监理过程中，发现工程存在安全事故隐患时，应签发监理通知单，要求施工单位整改；情况严重时，应签发工程暂停令，并应及时报告建设单位。

63. BCDE。本题考核的是《建设工程监理合同（示范文本）》GF—2012—0202中的通用条件规定。《建设工程监理合同（示范文本）》GF—2012—0202中的通用条件规定，监理依据包括：（1）适用的法律、行政法规及部门规章；（2）与工程有关的标准；（3）工程设计及有关文件；（4）本合同及委托人与第三方签订的与实施工程有关的其他合同。

64. AD。本题考核的是监理人不履行合同义务的情形。监理人的违约情况包括不履行合同义务的故意行为和未正确履行合同义务的过错行为，监理人不履行合同义务的情形包括：（1）无正当理由单方解除合同；（2）无正当理由不履行合同约定的义务。

65. ACD。本题考核的是项目监理机构在建设工程施工阶段质量控制的主要任务。为完成施工阶段质量控制任务，项目监理机构需要做好以下工作：检查施工单位的现场质量管理体系和管理环境；控制施工工艺过程质量；验收分部分项工程和隐蔽工程；处置工程质量问题、质量缺陷；协助处理工程质量事故；审核工程竣工图，组织工程预验收；参加工程竣工验收等。

66. CDE。本题考核的是施工总承包模式发包工程的优点。施工总承包模式发包工程的优点包括：有利于建设工程的组织管理；有利于建设单位的合同管理，减少协调工作量；总包合同价可较早确定，有利于控制工程造价；由于既有施工分包单位的自控，又有施工总承包单位监督，还有工程监理单位的检查认可，有利于工程质量控制。选项A、B错误，施工总承包模式的缺点是建设周期较长，施工总承包单位的报价可能较高。

67. CE。本题考核的是监理实施细则的主要内容。《建设工程监理规范》GB/T 50319—2013明确规定了监理实施细则应包含的内容，即专业工程特点、监理工作流程、监理工作控制要点，以及监理工作方法及措施。

68. DE。本题考核的是项目监理机构的人员结构合理的技术职称结构。项目监理机构的人员结构，为了提高管理效率和经济性，应根据建设工程的特点和建设工程监理工作需要，确定项目监理机构中监理人员的技术职称结构。

69. ACDE。本题考核的是工程实施过程中输出的有关工程信息。工程实施过程中输出的有关工程信息主要包括：方案设计、初步设计、施工图设计、工程实施状况、工程招标投标情况、重大工程变更、外部环境变化等。

70. ACE。本题考核的是工程进度控制的具体措施。工程进度控制的具体措施包括：（1）组织措施：落实进度控制的责任，建立进度控制协调制度。（2）技术措施：建立多级网络计划体系，监控施工单位的实施作业计划。（3）经济措施：对工期提前者实行奖励；对应急工程实行较高的计件单价；确保资金的及时供应等。（4）合同措施：按合同要求及时协调有关各方的进度，以确保建设工程的形象进度。

71. ABDE。本题考核的是工程造价控制工作内容。工程造价控制工作内容（1）熟悉施工合同及约定的计价规则，复核、审查施工图预算；（2）定期进行工程计量，复核工程进度款申请，签署进度款付款签证；（3）建立月完成工程量统计表，对实际完成量与计划完成量进行比较分析，发现偏差的，应提出调整建议，并报告建设单位；（4）按程序进行竣工结算款审核，签署竣工结算款支付证书。检查、复核施工控制测量成果及保护措施属于工程质量控制主要任务。

72. ACDE。本题考核的是建设工程系统内的单位。建设工程系统内的单位，进行建设工程系统内的单位协调重点分析，主要包括建设单位、设计单位、施工单位、材料和设备供应单位、资金提供单位等。

73. BCDE。本题考核的是为完成施工阶段质量控制任务，项目监理机构需要做好的工作。为完成施工阶段质量控制任务，项目监理机构需要做好以下工作：协助处理工程质量事故；审核工程竣工图，组织工程预验收；参加工程竣工验收等。组织进度协调会议，协调有关各方关系属于为完成施工阶段进度控制任务，项目监理机构需要做好的工作。故选项A错误。

74. ABDE。本题考核的是信息管理系统的基本功能。建设工程信息管理系统的基本功能应至少包括：工程质量控制、工程造价控制、工程进度控制、工程合同管理四个子系统。

75. CE。本题考核的是需要建设单位审批同意的表式。下列表式需要建设单位审批同意：（1）施工组织设计或（专项）施工方案报审表；（2）工程开工报审表；（3）工程复工报审表；（4）施工进度计划报审表；（5）费用索赔报审表；（6）工程临时或最终延期报审表。

76. BD。本题考核的是监理日志的主要内容。监理日志的主要内容包括：天气和施工环境情况；当日施工进展情况，包括工程进度情况、工程质量情况、安全生产情况等；当日监理工作情况，包括旁站、巡视、见证取样、平行检验等情况；当日存在的问题及协调解决情况；其他有关事项。

77.CDE。本题考核的是旁站的工作要求。监理人员实施旁站时，发现施工单位有违反工程建设强制性标准行为的，有权责令施工单位立即整改，故选项 B 错误。发现其施工活动已经或者可能危及工程质量的，应当及时向监理工程师或者总监理工程师报告，由总监理工程师下达局部暂停施工指令或者采取其他应急措施，故选项 A 错误。

78.DE。本题考核的是建设工程监理文件资料组卷的要求。选项 A 错误，应该是案卷不宜过厚，一般不超过 40mm。选项 B 错误，应该是案卷内不应有重份文件。选项 C 错误，应该是不同载体的文件一般应分别组卷。

79. ABE。本题考核的是项目管理知识体系中的项目沟通管理的内容。项目管理知识体系中的项目沟通管理的内容包括：识别利益相关者；编制沟通计划；发布信息；管理利益相关者期望；报告绩效。

80. ABDE。本题考核的是快速路径法。在综合各方面经验的基础上，提出了快速路径法，又称为阶段施工法。这种方法的基本特征是将设计工作分为若干阶段（如基础工程、上部结构工程、装修工程、安装工程）完成，每一阶段设计工作完成后，就组织相应工程内容的施工招标，确定施工单位后即开始相应工程内容的施工。

权威预测试卷（三）

一、单项选择题（共 50 题，每题 1 分。每题的备选项中，只有 1 个最符合题意）

1. 根据《建筑法》，工程监理单位的基本职责是在建设单位委托授权范围内，通过（   ），以及协调工程建设相关方的关系，控制建设工程质量、造价和进度三大目标。
   A. 项目管理、生产管理
   B. 合同管理、质量管理
   C. 财政管理、建设管理
   D. 合同管理、信息管理

2. 根据《建设工程质量管理条例》规定，关于必须实行监理工程的说法，正确的是（   ）。
   A. 为了保证住宅质量，对高层住宅及地基、结构复杂的多层住宅应当实行监理
   B. 项目的总投资额在 500 万元以上的供水、供电、市政工程项目必须实行监理
   C. 建筑面积为 4 万 m^2 的住宅建设项目
   D. 总投资额为 1 亿元的皮革厂改建项目

3. 根据《生产安全事故报告和调查处理条例》，单位负责人接到事故报告后，应当于（   ）h 内向事故发生地县级以上人民政府安全生产监督管理部门和负有安全生产监督管理职责的有关部门报告。
   A. 1
   B. 2
   C. 8
   D. 24

4. 根据《建设工程质量管理条例》，工程监理单位与施工单位串通，弄虚作假，降低工程质量的，按规定对监理单位的处理是（   ）。
   A. 责令改正，处合同约定的监理酬金 25％以上 50％以下的罚款
   B. 责令停业整顿，吊销资质证书
   C. 责令改正，处 30 万元以上 50 万元以下的罚款
   D. 责令改正，没收违法所得，降低资质等级

5. 根据《招标投标法实施条例》，潜在投标人对招标文件有异议的，应当在投标截止时间（   ）日前提出。
   A. 2
   B. 3
   C. 5
   D. 10

6. 根据《招标投标法》，关于评标委员会组成的说法，错误的是（   ）。
   A. 一般招标项目可以采取随机抽取方式，特殊招标项目可以由招标人直接确定

B. 评标委员会的专家成员应当从国务院有关部门有关部门提供的专家名册或者招标代理机构的专家库内的相关专业的专家名单中确定

C. 依法必须进行招标的项目，其评标委员会由招标人的代表和有关技术、经济方面的专家组成，成员人数为 3 人以上单数

D. 技术、经济方面的专家不得少于成员总数的 2/3

7. 根据《合同法》，关于无效合同或者被撤销合同的法律后果的说法，正确的是(　　)。

A. 合同被确认无效或者被撤销后，有过错的一方应当赔偿对方因此所受到的损失

B. 合同部分无效，即使不影响其他部分效力的，其他部分仍然无效

C. 合同无效或被撤销后，履行中的合同在不受影响的情况下，应当继续履行

D. 当事人因无效合同或者被撤销的合同所取得的财产，应当予以折价返还

8. 根据《招标投标法实施条例》，按照国家有关规定需要履行项目审批、核准手续依法必须进行招标的项目，若采用公开招标方式的费用占项目合同金额的比例过大，可经(　　)认定后采用邀请招标方式。

A. 项目审批、核准部门　　　　　　　B. 建设单位

C. 工程监理单位　　　　　　　　　　D. 建设行政主管部门

9. 根据《建设工程监理规范》GB/T 50319—2013 规定，关于项目监理机构人员的说法，错误的是(　　)。

A. 总监理工程师应由注册监理工程师担任

B. 经建设单位书面同意后，一名注册监理工程师最多可同时担任四项建设工程监理合同的总监理工程师

C. 总监理工程师代表可以由具有工程类执业资格的人员担任

D. 专业监理工程师可以由具有中级及以上专业技术职称、2 年及以上工程实践经验并经监理业务培训的人员担任

10. 根据《建设工程安全生产管理条例》，施工单位的(　　)应当由取得相应执业资格的人员担任，根据工程的特点组织制定安全施工措施，消除安全事故隐患，及时、如实报告生产安全事故。

A. 专职安全生产管理人员　　　　　　B. 项目负责人

C. 技术负责人　　　　　　　　　　　D. 施工管理负责人

11. 根据《建设工程安全生产管理条例》，关于建筑施工企业的安全生产管理的说法，正确的是(　　)。

A. 建筑施工企业应当依法为职工参加工伤保险缴纳工伤保险费，要求企业为从事危险作业的职工办理意外伤害保险，支付保险费

B. 实行施工总承包的，施工现场安全由分包单位负责

C. 房屋拆除由具备保证安全条件的建筑施工单位承担，总监理单位负责人对安全负责

D. 建筑施工企业应当建立健全劳动安全生产教育培训制度，加强对职工安全生产的教育培训；未经安全生产教育培训的人员，不得上岗作业

12. 根据《根据招标投标法实施条例》，关于规范招标投标活动中的投诉与处理的说法，错误的是（　　）。

A. 投标人认为招标投标活动不符合法律、行政法规规定的，可以自知道之日起 7 个工作日内向有关行政监督部门投诉

B. 投诉应当有明确的请求和必要的证明材料

C. 行政监督部门处理投诉，有权查阅、复制有关文件、资料，调查有关情况，相关单位和人员应当予以配合

D. 行政监督部门应当自收到投诉之日起 3 个工作日内决定是否受理投诉，并自受理投诉之日起 30 个工作日内作出书面处理决定

13. 下列工作内容中，属于施工图审查机构审查内容的是（　　）。

A. 地基基础和主体结构的合理性

B. 施工用水、电、通信、道路等接通工作

C. 是否符合招标企业的建设要求

D. 施工图纸上是否有注册执业人员的签字

14. 根据《建筑法》，建筑施工企业管理施工现场安全时，分包单位向（　　）负责。

A. 总承包单位　　　　　　　　　　B. 建设单位

C. 总承包单位的项目经理　　　　　D. 分包单位的项目经理

15. 根据《招标投标法实施条例》，招标人最迟应在书面合同签订后（　　）日内向中标人和未中标的投标人退还投标保证金及银行同期存款利息。

A. 3　　　　　　　　　　　　　　B. 5

C. 10　　　　　　　　　　　　　D. 15

16. 在建设工程监理评标方法，关于定量综合评估法的说法，正确的是（　　）。

A. 可采取举手表决或无记名投票方式决定中标人

B. 能充分评价工程监理单位的整体素质和综合实力，体现评标的科学、合理性

C. 定量综合评估法又称平均分值法

D. 其特点是不量化各项评审指标，简单易行，能在广泛深入地开展讨论分析的基础上集中各方面观点

17. 根据《建设工程监理规范》GB/T 50319—2013，总监理工程师代表可由具有中级以上专业技术职称、（　　）年及以上工程实践经验并经监理业务培训的人员担任。

A. 1　　　　　　　　　　　　　　B. 2

C. 3　　　　　　　　　　　　　　D. 5

18. 关于在实际操作过程，投标考虑的因素集及其权重、等级可由（　　）投标决策机构组织企业经营、生产、人事等有投标经验的人员，以及外部专家进行综合分析、评估后确定。

A. 施工单位
B. 监理单位
C. 分包单位
D. 承包单位

19. 必须对招标文件作出实质性响应，而且其内容尽可能与建设单位的意图或其要求相符合的是（　　）。

A. 工程监理投标文件
B. 工程监理规划
C. 工程监理细则
D. 工程监理合同

20.《建设工程监理合同（示范文本）》GF—2012—0202 中的（　　）适用于各类建设工程监理，各委托人、监理人都应遵守通用条件中的规定。

A. 专用条件
B. 通用文件
C. 协议书
D. 附录

21. 下列关于监理人需要完成的基本工作的说法，错误的是（　　）。

A. 审查施工承包人提交的采用新材料、新工艺、新技术、新设备的论证材料及相关验收标准
B. 审查施工承包人提交的工程变更申请，协调处理施工进度调整、合同争议等事项
C. 审查施工承包人提交的竣工验收申请，编写工程质量评估报告
D. 验收隐蔽工程、单位单项工程

22. 根据《建设工程监理规范》GB/T 50319—2013，项目监理机构应由（　　）审查设备制造单位报送的设备制造结算文件。

A. 监理员
B. 总监理工程师代表
C. 专业监理工程师
D. 总监理工程师

23. 在建设工程监理实施程序中，不能体现建设工程监理工作的规范化的是（　　）。

A. 职责分工的严密性
B. 工作目标的确定性
C. 工作的时序性
D. 指导文件的专业性

24. 关于工程总承包模式下建设工程监理委托方式特点的说法，错误的是（　　）。

A. 合同条款不易准确确定，容易造成合同争议
B. 通过统筹考虑工程设计与施工，有利于工程造价控制
C. 建设单位的合同关系复杂，组织协调工作量大
D. 由于工程设计与施工由一个承包单位统筹安排，一般能做到工程设计与施工的相互搭接，有利于控制工程进度，可缩短建设周期

25. 下列属于反映工程项目特征有关资料的是(　　)。

A. 进口设备及材料的到货口岸、运输方式

B. 勘察设计单位状况，土建、安装施工单位状况

C. 交通运输（包括铁路、公路、航运）有关的可提供的能力、时间及价格等的资料

D. 批准的工程项目可行性研究报告或设计任务书

26. 根据《建设工程质量管理条例》，在正常使用条件下，房间和外墙面的防水工程的最低保修期限为(　　)年。

A. 1　　　　　　　　　　　　　B. 2

C. 3　　　　　　　　　　　　　D. 5

27. 在项目监理机构内设立一些职能部门，将相应的监理职责和权力交给职能部门，各职能部门在其职能范围内有权直接发布指令指挥下级的项目监理机构组织形式的是(　　)。

A. 矩阵制组织形式　　　　　　　B. 直线制组织形式

C. 职能制组织形式　　　　　　　D. 直线职能制组织形式

28. 根据《注册监理工程师管理规定》，下列选项中，不属于专业监理工程师职责的是(　　)。

A. 处置发现的质量问题和安全事故隐患

B. 检查工序施工结果

C. 验收检验批、隐蔽工程、分项工程，参与验收分部工程

D. 参与工程竣工预验收和竣工验收

29. 关于建设工程风险初始清单的说法，正确的是(　　)。

A. 建设工程风险初始清单的风险因素分为：人为因素和自然因素两种

B. 初始清单法是指有关人员利用所掌握的丰富知识设计而成的初始风险清单表，按照科学化、合理化的要求去识别风险

C. 风险识别的主观性，可能导致风险识别的随意性，其结果缺乏规范性

D. 其特点是耗费时间和精力少，风险识别工作的效率高

30. 根据《建设工程监理规范》GB/T 50319—2013，下列选项中，不属于工程勘察设计阶段监理相关服务的是(　　)。

A. 设计条件通知书　　　　　　　B. 设计图纸及施工说明书

C. 地形图　　　　　　　　　　　D. 用地许可证

31. 下列选项中，关于项目监理机构现场监理工作制度的说法，错误的是(　　)。

A. 监理工作日志制度

B. 隐蔽工程验收、分项（部）工程质量验收制度

C. 监理工作报告制度

D. 单位工程验收、单项工程验收制度

32. 关于三大目标控制措施的说法，正确的是（   ）。

A. 组织措施是控制建设工程目标的重要措施

B. 加强合同管理是其他各类措施的前提和保障

C. 审核工程量、工程款支付申请及工程结算报告属于技术措施

D. 动态跟踪合同执行情况及处理好工程索赔等，是控制建设工程目标的重要合同措施

33. 属于建设工程施工招标阶段，监理单位需要建立制度的是（   ）。

A. 设计合同管理制度   B. 工程概算审核制度

C. 设计协调会制度   D. 组织招标实务有关规定

34. 根据《建设工程监理规范》GB/T 50319—2013，监理规划应在签订建设工程监理合同及收到工程设计文件后编制，在召开第一次工地会议前报送（   ）。

A. 分包单位   B. 设计单位

C. 建设单位   D. 施工单位

35. 根据《招标投标法》，招标人存在下列（   ）情形的，责令改正，可以处 1 万元以上 5 万元以下的罚款。

A. 招标人与投标人串标

B. 接受应当拒收的投标文件

C. 对潜在投标人实行歧视待遇

D. 向他人透漏已获取招标文件的潜在投标人的名称

36. 在建设工程目标体系构建后，建设工程监理工作的关键在于（   ）。

A. 进度控制   B. 质量控制

C. 造价控制   D. 动态控制

37. 项目监理机构的内部协调不包括（   ）。

A. 建立信息沟通制度

B. 与政府建设行政主管机构的协调

C. 及时交流信息、处理矛盾，建立良好的人际关系

D. 明确监理人员分工及各自的岗位职责

38. 关于设计信息检索时，需要考虑的内容不包括的有（   ）。

A. 检索的信息能否及时、快速地提供，实现的手段

B. 所检索信息的输出形式，能否根据关键词实现智能检索

C. 允许检索的范围，检索的密级划分，密码管理

D. 了解信息使用部门和人员的使用目的、使用周期、使用频率、获得时间及信息的安全要求

39. 根据《建设工程监理规范》GB/T 50319—2013，在项目监理机构组织协调方法中，关于会议协调法的说法，正确的是(　　)。

A. 第一次工地会议应由监理单位主持，建设单位、总承包单位授权代表参加

B. 监理例会由总监理工程师主持召开，宜每月召开一次

C. 会议协调法是建设工程监理中使用最频繁的一种协调方法

D. 专题会议是为解决建设工程监理过程中的工程专项问题而不定期召开的会议

40. 施工现场质量管理检查记录、检验批、分项工程、分部工程、单位工程等的验收结论由(　　)填写。

A. 监理单位　　　　　　　　　　B. 施工单位

C. 承包单位　　　　　　　　　　D. 分包单位

41. 为保证试件能代表母体的质量状况和取样的真实，制止出具只对试件（来样）负责的检测报告，保证建设工程质量检测工作的(　　)，以确保建设工程质量。

A. 严谨性、综合性、合理性　　　　B. 科学性、独立性、服务性

C. 科学性、公正性、准确性　　　　D. 针对性、实质性、全面性

42. 根据《建设工程监理规范》GB/T 50319—2013，工程监理单位调换专业监理工程师时，总监理工程师应(　　)。

A. 征得质量监督机构书面同意　　　B. 征得建设单位书面同意

C. 书面通知施工单位　　　　　　　D. 书面通知建设单位

43. 根据《建设工程监理规范》GB/T 50319—2013，下列选项中，建设工程监理主要文件的资料不包括的是(　　)。

A. 见证取样和平行检验文件资料

B. 工程计量、工程款支付文件资料

C. 工程建设标准

D. 监理月报、监理日志、旁站记录

44. 下列监理文件中，需要由总监理工程师组织编制，并审核签字的是(　　)。

A. 监理规划　　　　　　　　　　B. 监理细则

C. 监理日志　　　　　　　　　　D. 监理月报

45. 在建设工程的风险中，按照风险来源进行划分不包括(　　)。

A. 经济风险　　　　　　　　　　B. 政治风险

C. 局部风险   D. 法律风险

46. 下列最常见、最简单且易于应用的风险评价方法是(　　)。
　　A. 调查打分法   B. 蒙特卡洛模拟法
　　C. 德尔菲法   D. 计划评审技术法

47. 在项目管理知识体系中，属于项目质量管理的是(　　)。
　　A. 报告绩效   B. 质量保证
　　C. 采购收尾   D. 识别风险

48. 关于见证取样的说法，错误的是(　　)。
　　A. 见证取样涉及的三方是指施工方、见证方和试验方
　　B. 计量认证分为国家级、省级和县级三个等级
　　C. 检测单位接受检验任务时，须有送检单位的检验委托单
　　D. 检测单位应在检验报告上加盖"见证取样送检"印章

49. 根据《建设工程安全生产管理条例》，监理单位存在下列(　　)行为的，责令改正，处 20 万元以上 50 万元以下的罚款。
　　A. 未对施工组织设计中的安全技术措施进行审查的
　　B. 与施工单位串通弄虚作假，降低工程质量的
　　C. 将不合格的建筑材料按合格签字的
　　D. 与建筑构配件有隶属关系的

50. Project Controlling 模式往往是与建设工程组织管理模式中的多种模式同时并存，且对其他模式没有任何(　　)。
　　A. 独立性、服务性   B. 可行性、必要性
　　C. 选择性、排他性   D. 强制性、选择性

二、多项选择题 (共 30 题，每题 2 分。每题的备选项中，有 2 个或 2 个以上符合题意，至少有 1 个错项。错选，本题不得分；少选，所选的每个选项得 0.5 分)

51. 下列工作中，属于建设准备工作的有(　　)。
　　A. 准备必要的施工图纸   B. 办理施工许可手续
　　C. 组建生产管理机构   D. 办理工程质量监督手续
　　E. 审查施工图设计文件

52. 根据《关于实行建设项目法人责任制的暂行规定》，下列选项中，属于项目董事会职权的有(　　)。
　　A. 编制并组织实施归还贷款和其他债务计划
　　B. 编制项目财务预算、决算

C. 组织工程建设实施，负责控制工程投资、工期和质量

D. 负责提出项目竣工验收申请报告

E. 研究解决建设过程中出现的重大问题

53. 根据《建筑法》，申请领取施工许可证应具备的条件有（　　）。

A. 已办理建筑工程用地批准手续　　　　　B. 已确定建筑施工企业

C. 已确定工程监理单位　　　　　　　　　D. 建设资金已落实

E. 有保证工程质量和安全的具体措施

54. 根据《合同法》总则，应当采用书面形式的合同包括（　　）。

A. 建设工程监理合同　　　　　　　　　　B. 仓储合同

C. 居间合同　　　　　　　　　　　　　　D. 项目管理服务合同

E. 建设工程合同

55. 根据《招标投标法》，关于招标文件与资格审查的规定的说法，正确的有（　　）。

A. 编制依法必须进行招标的项目的资格预审文件和招标文件，应当使用国务院发展
改革部门会同有关行政监督部门制定的标准文本

B. 招标人应当按照资格预审公告、招标公告或者投标邀请书规定的时间、地点发售
资格预审文件或者招标文件

C. 招标人发售资格预审文件、招标文件收取的费用应当限于补偿印刷、邮寄的成本
支出，不得以营利为目的

D. 指定媒介发布依法必须进行招标的项目的境内资格预审公告、招标公告，不得收
取费用

E. 资格预审文件或者招标文件的发售期不得少于 3 日

56. 根据《建设工程监理规范》GB/T 50319—2013 规定，工程勘察设计阶段服务包
括的内容有（　　）。

A. 检查勘察进度计划执行情况

B. 承担工程保修阶段的服务工作时，工程监理单位应定期回访

C. 检查勘察现场及室内试验主要岗位操作人员的资格、所使用设备、仪器计量的检
定情况

D. 审查勘察单位提交的勘察方案

E. 协助建设单位选择勘察设计单位并签订工程勘察设计合同

57. 下列建设工程风险事件中，属于技术风险的有（　　）。

A. 设计规范应用不当　　　　　　　　　　B. 施工方案不合理

C. 合同条款有遗漏　　　　　　　　　　　D. 施工设备供应不足

E. 施工安全措施不当

58. 根据《外商投资建设工程服务企业管理规定》，在外商投资建设工程监理企业资质中，申请外商投资建设工程监理企业资质，应当向建设主管部门提交的资料包括（　　）。

A. 外商投资企业批准证书

B. 经注册会计师或者会计师事务所审计的投资方最近2年的资产负债表和损益表，投资方成立不满2年的，按照其成立年限提供相应的资产负债表和损益表

C. 投资方在其所在国或者地区的注册（登记）证明、相关业绩证明、银行资信证明

D. 外商投资建设工程服务企业资质申请表

E. 企业法人营业执照

59. 工程监理企业要做到公平，必须做到（　　）。

A. 要提高综合分析判断问题的能力

B. 要熟悉工程设计文件

C. 要坚持实事求是

D. 要提高专业技术能力

E. 要具有良好的职业道德

60. FIDIC 的道德准则要求咨询工程师具有（　　）等工作态度和敬业精神，充分体现了 FIDIC 对咨询工程师要求的精髓。

A. 科学   B. 公平

C. 正直   D. 诚信

E. 服务

61. 下列选项中，属于招标公告与投标邀请书应当载明内容的是（　　）。

A. 招标项目的实施地点   B. 建设单位的名称和地址

C. 选定合同类型及计价方式   D. 招标项目的数量

E. 招标项目的性质

62. 根据《招标投标法》，存在下列（　　）行为的，可处中标项目金额5‰以上10‰以下的罚款。

A. 投标人以他人名义投标中标的

B. 招标人排斥潜在投标人的

C. 投标人相互串通投标中标的

D. 招标人接受应当拒收的投标文件的

E. 评标委员会成员受伤投标人财务的

63. 根据《合同法》，关于建设工程监理合同中，委托人的义务包括（　　）。

A. 委托人应在专用条件约定的时间内，对监理人以书面形式提交并要求作出决定的事宜，给予书面答复，逾期未答复的，视为委托人认可

B. 委托人应在双方签订本合同后 7d 内，将委托人代表的姓名和职责书面告知监理人

C. 当委托人更换委托人代表时，应提前14d通知监理人

D. 在建设工程监理合同约定的监理与相关服务工作范围内，委托人对承包人的任何意见或要求应通知监理人，由监理人向承包人发出相应指令

E. 委托人应授权一名熟悉工程情况的代表，负责与监理人联系

64. 工程监理单位对工程勘察方案审查的内容有（   ）。

A. 勘察工作内容是否与勘察合同及设计要求相符

B. 勘察点布置是否合理

C. 现场勘察组织及人员安排是否合理

D. 勘察进度计划是否满足工程总进度计划要求

E. 式样的数量和质量是否符合规范要求

65. 工程监理单位在参与建设工程监理投标、承接建设工程监理任务时，应根据建设工程（   ），选派称职的人员主持该项工作。

A. 性质　　　　　　　　　　　B. 进度

C. 规模　　　　　　　　　　　D. 设计

E. 建设单位对建设工程监理的要求

66. 采用定量综合评估法进行建设工程监理评标的优点有（   ）。

A. 可减少评标过程中的相互干扰

B. 可增强评标的科学性

C. 可增强评标委员之间的深入交流

D. 可集中体现各个评标委员的意见

E. 可增强评标的公正性

67. 工程监理单位编制投标文件应遵循的原则有（   ）。

A. 明确监理任务分工　　　　　B. 响应监理招标文件要求

C. 调查研究竞争对手投标策略　D. 深入领会招标文件意图

E. 尽可能使投标文件内容深入而全面

68. 下列选项中，工程复杂程度涉及的因素包括的有（   ）。

A. 技术复杂程度　　　　　　　B. 工期要求

C. 材料供应　　　　　　　　　D. 工程分散程度

E. 地形条件

69. 在监理规划编写要求中，监理规划的基本构成内容应包括（   ）。

A. 安全生产管理的监理工作　　B. 工程质量、造价、进度控制

C. 工程招标投标情况　　　　　D. 项目监理组织及人员岗位职责

E. 监理工作制度

70. 建设工程项目立项阶段，需要建立的制度包括（　　）。
   A. 监理人员教育培训制度
   B. 工程估算审核制度
   C. 技术、经济资料及档案管理制度
   D. 可行性研究报告评审制度
   E. 监理周报、月报制度

71. 关于项目监理机构巡视的说法，正确的有（　　）。
   A. 总监理工程师应根据施工组织设计对监理人员进行巡视交底
   B. 总监理工程师进行巡视交底时应明确巡视检查要点、巡视频率
   C. 总监理工程师进行巡视交底时应对采用巡视检查记录表提出明确要求
   D. 总监理工程师应检查监理人员的巡视工作成果
   E. 监理人员的巡视检查应主要关注施工质量和安全生产

72. 根据《建设工程监理规范》GB/T 50319—2013，监理工作流程是结合工程相应专业制定的具有（　　）的流程图。
   A. 可实施性
   B. 可操作性
   C. 针对性
   D. 综合性
   E. 指导性

73. 为完成施工阶段造价控制任务，项目监理机构需要做好的工作包括（　　）。
   A. 检查施工机械和机具质量
   B. 审核施工单位提交的工程结算文件
   C. 检查工程材料、构配件、设备质量
   D. 审查确认施工总包单位及分包单位资格
   E. 协助建设单位按期提交合格施工现场，保质、保量、适时、适地提供由建设单位负责提供的工程材料和设备

74. BIM 是利用数字模型对工程进行（　　）的过程。
   A. 运营
   B. 施工
   C. 监理
   D. 设计
   E. 分包

75. 下列选项中，项目监理机构与政府部门的协调主要包括的有（　　）。
   A. 现场环境污染防治得到环保部门认可
   B. 协助设计单位在征地、拆迁、移民方面的工作争取得到政府有关部门的支持
   C. 现场消防设施的配置得到消防部门检查认可
   D. 与工程质量监督机构的交流和协调
   E. 建设工程合同备案

76. 根据《建设工程文件归档规范》GB/T 50328—2014，下列选项中，应由总监理工

程师签字并加盖执业印章的是( )。

    A. 费用索赔报审表   B. 工程开工令

    C. 工程开工报审表   D. 工程临时或最终延期报审表

    E. 工程开工令

77. 根据《建设工程文件归档规范》GB/T 50328—2014 规定，应由建设单位长期保存的文件包括的有( )。

    A. 供货单位资质材料   B. 工程竣工决算审核意见书

    C. 设计变更、洽商费用报审与签认   D. 分包单位资质材料

    E. 预付款报审与支付文件

78. 根据《建设工程文件归档规范》GB/T 50328—2014，与建设工程监理有关的施工文件，由建设单位永久保存的包括( )。

    A. 分项工程质量验收记录   B. 监理规划

    C. 检验批质量验收记录   D. 分部（子分部）工程质量验收记录

    E. 幕墙工程验收记录

79. 项目管理知识体系中的项目风险管理的内容包括( )。

    A. 进行风险定量分析   B. 编制风险管理计划

    C. 估算活动所需资源   D. 编制风险应对计划

    E. 编制进度计划

80. 建设工程采用设计—施工总承包模式的特点有( )。

    A. 建设单位招标发包工作难度小   B. 建设单位的组织协调工作量小

    C. 工程总承包单位的选择范围小   D. 建设单位的合同数量少

    E. 有利于工程设计与施工的相互搭接

权威预测试卷（三）参考答案及解析

一、单项选择题

1. D	2. A	3. A	4. D	5. D
6. C	7. A	8. A	9. B	10. B
11. D	12. A	13. D	14. A	15. B
16. B	17. C	18. B	19. A	20. B
21. D	22. C	23. D	24. C	25. D
26. D	27. C	28. B	29. D	30. B
31. A	32. D	33. D	34. C	35. C
36. D	37. B	38. D	39. D	40. A
41. C	42. D	43. C	44. D	45. C
46. A	47. B	48. B	49. A	50. C

【解析】

1. D。本题考核的是工程监理单位的基本职责。工程监理单位的基本职责是在建设单位委托授权范围内,通过合同管理和信息管理,以及协调工程建设相关方的关系,控制建设工程质量、造价和进度三大目标。

2. A。本题考核的是强制实施监理的工程范围。《建设工程监理范围和规模规定》进一步细化了必须实行监理的工程范围和规模标准:(1)国家重点建设工程;(2)大中型公用事业工程;(3)成片开发建设的住宅小区工程;(4)利用外国政府或者国际组织贷款、援助资金的工程;(5)国家规定必须实行监理的其他工程。其中,大中型公用事业工程,是指项目总投资额在3000万元以上的工程项目:①供水、供电、供气、供热等市政工程项目;②科技、教育、文化等项目;③体育、旅游、商业等项目;④卫生、社会福利等项目;⑤其他公用事业项目。利用外国政府或者国际组织贷款、援助资金的工程。包括:①使用世界银行、亚洲开发银行等国际组织贷款资金的项目;②使用国外政府及其机构贷款资金的项目;③使用国际组织或者国外政府援助资金的项目。D选项虽然总投资额为1亿元,但皮革厂改建项目不属于国家重点建设工程和大中型公用事业工程,所以不属于必须实行监理的工程项目。

3. A。本题考核的是事故报告程序。事故发生后,事故现场有关人员应当立即向本单位负责人报告;单位负责人接到报告后,应当于1h内向事故发生地县级以上人民政府安全生产监督管理部门和负有安全生产监督管理职责的有关部门报告。

4. D。本题考核的是工程监理单位的法律责任。根据《建设工程质量管理条例》第六十七条规定,工程监理单位有下列行为之一的,责令改正,处50万元以上100万元以下的罚款,降低资质等级或者吊销资质证书;有违法所得的,予以没收;造成损失的,承担连带赔偿责任:(1)与建设单位或者施工单位串通,弄虚作假、降低工程质量的;(2)将不合格的建设工程、建筑材料、建筑构配件和设备按照合格签字的。

5. D。本题考核的是对招标文件质疑的处理。潜在投标人或者其他利害关系人对资格预审文件有异议的,应当在提交资格预审申请文件截止时间2日前提出;对招标文件有异议的,应当在投标截止时间10日前提出。

6. C。本题考核的是评标委员会的组成。评标委员会的组成,依法必须进行招标的项目,其评标委员会由招标人的代表和有关技术、经济等方面的专家组成,成员人数为5人以上单数。其中,技术、经济等方面的专家不得少于成员总数的2/3。评标委员会的专家成员应当从国务院有关部门或者省、自治区、直辖市人民政府有关部门提供的专家名册或者招标代理机构的专家库内的相关专业的专家名单中确定。一般招标项目可以采取随机抽取方式,特殊招标项目可以由招标人直接确定。

7. A。本题考核的是无效合同或者被撤销合同的法律后果。合同部分无效,不影响其他部分效力的,其他部分仍然有效,故选项B错误。合同无效或被撤销后,履行中的合同应当终止履行,故选项C错误。当事人因无效合同或者被撤销的合同所取得的财产,应当予以返还,不能返还或者没有必要返还的,应当折价补偿,故选项D错误。

8. A。本题考核的是招标范围和方式。按照国家有关规定需要履行项目审批、核准手续的,依法必须进行招标的项目,其招标范围、招标方式、招标组织形式应当报项目审批、核准部门审批、核准。

9. B。本题考核的是项目监理机构人员。一名注册监理工程师可担任一项建设工程监理合同的总监理工程师。当需要同时担任多项建设工程监理合同的总监理工程师时，应经建设单位书面同意，且最多不得超过三项。故选项B错误。

10. B。本题考核的是施工单位的安全生产责任制度。施工单位的项目负责人应当由取得相应执业资格的人员担任，对建设工程项目的安全施工负责，落实安全生产责任制度、安全生产规章制度和操作规程，确保安全生产费用的有效使用，并根据工程的特点组织制定安全施工措施，消除安全事故隐患，及时、如实报告生产安全事故。

11. D。本题考核的是建筑施工企业的安全生产管理。建筑施工企业应当依法为职工参加工伤保险缴纳工伤保险费。鼓励企业为从事危险作业的职工办理意外伤害保险，支付保险费，故选项A错误。施工现场安全由建筑施工企业负责实行施工总承包的，由总承包单位负责。分包单位向总承包单位负责，服从总承包单位对施工现场的安全生产管理，故选项B错误。房屋拆除应当由具备保证安全条件的建筑施工单位承担，由建筑施工单位负责人对安全负责，故选项C错误。

12. A。本题考核的是招投标活动中投诉与处理的内容。投标人或者其他利害关系人认为招标投标活动不符合法律、行政法规规定的，可以自知道或者应当知道之日起10日内向有关行政监督部门投诉，投诉应当有明确的请求和必要的证明材料。故选项A错误。

13. D。本题考核的是施工图文件的审查。施工图审查机构按照有关法律、法规，对施工图涉及公共利益、公众安全和工程建设强制性标准的内容进行审查，主要内容包括：（1）是否符合工程建设强制性标准；（2）地基基础和主体结构的安全性；（3）勘察设计企业和注册执业人员以及相关人员是否按规定在施工图上加盖相应的图章和签字。

14. A。本题考核的是施工现场安全管理。施工现场安全由建筑施工企业负责。实行施工总承包的，由总承包单位负责。分包单位向总承包单位负责，服从总承包单位对施工现场的安全生产管理。

15. B。本题考核的是投标保证金的退还。招标人最迟应当在书面合同签订后5日内向中标人和未中标的投标人退还投标保证金及银行同期存款利息。

16. B。本题考核的是定量综合评估法。可采取举手表决或无记名投票方式决定中标人属于定性综合评估法，故选项A错误。定量综合评估法又称打分法、百分制计分评价法，故选项C错误。特点是不量化各项评审指标，简单易行，能在广泛深入地开展讨论分析的基础上集中各方面观点属于定性综合评估法的优点，故选项D错误。

17. C。本题考核的是总监理工程师代表。代表总监理工程师行使其部分职责和权力，应为具有工程类注册执业资格或具有中级及以上专业技术职称、3年及以上工程实践经验并经监理业务培训的人员。

18. B。本题考核的是决定是否投标的内容。在实际操作过程中，投标考虑的因素集及其权重、等级可由工程监理单位投标决策机构组织企业经营、生产、人事等有投标经验的人员，以及外部专家进行综合分析、评估后确定。

19. A。本题考核的是建设工程监理招标文件。工程监理投标文件必须对招标文件作出实质性响应，而且其内容尽可能与建设单位的意图或建设单位的要求相符合。

20. B。本题考核的是通用文件的使用范围。通用文件适用于各类建设工程监理，各委托人、监理人都应遵守通用条件中的规定。

21. D。本题考核的是监理人需要完成的基本工作。监理人需要完成的基本工作包括：审查施工承包人提交的采用新材料、新工艺、新技术、新设备的论证材料及相关验收标准；审查施工承包人提交的工程变更申请，协调处理施工进度调整、费用索赔、合同争议等事项；审查施工承包人提交的竣工验收申请，编写工程质量评估报告等。选项D的正确表达方式为验收隐蔽工程、分部分项工程。

22. C。本题考核的是设备监造。专业监理工程师应审查设备制造单位报送的设备制造结算文件。

23. D。本题考核的是建设工程监理工作的规范化体现。建设工程监理工作的规范化体现在以下几个方面：（1）工作的时序性；（2）职责分工的严密性；（3）工作目标的确定性。

24. C。本题考核的是工程总承包模式的特点。采用建设工程总承包模式，建设单位的合同关系简单，组织协调工作量小。由于工程设计与施工由一个承包单位统筹安排，一般能做到工程设计与施工的相互搭接，有利于控制工程进度，可缩短建设周期。通过统筹考虑工程设计与施工，可以从价值工程或全寿命期费用角度取得明显的经济效果，有利于工程造价控制。但该模式的缺点是：合同条款不易准确确定，容易造成合同争议。建设单位的合同关系简单，组织协调工作量小。故选项C错误。

25. D。本题考核的是反映工程项目特征的有关资料。反映工程项目特征的有关资料主要包括：工程项目的批文，规划部门关于规划红线范围和设计条件的通知，土地管理部门关于准予用地的批文，批准的工程项目可行性研究报告或设计任务书，工程项目地形图，工程勘察成果文件，工程设计图纸及有关说明等。

26. D。本题考核的是建设工程最低保修期限。在正常使用条件下，建设工程最低保修期限为：（1）基础设施工程、房屋建筑的地基基础工程和主体结构工程，为设计文件规定的该工程合理使用年限；（2）屋面防水工程、有防水要求的卫生间、房间和外墙面的防渗漏，为5年；（3）供热与供冷系统，为2个供暖期、供冷期；（4）电气管道、给水排水管道、设备安装和装修工程，为2年。

27. C。本题考核的是职能制组织形式定义。职能制组织形式是在项目监理机构内设立一些职能部门，将相应的监理职责和权力交给职能部门，各职能部门在其职能范围内有权直接发布指令指挥下级。

28. B。本题考核的是专业监理工程师职责。专业监理工程师职责包括：（1）验收检验批、隐蔽工程、分项工程，参与验收分部工程；（2）处置发现的质量问题和安全事故隐患；（3）参与工程竣工预验收和竣工验收。

29. D。本题考核的是建设工程风险初始清单。初始清单法是指有关人员利用所掌握的丰富知识设计而成的初始风险清单表，尽可能详细地列举建设工程所有的风险类别，按照系统化、规范化的要求去识别风险，故选项B错误。建设工程风险初始清单的风险因素分为技术风险和非技术风险，故选项A错误。如果对每一个建设工程风险的识别都从头做起，至少有以下三方面缺陷：一是耗费时间和精力多，风险识别工作的效率低；二是由于风险识别的主观性，可能导致风险识别的随意性，其结果缺乏规范性；三是风险识别成果资料不便积累，对今后的风险识别工作缺乏指导作用。因此，为了避免以上缺陷，有必要建立建设工程风险初始清单，故选项C错误、选项D正确。

30. B。本题考核的是工程勘察设计阶段监理相关服务内容。工程勘察设计阶段监理相关服务包括：（1）可行性研究报告或设计任务书；（2）项目立项批文；（3）规划红线范围；（4）用地许可证；（5）设计条件通知书；（6）地形图。

31. A。本题考核的是合同措施。加强合同管理是控制建设工程目标的重要措施。建设工程总目标及分目标将反映在建设单位与工程参建主体所签订的合同之中。由此可见，通过选择合理的承发包模式和合同计价方式，选定满意的施工单位及材料设备供应单位，拟订完善的合同条款，并动态跟踪合同执行情况及处理好工程索赔等，是控制建设工程目标的重要合同措施。

32. D。本题考核的三大目标控制措施。加强合同管理是控制建设工程目标的重要措施，组织措施是其他各类措施的前提和保障，故选项 A、B 错误。经济措施不仅仅是审核工程量、工程款支付申请及工程结算报告，还需要编制和实施资金使用计划，对工程变更方案进行技术经济分析等，故选项 C 错误。

33. D。本题考核的是施工招标阶段需要建立的制度。施工招标阶段：包括招标管理制度，标底或招标控制价编制及审核制度，合同条件拟订及审核制度，组织招标实务有关规定等。

34. C。本题考核的是监理规划报审程序。依据《建设工程监理规范》GB/T 50319—2013，监理规划应在签订建设工程监理合同及收到工程设计文件后编制，在召开第一次工地会议前报送建设单位。

35. C。本题考核的是招标人的违法行为。根据《招标投标法》第五十一条，招标人以不合理的条件限制或者排斥潜在投标人的，对潜在投标人实行歧视待遇的，强制要求投标人组成联合体共同投标的，或者限制投标人之间竞争的，责令改正，可以处一万元以上五万元以下的罚款。

36. D。本题考核的是建设工程监理工作的关键。建设工程目标体系构建后，建设工程监理工作的关键在于动态控制。

37. B。本题考核的是项目监理机构的内部协调。项目监理机构内部的协调包括：项目监理机构内部人际关系的协调（在人员安排上要量才录用；在工作委任上要职责分明；在绩效评价上要实事求是；在矛盾调解上要恰到好处）；项目监理机构内部组织关系的协调（明确规定每个部门的目标、职责和权限；建立信息沟通制度）；项目监理机构内部需求关系的协调。

38. D。本题考核的是设计信息检索时需要考虑的内容。设计信息检索时需要考虑的内容包括：（1）允许检索的范围，检索的密级划分，密码管理等；（2）检索的信息能否及时、快速地提供，实现的手段；（3）所检索信息的输出形式，能否根据关键词实现智能检索等。

39. D。本题考核的是会议协调法。第一次工地会议应由建设单位主持，监理单位、总承包单位授权代表参加，故选项 A 错误。监理例会应由总监理工程师或其授权的专业监理工程师主持召开，宜每周召开一次，故选项 B 错误。会议协调法是建设工程监理中最常用的一种协调方法，故选项 C 错误。专题会议是由总监理工程师或其授权的专业监理工程师主持或参加的，为解决建设工程监理过程中的工程专项问题而不定期召开的会议，故选项 D 正确。

40. A。本题考核的是平行检验的作用。施工现场质量管理检查记录、检验批、分项工程、分部工程、单位工程等的验收记录（检查评定结果）由施工单位填写，验收结论由监理（建设）单位填写。

41. C。本题考核的是见证取样程序。为保证试件能代表母体的质量状况和取样的真实，制止出具只对试件（来样）负责的检测报告，保证建设工程质量检测工作的科学性、公正性和准确性，以确保建设工程质量。

42. D。本题考核的是工程监理单位更换、调整项目监理机构监理人员的注意事项。工程监理单位调换总监理工程师，应征得建设单位书面同意；调换专业监理工程师时，总监理工程师应书面通知建设单位。

43. C。本题考核的是建设工程监理主要文件的资料内容。工程建设标准属于建设工程监理实施依据的内容。故选项C错误。

44. D。本题考核的是监理月报。监理月报由总监理工程师组织编写、签认后报送建设单位和本监理单位。

45. C。本题考核的是建设工程风险的划分。建设工程的风险，按照风险来源进行划分包括：自然风险、社会风险、经济风险、法律风险和政治风险。

46. A。本题考核的是风险评价方法。调查打分法是一种最常见、最简单且易于应用的风险评价方法。

47. B。本题考核的是项目管理知识体系中项目质量管理的内容。项目质量管理包括：质量计划、质量保证、质量控制。

48. B。本题考核的是见证取样的程序。见证取样涉及三方包括施工方，见证方，试验方。在送检步骤中，检测单位在接受委托检验任务时，须有送检单位填写委托单。在试验报告步骤中，检测单位应在检验报告上加盖有"见证取样送检"印章。选项B错误，计量认证分为两级实施；一级为国家级；一级为省级。

49. A。本题考核的是建设单位的违法行为。工程监理单位有下列行为之一的，责令限期改正；逾期未改正的，责令停业整顿，并处10万元以上30万元以下的罚款：（1）未对施工组织设计中的安全技术措施或者专项施工方案进行审查的；（2）发现安全事故隐患未及时要求施工单位整改或者暂时停止施工的；（3）施工单位拒不整改或者不停止施工，未及时向有关主管部门报告的；（4）未依照法律、法规和工程建设强制性标准实施监理的。选项B、C应处50万元以上100万元以下的罚款。选项D应处5万元以上10万元以下的罚款。

50. C。本题考核的是Project Controlling模式的性质。Project Controlling模式往往是与建设工程组织管理模式中的多种模式同时并存，且对其他模式没有任何"选择性"和"排他性"。

二、多项选择题

51. ABD	52. DE	53. ABDE	54. ADE	55. ABCD
56. ACDE	57. ABE	58. ACDE	59. ACDE	60. BCDE
61. ABDE	62. ACE	63. ABDE	64. ABCD	65. ACE
66. ABE	67. BDE	68. BCDE	69. ABDE	70. BD
71. BCDE	72. AB	73. BE	74. ABD	75. ACDE
76. BDE	77. ABD	78. DE	79. ABD	80. BCDE

【解析】

51. ABD。本题考核的是工程建设程序。建设准备工作内容包括：征地、拆迁和场地平整；完成施工用水、电、通信、道路等接通工作；组织招标选择工程监理单位、施工单位及设备、材料供应商；准备必要的施工图纸；办理工程质量监督和施工许可手续。选项C属于生产准备工作，选项E属于勘察设计工作。

52. DE。本题考核的是项目董事会的职权。建设项目董事会的职权有：负责筹措建设资金；审核、上报项目初步设计和概算文件；审核、上报年度投资计划并落实年度资金；提出项目开工报告；研究解决建设过程中出现的重大问题；负责提出项目竣工验收申请报告；审定偿还债务计划和生产经营方针，并负责按时偿还债务；聘任或解聘项目总经理，并根据总经理的提名，聘任或解聘其他高级管理人员。

53. ABDE。本题考核的是建设单位申请领取施工许可证的条件。建设单位申请领取施工许可证应当具备的条件包括：已经办理该建筑工程用地批准手续；在城市规划区的，已经取得规划许可证；需要拆迁的，进度符合施工要求；已经确定建筑施工企业；有满足施工需要的施工图纸及技术资料；有保证工程质量和安全的具体措施；建设资金已经落实。

54. ADE。本题考核的是合同形式。建设工程合同、建设工程监理合同、项目管理服务合同应当采用书面形式。

55. ABCD。本题考核的是招标文件与资格审查的规定。指定媒介发布依法必须进行招标的项目的境内资格预审公告、招标公告，不得收取费用。招标人应当按照资格预审公告、招标公告或者投标邀请书规定的时间、地点发售资格预审文件或者招标文件。资格预审文件或者招标文件的发售期不得少于5日。招标人发售资格预审文件、招标文件收取的费用应当限于补偿印刷、邮寄的成本支出，不得以营利为目的。

56. ACDE。本题考核的是工程勘察设计阶段服务内容。工程勘察设计阶段服务包括：协助建设单位选择勘察设计单位并签订工程勘察设计合同；审查勘察单位提交的勘察方案；检查勘察现场及室内试验主要岗位操作人员的资格、所使用设备、仪器计量的检定情况；检查勘察进度计划执行情况等。

57. ABE。本题考核的是建设工程风险初始清单的具体内容。建设工程风险初始清单的具体内容见下表。

建设工程风险初始清单

风险因素		典型风险事件
技术风险	设计	设计内容不全、设计缺陷、错误和遗漏，应用规范不恰当，未考虑地质条件，未考虑施工可能性等
	施工	施工工艺落后，施工技术和方案不合理，施工安全措施不当，应用新技术新方案失败，未考虑场地情况等
	其他	工艺设计未达到先进性指标，工艺流程不合理，未考虑操作安全性等
非技术风险	自然与环境	洪水、地震、火灾、台风、雷电等不可抗拒自然力，不明的水文气象条件，复杂的工程地质条件，恶劣的气候，施工对环境的影响等
	政治法律	法律法规的变化、战争、骚乱、罢工、经济制裁或禁运等
	经济	通货膨胀或紧缩，汇率变化，市场动荡，社会各种摊派和征费的变化，资金不到位，资金短缺等

风险因素		典型风险事件
非技术风险	组织协调	建设单位、项目管理咨询方、设计方、施工方、监理方之间的不协调及各方主体内部的不协调等
	合同	合同条款遗漏、表达有误，合同类型选择不当，承发包模式选择不当，索赔管理不力，合同纠纷等
	人员	建设单位人员、项目管理咨询人员、设计人员、监理人员、施工人员的素质不高、业务能力不强等
	材料设备	原材料、半成品、成品或设备供货不足或拖延，数量差错或质量规格问题，特殊材料和新材料的使用问题，过度损耗和浪费，施工设备供应不足、类型不配套、故障、安装失误、选型不当等

58. ACDE。本题考核的是外商投资建设工程监理企业资质。申请外商投资建设工程监理企业资质，应当向建设主管部门提交以下资料：（1）外商投资建设工程服务企业资质申请表；（2）外商投资企业批准证书；（3）企业法人营业执照；（4）投资方在其所在国或者地区的注册（登记）证明、相关业绩证明、银行资信证明；（5）经注册会计师或者会计师事务所审计的投资方最近3年的资产负债表和损益表，投资方成立不满3年的，按照其成立年限提供相应的资产负债表和损益表；（6）建设工程监理企业资质管理规定要求提交的其他资料。

59. ACDE。本题考核的是工程监理企业的公平需注意的事项。工程监理企业要做到公平，必须做到：（1）要具有良好的职业道德；（2）要坚持实事求是；（3）要熟悉建设工程合同有关条款；（4）要提高专业技术能力；（5）要提高综合分析判断问题的能力。

60. BCDE。本题考核的是FIDIC的道德准则。FIDIC的道德准则要求咨询工程师具有正直、公平、诚信、服务等工作态度和敬业精神，充分体现了FIDIC对咨询工程师要求的精髓。

61. ABDE。本题考核的是招标公告与投标邀请书的内容。招标公告与投标邀请书应当载明：建设单位的名称和地址；招标项目的性质；招标项目的数量；招标项目的实施地点；招标项目的实施时间；获取招标文件的办法等内容。

62. ACE。本题考核的是投标人的违法行为。选项BD中招标人的情形，由有关行政监督部门责令改正，可以处10万元以下的罚款。

63. ABDE。本题考核的是委托人的义务。委托人的义务包括：对于监理人以书面形式提交委托人并要求作出决定的事宜，委托人应在专用条件约定的时间内给予书面答复。逾期未答复的，视为委托人认可，故选项A正确。委托人应在双方签订合同后7天内，将其代表的姓名和职责书面告知监理人，当委托人更换其代表时，也应提前7天通知监理人，故选项B正确、选项C错误。在建设工程监理合同约定的监理与相关服务工作范围内，委托人对承包人的任何意见或要求应通知监理人，由监理人向承包人发出相应指令，故选项D正确。委托人应授权一名熟悉工程情况的代表，负责与监理人联系，故选项E正确。

64. ABCD。本题考核的是工程勘察方案的审查内容。工程勘察方案审查的重点内容包括：（1）勘察技术方案中工作内容与勘察合同及设计要求是否相符，是否有漏项或冗余；（2）勘察点的布置是否合理，其数量、深度是否满足规范和设计要求；（3）勘察方案中配备的勘察设备是否满足本工程勘察技术要求；（4）勘察单位现场勘察组织及人员安排是否合理，是否与勘察进度计划相匹配；（5）勘察进度计划是否满足工程总进度计划。选项E错误，应该是各类相应的工程地质勘察手段、方法和程序是否合理，是否符合有关规范的要求。

65．ACE。本题考核的是组建项目监理机构。工程监理单位在参与建设工程监理投标、承接建设工程监理任务时，应根据建设工程规模、性质、建设单位对建设工程监理的要求，选派称职的人员主持该项工作

66．ABE。本题考核的是采用定量综合评估法进行建设工程监理评标的优点。定量综合评估法是目前我国各地广泛采用的评标方法，其特点是量化所有评标指标，由评标委员会专家分别打分，减少了评标过程中的相互干扰，增强了评标的科学性和公正性。

67．BDE。本题考核的是工程监理单位编制投标文件的原则。工程监理单位编制投标文件的原则包括：（1）建设工程监理投标文件编制的前提是要按招标文件要求的条款和内容格式编制；（2）认真研究招标文件，深入领会招标文件意图；（3）应尽可能将投标人的想法、建议及自身实力叙述详细，做到内容深入而全面。

68．BCDE。本题考核的是建设工程复杂程度。工程复杂程度涉及以下因素：设计活动、工程地点位置、气候条件、地形条件、工程地质、工程性质、工程结构类型、施工方法、工期要求、材料供应、工程分散程度等。

69．ABDE。本题考核的是监理规划基本构成的内容。监理规划的基本构成内容应包括：项目监理组织及人员岗位职责，监理工作制度，工程质量、造价、进度控制，安全生产管理的监理工作，合同与信息管理，组织协调等。

70．BD。本题考核的是建设工程项目立项阶段，需要建立的制度。建设工程项目立项阶段，需要建立的制度包括：可行性研究报告评审制度和工程估算审核制度等。

71．BCDE。本题考核的是项目监理机构巡视的要求。项目监理机构巡视的要求：总监理工程师对现场监理人员进行交底，明确巡视检查要点、巡视频率和采取措施及采用的巡视检查记录表；合理安排监理人员进行巡视检查工作；督促监理人员按照监理规划及监理实施细则的要求开展现场巡视检查工作；总监理工程师应检查监理人员巡视的工作成果。监理人员在巡视检查时，应主要关注施工质量、安全生产两个方面情况。选项A错误，应该是总监理工程师应根据经审核批准的监理规划和监理实施细则对现场监理人员进行交底。

72．AB。本题考核的是监理工作流程。监理工作流程是结合工程相应专业制定的具有可操作性和可实施性的流程图。

73．BE。本题考核的是为完成施工阶段造价控制任务，项目监理机构需要做好的工作。为完成施工阶段造价控制任务，项目监理机构需要做好的工作包括：协助建设单位按期提交合格施工现场，保质、保量、适时、适地提供由建设单位负责提供的工程材料和设备；审核施工单位提交的工程结算文件等。

74．ABD。本题考核的是建筑信息建模（BIM）的概念。BIM是利用数字模型对工程进行设计、施工和运营的过程。

75．ACDE。本题考核的是项目监理机构与政府部门及其他单位的协调。与政府部门

的协调的内容包括：与工程质量监督机构的交流和协调；建设工程合同备案；协助建设单位在征地、拆迁、移民等方面的工作争取得到政府有关部门的支持；现场消防设施的配置得到消防部门检查认可；现场环境污染防治得到环保部门认可等。

76. BDE。本题考核的是总监理工程师签字并加盖执业印章的表式。下列表式应由总监理工程师签字并加盖执业印章：（1）工程开工令；（2）工程暂停令；（3）工程复工令；（4）工程款支付证书；（5）施工组织设计或（专项）施工方案报审表；（6）工程开工报审表；（7）单位工程竣工验收报审表；（8）工程款支付报审表；（9）费用索赔报审表；（10）工程临时或最终延期报审表。费用索赔报审表和工程开工报审表需要建设单位审批同意，故选项 A、C 错误。

77. ABD。本题考核的是建设工程监理文件资料归档范围和保管期限。《建设工程文件归档整理规范》GB/T 50328—2014 规定的监理文件资料归档范围和保管期限由建设单位永久保存的包括：项目监理机构及负责人名单；建设工程监理合同长期；监理规划；监理月报中的有关质量问题；监理会议纪要中的有关质量问题；进度控制；供货单位资质材料；工程竣工决算审核意见书；分包单位资质材料等。

78. DE。本题考核的是与建设工程监理有关的施工文件归档范围和保管期限。与建设工程监理有关的施工文件，由建设单位长期保存的包括：分部（子分部）工程质量验收记录；基础、主体工程验收记录；幕墙工程验收记录等。

79. ABD。本题考核的是项目风险管理的内容。项目风险管理的内容包括：编制风险管理计划；编制风险应对计划；进行风险定量分析；进行风险定性分析；识别风险；检测和控制风险。

80. BCDE。本题考核的是建设工程采用设计—施工总承包模式的特点。采用建设工程总承包模式优点：合同关系简单，组织协调工作量小。由于工程设计与施工由一个承包单位统筹安排，一般能做到工程设计与施工的相互搭接，有利于控制工程进度，可缩短建设周期。通过统筹考虑工程设计与施工，可以从价值工程或全寿命期费用角度取得明显的经济效果，有利于工程造价控制。但该模式的缺点是：合同数量虽少，但合同管理难度一般较大，造成招标发包工作难度大；由于承包范围大，介入工程项目时间早，工程信息未知数多，总承包单位要承担较大风险；由于有工程总承包能力的单位数量相对较少，建设单位择优选择工程总承包单位的范围小。

权威预测试卷（四）

一、单项选择题（共 50 题，每题 1 分。每题的备选项中，只有 1 个最符合题意）

1. 根据《建筑法》，建设工程监理的实施需要(   )的委托和授权。
   A. 监理单位
   B. 设计单位
   C. 施工单位
   D. 建设单位

2. 根据《建筑法》，工程监理单位公平地实施监理的基本前提是(   )。
   A. 强制性
   B. 公正性
   C. 独立性
   D. 科学性

3. 根据《招标投标法》，招标人和中标人应当自中标通知书发出之日起(   )日内，按照招标文件和中标人的投标文件订立书面合同。
   A. 10
   B. 15
   C. 20
   D. 30

4. 下列属于建设项目董事会职权的是(   )。
   A. 编制项目财务预算、决算
   B. 编制并组织实施归还贷款和其他债务计划
   C. 编制并组织实施项目年度投资计划、用款计划、建设进度计划
   D. 负责筹措建设资金

5. 根据《建筑法》，下列条件中，建设单位不具备申请领取施工许可证的是(   )。
   A. 正在办理该建筑工程用地批准手续
   B. 在城市规划区的建筑工程，已经取得规划许可证
   C. 具有了满足施工需要的施工图纸及技术资料
   D. 具备了相关的工程监理人员

6. 根据《合同法》，下列关于承包人权利和义务的说法，错误的是(   )。
   A. 因承包人的原因致使建设工程在合理使用期限内造成人身和财产损害的，发包人应当承担损害赔偿责任
   B. 因发包人的原因致使工程中途停建的，发包人应当采取措施弥补或者减少损失
   C. 隐蔽工程在隐蔽以前，发包人没有及时检查的，承包人可以顺延工程日期，并有权要求赔偿停工、窝工损失
   D. 勘察、设计的质量不符合要求或者未按照期限提交勘察、设计文件拖延工期，造

成发包人损失的，勘察人、设计人可以减收或者免收勘察、设计费

7. 根据《建设工程监理规范》GB/T 50319—2013，下列符合实施建设工程监理的主要依据的是( )。

A. 建设工程监理工作中所用的图纸、报告

B. 总监理工程师签发相关的图纸和报告

C. 建设工程的建设合同

D. 建设工程勘察设计文件

8. 根据《合同法》，建设工程项目管理服务合同属于( )。

A. 委托合同　　　　　　　　　　　　B. 承揽合同

C. 技术合同　　　　　　　　　　　　D. 建设工程合同

9. 根据《建设工程安全生产管理条例》，在生产安全事故应急救援中( )应当根据本级人民政府的要求，制定本行政区域内建设工程特大生产安全事故应急救援预案。

A. 县级安全生产监督管理部门

B. 县级人民政府建设行政主管部门

C. 县级安全主管部门

D. 县级以上地方人民政府建设行政主管部门

10. 根据《建设工程质量管理条例》，工程监理单位将不合格的设备按合格签字的，按规定责令改正，并对监理单位处( )的罚款。

A. 50 万元以上 100 万元以下　　　　B. 20 万元以上 30 万元以下

C. 30 万元以上 50 万元以下　　　　　D. 10 万元以上 20 万元以下

11. 根据《生产安全事故报告和调查处理条例》，有关事故报告程序的说法，正确的是( )。

A. 情况紧急时，事故现场有关人员可以直接向事故发生地县级以上人民政府安全生产监督管理部门和负有安全生产监督管理职责的有关部门报告

B. 安全生产监督管理部门和负有安全生产监督管理职责的有关部门逐级上报事故情况，每级上报的时间不得超过 3h

C. 单位负责人接到报告后，应当于 24h 内向事故发生地县级以上人民政府安全生产监督管理部门和负有安全生产监督管理职责的有关部门报告

D. 事故发生后，事故现场有关人员应当立即向本单位的安全主管部门报告

12. 根据《招标投标法》，依法必须进行招标的项目的资格预审公告和招标公告，应当在( )依法指定的媒介发布。

A. 省级人民政府建设主管部门　　　　B. 国家安全生产监督部门

C. 国务院发展改革部门　　　　　　　D. 工商行政管理部门

13. 根据《工程监理企业资质管理规定》，关于丙级企业资质标准的说法，正确的是( )。
    A. 企业技术负责人应为注册监理工程师，并具有 10 年以上从事工程建设工作的经历
    B. 注册造价工程师不少于 1 人
    C. 具有独立法人资格且注册资本不少于 100 万元
    D. 有必要的质量管理体系和规章制度

14. 对于非政府投资项目，民营企业投资建设《政府核准的投资项目目录》以外的项目时，实行( )。
    A. 核准制   B. 公示制
    C. 听证制   D. 登记备案制

15. 关于工程监理企业从事建设工程监理的活动，应当遵循( )的准则。
    A. 守法、诚信、公平、科学   B. 守法、诚信、有责仍感、科学
    C. 守法、独立、公平、科学   D. 守法、独立、有责任感、科学

16. 根据《注册监理工程师管理规定》，注册监理工程师每一注册有效期为( )年，注册有效期满需继续执业的，按照规定的程序申请延续注册。
    A. 8   B. 10
    C. 3   D. 5

17. 根据《注册监理工程师管理规定》，下列关于注册证书和执业印章失效情形的说法，错误的是( )。
    A. 年龄超过 60 周岁的
    B. 聘用单位被吊销营业执照的
    C. 聘用单位被吊销相应资质证书的
    D. 死亡或者丧失行为能力的

18. 下列法人责任制的项目中，属于项目董事会的职权是( )。
    A. 负责提出项目竣工验收申请报告   B. 负责控制工程投资
    C. 组织实施项目年度投资计划   D. 组织实施归还贷款计划

19. 根据《建设工程质量管理条例》，在正常使用条件下，设备安装和装修工程的最低保修期限为( )年。
    A. 1   B. 2
    C. 3   D. 5

20. 根据监理大纲的相关要求，监理评标的重点是( )。
    A. 建设工程监理难点、重点   B. 监理依据和监理工作内容

C. 建设工程监理实施方案　　　　　　　D. 建设工程监理的合理化建议

21. 影响监理投标的因素中，下列不符合选择有针对性的监理投标策略的是(　　)。
A. 分析竞争对手的投标积极性　　　　B. 以信誉和口碑取胜
C. 以缩短工期承诺取胜　　　　　　　D. 以附加服务取胜

22. 关于建设工程监理合同特点的说法，正确的是(　　)。
A. 监理人所承担的工程监理业务可比企业资质等级最多高一级
B. 建设工程监理合同与物资采购合同相协调
C. 建设工程监理合同委托的工作内容必须符合法律法规及物资采购合同
D. 建设工程监理合同的标的是检查

23. 根据《合同法》，下列不符合监理人未履行合同义务处理方式的是(　　)。
A. 当监理人无正当理由未履行合同约定的义务时，委托人应通知监理人限期改正
B. 委托人应将监理与相关服务的酬金支付至限期改正通知到达监理人之日
C. 监理人因违约行为给委托人造成损失的，应承担违约赔偿责任
D. 委托人在发出通知后14d内没有收到监理人书面形式的合理解释，则可进一步发出解除合同的通知

24. 工程监理单位的项目监理机构可以组建多个监理分支机构对各(　　)分别实施监理。
A. 设计单位　　　　　　　　　　　　B. 分包单位
C. 建设单位　　　　　　　　　　　　D. 施工单位

25. 下列关于采用建设工程施工总承包模式特点的说法，正确的是(　　)。
A. 该模式建设周期较短，利润见效快
B. 该模式有利于建设单位的合同管理，减少协调工作量
C. 总包合同价确定的较晚，不利于控制工程造价
D. 施工总承包单位的报价可能较低

26. 根据《建设工程监理规范》，监理规划应(　　)。
A. 在签订工程监理合同后开始编制，并应在召开第一次工地会议前报送建设单位
B. 在签订工程监理合同后开始编制，并应在工程开工前报送建设单位
C. 在签订工程监理合同及收到设计文件后开始编制，并应在召开第一次工地会议前报送建设单位
D. 在签订委托监理合同及收到设计文件后开始编制，并应在工程开工前报送建设单位

27. 项目监理机构中任何一个下级只接受唯一上级的命令体现了项目监理机构组织形

式中( )的特点。

    A. 矩阵制组织形式

    B. 职能制组织形式

    C. 直线制组织形式

    D. 直线职能制组织形式

28. 根据《建设工程监理规范》GB/T 50319—2013，总监理工程师不得将下列工作委托给总监理工程师代表的是( )。

    A. 签发工程开工令、暂停令和复工令

    B. 组织验收分部工程，组织审查单位工程质量检验资料

    C. 确定项目监理机构人员及其岗位职责

    D. 组织编写监理月报、监理工作总结，组织质量监理文件资料

29. 根据《建设工程质量管理条例》，施工单位的质量责任和义务是( )。

    A. 工程开工前，应按照国家有关规定办理工程质量监督手续

    B. 工程完工后，应组织竣工预验收

    C. 施工过程中，应立即改正所发现的设计图纸差错

    D. 隐蔽工程在隐蔽前，应通知建设单位和建设工程质量监督机构

30. 监理单位的技术管理部门是内部审核单位，技术负责人应当签认，同时，还应当按工程监理合同约定提交给( )，由其确认。

    A. 分包单位

    B. 建设单位

    C. 承包单位

    D. 设计单位

31. 根据《建设工程监理规范》GB/T 50319—2013 规定，项目监理机构的监理人员分工及岗位职责应根据监理合同约定的监理工作范围和内容以及《建设工程监理规范》，由( )安排和明确。

    A. 总监理工程师代表

    B. 总监理工程师

    C. 专业监理工程师

    D. 监理员

32. 下列属于项目监理机构现场监理工作制度的是( )。

    A. 工程开工、复工审批制度

    B. 监理人员考勤、业绩考核及奖惩制度

    C. 监理人员教育培训制度

    D. 项目监理机构工作会议制度，包括监理交底会议、监理例会、监理专题会、监理工作会议

33. 下列不属于建设工程设计阶段，监理单位需要建立的制度是( )。

    A. 标底或招标控制价编制及审核制度

    B. 设计协调会制度

    C. 施工图纸审核制度

    D. 工程概算审核制度

34. 对于超过一定规模的危险性较大的分部分项工程专项方案应当由( )组织召开专家论证会。
    A. 建设单位　　　　　　　　　　　B. 设计单位
    C. 监理单位　　　　　　　　　　　D. 施工单位

35. 根据《建设工程安全生产管理条例》，下列达到一定规模的危险性较大的分部分项工程中，需由施工单位组织专家对专项施工方案进行论证、审查的是( )。
    A. 起重吊装工程　　　　　　　　　B. 脚手架工程
    C. 高大模板工程　　　　　　　　　D. 拆除、爆破工程

36. 属于建设工程目标控制的基本前提，同时也是建设工程监理成功与否重要判据的是( )。
    A. 建设工程三大目标控制任务　　　B. 施工合同争议与解除的处理
    C. 建设工程总目标　　　　　　　　D. 建设工程三大目标控制措施

37. 通过采取有效措施，在满足工程质量和进度要求的前提下，力求使工程实际造价不超过预定造价目标的是( )。
    A. 动态控制　　　　　　　　　　　B. 进度控制
    C. 质量控制　　　　　　　　　　　D. 造价控制

38. 根据《建设工程监理规范》GB/T 50319—2013，项目监理机构应按其规定的费用索赔处理程序和施工合同约定的时效期限处理( )提出的费用索赔。
    A. 施工单位　　　　　　　　　　　B. 设计单位
    C. 建设单位　　　　　　　　　　　D. 分包单位

39. 监理工程师为了加强与建设单位的协调，可主动帮助建设单位处理工程建设中的事务性工作，以自己( )的工作去影响和促进双方工作的协调一致。
    A. 规范化、标准化、制度化　　　　B. 专业化、军事化、制度化
    C. 专业化、制度化、标准化　　　　D. 专业化、制度化、规范化

40. 监理人员在巡视检查时，在安全生产方面应关注的情况内容，包括的有( )。
    A. 天气情况是否适合施工作业
    B. 施工单位主要管理人员到岗履职情况，特别是施工质量管理人员是否到位
    C. 大型起重机械和自升式架设设施运行情况
    D. 使用的工程材料、设备和构配件是否已检测合格

41. 在工程竣工验收后，( )应当将旁站记录存档备查。
    A. 建设单位　　　　　　　　　　　B. 监理单位
    C. 施工单位　　　　　　　　　　　D. 设计单位

42. 关于见证取样的说法，正确的是（　　）。

A. 计量证分为国家级、省级、市级三级实施

B. 建筑企业试验室应逐步转为企业内控机构，4年审查1次

C. 见证取样涉及施工方，见证方，监理方三方行为

D. 计量证的实施效力不同，实施效力按逐级递减的顺序实施

43. 关于建设工程监理主要文件资料不包括的是（　　）。

A. 工程建设标准

B. 监理规划、监理实施细则

C. 设计交底和图纸会审会议纪要

D. 勘察设计文件、建设工程监理合同及其他合同文件

44. 根据《建筑法》，按国务院有关规定批准开工报告的建筑工程，因故不能按期开工超过（　　）个月的，应当重新办理开工报告的批准手续。

A. 1　　　　　　　　　　　　　B. 3

C. 6　　　　　　　　　　　　　D. 12

45. 根据《建设工程监理规范》GB/T 50319—2013，会议纪要由项目监理机构根据会议记录整理，主要内容不包括（　　）。

A. 会议主持人　　　　　　　　B. 与会人员姓名、单位、职务

C. 会议地点及时间　　　　　　D. 工程进展情况

46. 关于进行风险分析与评价，其重要基础是（　　）。

A. 风险识别成果　　　　　　　B. 风险分析

C. 风险评价　　　　　　　　　D. 风险识别方法

47. 关于工程监理单位协助建设单位报审工程设计文件的步骤的说法，错误的是（　　）。

A. 应事先检查设计文件及附件的完整性、合规性

B. 及时与相关政府部门联系，根据审批意见进行反馈和督促承包单位予以完善

C. 需要了解政府设计文件审批程序、报审条件及所需提供的资料等信息，以做好充分准备

D. 提前向相关部门进行咨询，获得相关部门咨询意见，以提高设计文件质量

48. 下列方法中，可用于分析与评价建设工程风险的是（　　）。

A. 经验数据法　　　　　　　　B. 流程图法

C. 计划评审技术法　　　　　　D. 财务报表法

49. 关于平行检验的说法，正确的是（　　）。

A. 平行检验是项目监理机构控制施工质量的工作之一

B. 平行检验是指对工程实体的量测检验

C. 平行检验人员应根据施工单位自检情况填写检验结论

D. 平行检验是指项目经理机构对施工单位自检结论的核验

50. 在多平面 Project Controlling 模式中，总 Project Controlling 机构对外服务于（　　）。

A. 专职安全生产管理人员　　　　　　B. 施工管理负责人

C. 业主项目总负责人　　　　　　　　D. 项目技术负责人

二、多项选择题（共 30 题，每题 2 分。每题的备选项中，有 2 个或 2 个以上符合题意，至少有 1 个错项。错选，本题不得分；少选，所选的每个选项得 0.5 分）

51. 根据《建设工程监理规范》GB/T 50319—2013，关于建设工程监理的性质，可概括为（　　）等方面。

A. 公正性　　　　　　　　　　　　　B. 公平性

C. 独立性　　　　　　　　　　　　　D. 服务性

E. 科学性

52. 根据《房屋建筑和市政基础设施工程施工图设计文件审查管理办法》，施工图设计文件的审查内容包括（　　）。

A. 准备必要的施工图纸

B. 勘察设计企业和注册执业人员以及相关人员是否按规定在施工图上加盖相应的图章和签字

C. 完成施工用水、电、通信、道路接通工作

D. 地基基础和主体结构的安全性

E. 是否符合工程建设强制性标准

53. 下列工作内容中，属于项目总经理职权的是（　　）。

A. 提出项目开工报告　　　　　　　　B. 组织项目后评价

C. 负责单项工程预验收　　　　　　　D. 组织实施归还贷款计划

E. 研究解决建设过程中出现的重大问题

54. 根据《合同法》，建设工程合同包括的有（　　）。

A. 仓储合同　　　　　　　　　　　　B. 设计合同

C. 保管合同　　　　　　　　　　　　D. 工程勘察合同

E. 施工合同

55. 根据《建设工程安全生产管理条例》，使用承租的机械设备和施工机具及配件的，应由（　　）共同进行验收，验收合格的方可使用。

A. 安装单位　　　　　　　　　　　　B. 分包单位

C. 监理单位　　　　　　　　　　　　D. 出租单位

E. 施工总承包单位

56. 根据《建设工程监理规范》GB/T 50319—2013，项目监理机构的监理人员应由
（　　）组成。
   A. 造价工程师　　　　　　　　　B. 专业监理工程师
   C. 注册建筑师　　　　　　　　　D. 总监理工程师
   E. 监理员

57. 根据《合同法》，（　　）的合同属于无效合同。
   A. 损害社会公共利益　　　　　　B. 订立合同时显失公平
   C. 以合法形式掩盖非法目的　　　D. 恶意串通，损害第三人利益
   E. 因重大误解而订立

58. 根据《工程监理企业资质管理规定》，下列关于事务所资质标准的说法，正确的
是（　　）。
   A. 有必要的工程试验检测设备
   B. 有必要的质量管理体系和规章制度
   C. 有固定的工作场所
   D. 取得合伙企业营业执照，具有书面合作协议书
   E. 合伙人中有 2 名以上注册监理工程师，合伙人均有 3 年以上从事建设工程监理的
      工作经历

59. 工程监理企业在监理活动中既要维护建设单位利益，又不能损害施工单位合法权
益，因此工程监理企业要做到公平，就需要做到（　　）。
   A. 建立健全合同管理制度
   B. 要坚持实事求是
   C. 要熟悉建设工程合同有关条款
   D. 要提高专业技术能力
   E. 要具有良好的职业道德

60. 根据《注册监理工程师管理规定》，下列属于注册监理工程师的权利的是（　　）。
   A. 使用注册监理工程师称谓
   B. 接受继续教育，努力提高执业水准
   C. 在规定范围内从事执业活动
   D. 根据本人能力从事相应的执业活动
   E. 对本人执业活动进行解释和辩护

61. 关于建设工程监理招标方式，具体的方式包括的有（　　）。
   A. 公开招标　　　　　　　　　　B. 邀请招标
   C. 谈判招标　　　　　　　　　　D. 两段招标

E. 划分招标

62. 关于监理大纲，工程概述的内容包括的有（　　）。
A. 工程建设标准
B. 工程结构或工艺特点
C. 法律法规及政策
D. 工程内容及建设规模
E. 工程名称

63. 根据《建设工程监理合同（示范文本）》GF—2012—0202，工程建设实施阶段所签订的（　　）的标的物是产生新的信息成果或物质成果。
A. 委托加工合同
B. 勘察设计合同
C. 招标合同
D. 施工合同
E. 物资采购合同

64. 根据《建设工程质量管理条例》，责令工程监理单位停止违法行为，并处合同约定的监理酬金1倍以上2倍以下罚款的情形有（　　）。
A. 超越本单位资质等级承揽工程
B. 与施工单位串通降低工程质量
C. 将不合格工程按照合格签字
D. 允许其他单位以本单位名义承揽工程
E. 将所承揽的监理业务转让给其他单位

65. 关于采用建设工程施工总承包模式特点的说法，正确的是（　　）。
A. 由于既有施工分包单位的自控，又有施工总承包单位监督，还有工程监理单位的检查认可，有利于工程质量控制
B. 有利于决策指挥
C. 施工总承包单位具有控制的积极性，施工分包单位之间也有相互制约的作用，有利于总体进度的协调控制
D. 总包合同价可较早确定，有利于控制工程造价
E. 由于施工合同数量比平行承发包模式更少，有利于建设单位的合同管理

66. 根据《建设工程安全生产管理条例》，工程监理单位的安全责任有（　　）。
A. 审查施工组织设计中的安全技术措施和专项施工方案
B. 针对采用新工艺的建设工程提出预防生产安全事故的措施建议
C. 发现存在安全事故隐患时要求施工单位整改
D. 监督施工单位执行安全教育培训制度
E. 将保证安全施工的措施报有关部门备案

67. 关于项目监理机构组织结构形式选择的基本原则是（　　）。
A. 有利于决策指挥
B. 有利于信息沟通
C. 有利于减少资金损失
D. 有利于工程合同管理
E. 有利于监理目标控制

68. 关于项目监理机构职能制组织形式特点的说法，正确的是（   ）。

A. 权力集中

B. 减轻总监理工程师负担

C. 因下级人员受多头指挥，如果指令相互矛盾，会使下级在监理工作中无所适从

D. 加强了项目监理目标控制的职能化分工

E. 可以发挥职能机构的专业管理作用，提高管理效率

69. 建设工程监理合同的相关条款和内容是编写监理规划的重要依据，主要包括（   ）。

A. 监理工作范围和内容   B. 建设单位的义务和责任

C. 政府批准的工程建设文件 D. 监理与相关服务依据

E. 工程监理单位的义务和责任

70. 根据《建设工程监理规范》GB/T 50319—2013 规定，实施建设工程监理的依据主要包括（   ）。

A. 技术、经济资料及档案管理制度

B. 建设工程监理合同及其他合同文件

C. 工程建设标准

D. 法律法规

E. 建设工程勘察设计文件

71. 关于工程造价控制的目标分解，其内容主要包括的有（   ）。

A. 各子项目进度目标   B. 按建设工程实施阶段分解

C. 按建设工程费用组成分解 D. 按年度、季度分解

E. 各阶段的进度目标

72. 根据《建设工程监理规范》GB/T 50319—2013，属于各方主体通用表的有（   ）。

A. 工作联系单   B. 工程变更单

C. 索赔意向通知书   D. 报验、报审表

E. 工程开工报审表

73. 为了有效地控制建设工程三大目标，需要逐级分解建设工程总目标，按（   ）等制定分目标、子目标及可执行目标，形成建设工程目标体系。

A. 工程项目时间进展   B. 工程质量控制

C. 工程造价控制   D. 工程参建单位

E. 工程项目组成

74. 关于若是在建设工程施工招标阶段提供相关服务，则需要收集的信息有（   ）。

A. 工程所在地工程建设标准及招投标相关规定

B. 工程设计及概算文件

C. 拟建工程设计质量保证体系及进度计划

D. 拟建工程所在地政府部门相关规定

E. 工程地质、水文地质勘察报告

75. 监理工程师对工程（　　）目标的控制，以及履行建设工程安全生产管理的法定职责，都是通过施工单位的工作来实现的，因此，做好与施工单位的协调工作是监理工程师组织协调工作的重要内容。

A. 安全　　　　　　　　　　　B. 造价

C. 进度　　　　　　　　　　　D. 质量

E. 合同

76. 自建设工程监理制度实施以来，通过颁布有关法律、行政法规、部门规章进一步明确了（　　），逐步确立了建设工程监理的法律地位。

A. 工程监理单位的职责

B. 建设单位委托工程监理单位的职责

C. 建设单位授权工程监理单位的范围

D. 工程监理人员的职责

E. 强制实施监理的工程范围

77. 项目监理机构在施工阶段造价控制的主要任务有（　　）。

A. 预防并处理费用索赔　　　　　B. 挖掘降低造价潜力

C. 控制工程付款　　　　　　　　D. 控制工程变更费用

E. 确定造价控制目标

78. 实施监理的工程，办理工程质量监督注册手续需提供的资料有（　　）。

A. 必要的施工图纸

B. 施工图设计文件审查报告和批准书

C. 中标通知书和施工、监理合同

D. 建设单位、施工单位和监理单位工程项目负责人和机构组成

E. 施工组织设计和监理规划（监理实施细则）

79. 项目管理知识体系中的项目人力资源管理的内容包括（　　）。

A. 开发项目团队　　　　　　　　B. 监测和控制项目工作

C. 管理项目团队　　　　　　　　D. 编制人力资源计划

E. 进行项目或阶段收尾

80. 虽然联合承包工程的风险相对较大，但可以给工程咨询公司带来更多的利润，而且在有些项目上可以更好地发挥工程咨询公司在（　　）方面的优势。

A. 质量	B. 技术
C. 投资	D. 管理
E. 信息	

权威预测试卷（四）参考答案及解析

一、单项选择题

1. D	2. C	3. D	4. D	5. B
6. A	7. D	8. A	9. D	10. A
11. A	12. C	13. D	14. D	15. A
16. C	17. A	18. A	19. B	20. C
21. A	22. D	23. D	24. D	25. B
26. C	27. C	28. A	29. D	30. B
31. B	32. A	33. A	34. D	35. C
36. C	37. D	38. A	39. D	40. C
41. B	42. B	43. A	44. B	45. D
46. A	47. B	48. C	49. A	50. C

【解析】

1. D。本题考核的是建设工程监理实施前提。建设单位与其委托的工程监理单位应当以书面形式订立建设工程监理合同。也就是说，建设工程监理的实施需要建设单位的委托和授权。

2. C。本题考核的是工程监理单位公平地实施监理的基本前提。独立是工程监理单位公平地实施监理的基本前提。

3. D。本题考核的是《招标投标法》的主要内容。招标人和中标人应当自中标通知书发出之日起 30 日内，按照招标文件和中标人的投标文件订立书面合同。

4. D。本题考核的是建设项目董事会的职权。建设项目董事会的职权有：负责筹措建设资金；审核、上报项目初步设计和概算文件；审核、上报年度投资计划并落实年度资金；提出项目开工报告；研究解决建设过程中出现的重大问题；负责提出项目竣工验收申请报告；审定偿还债务计划和生产经营方针，并负责按时偿还债务；聘任或解聘项目总经理，并根据总经理的提名，聘任或解聘其他高级管理人员。

5. B。本题考核的是建设单位申请领取施工许可证的条件。建设单位申请领取施工许可证，应当具备下列条件：（1）已经办理该建筑工程用地批准手续；（2）在城市规划区的建筑工程，已经取得规划许可证；（3）需要拆迁的，其拆迁进度符合施工要求；（4）已经确定建筑施工企业；（5）有满足施工需要的施工图纸及技术资料；（6）有保证工程质量和安全的具体措施；（7）建设资金已经落实；（8）法律、行政法规规定的其他条件。

6. A。本题考核的是承包人权利与义务。承包人权利和义务包括：（1）勘察、设计的质量不符合要求或者未按照期限提交勘察、设计文件拖延工期，造成发包人损失的，勘察人、设计人应当继续完善勘察、设计，减收或者免收勘察、设计费并赔偿损失。（2）发包人未按照约定的时间和要求提供原材料、设备、场地、资金、技术资料的，承包人可以顺延工程日期，并有权要求赔偿停工、窝工等损失。（3）因发包人的原因致使工程中途停建、缓建的，发包人应当采取措施弥补或者减少损失，赔偿承包人因此造成的停工、窝工、倒运、机械设备调迁、材料和构件积压等损失和实际费用。（4）隐蔽工程在隐蔽以前，承包人应当通知发包人检查。发包人没有及时检查的，承包人可以顺延工程日期，并有权要求赔偿停工、窝工等损失。（5）因承包人的原因致使建设工程在合理使用期限内造成人身和财产损害的，承包人应当承担损害赔偿责任。（6）发包人未按照约定支付价款的，承包人可以催告发包人在合理期限内支付价款。发包人逾期不支付的，除按照建设工程的性质不宜折价、拍卖的以外，承包人可以与发包人协议将该工程折价，也可以申请人民法院将该工程依法拍卖。建设工程的价款就该工程折价或者拍卖的价款优先受偿。

7. D。本题考核的是实施建设工程监理的主要依据。实施建设工程监理的主要依据：（1）法律法规及工程建设标准；（2）建设工程勘察设计文件；（3）建设工程监理合同及其他合同文件。建设工程监理工作中所用的图纸、报告是建设工程监理工作的重要依据。

8. A。本题考核的是《合同法》的主要内容。《合同法》中规定，合同分为15类。其中，建设工程合同包括工程勘察、设计、施工合同；建设工程监理合同、项目管理服务合同则属于委托合同。

9. D。本题考核的是生产安全事故应急救援。生产安全事故应急救援，县级以上地方人民政府建设行政主管部门应当根据本级人民政府的要求，制定本行政区域内建设工程特大生产安全事故应急救援预案。

10. A。本题考核的是工程监理单位的法律责任。根据《建设工程质量管理条例》第六十七条规定，工程监理单位有下列行为之一的，责令改正，处50万元以上100万元以下的罚款，降低资质等级或者吊销资质证书；有违法所得的，予以没收；造成损失的，承担连带赔偿责任：（1）与建设单位或者施工单位串通，弄虚作假、降低工程质量的；（2）将不合格的建设工程、建筑材料、建筑构配件和设备按照合格签字的。

11. A。本题考核的是事故报告程序。事故发生后，事故现场有关人员应当立即向本单位负责人报告；单位负责人接到报告后，应当于1h内向事故发生地县级以上人民政府安全生产监督管理部门和负有安全生产监督管理职责的有关部门报告。情况紧急时，事故现场有关人员可以直接向事故发生地县级以上人民政府安全生产监督管理部门和负有安全生产监督管理职责的有关部门报告。安全生产监督管理部门和负有安全生产监督管理职责的有关部门逐级上报事故情况，每级上报的时间不得超过2h。

12. C。本题考核的是招标公告。依法必须进行招标的项目的资格预审公告和招标公告，应当在国务院发展改革部门依法指定的媒介发布。

13. D。本题考核的是丙级企业资质标准。丙级企业资质标准：（1）具有独立法人资格且注册资本不少于50万元；（2）企业技术负责人应为注册监理工程师，并具有8年以上从事工程建设工作的经历；（3）相应专业的注册监理工程师不少于相关规定要求配备的人数；（4）有必要的质量管理体系和规章制度；（5）有必要的工程试验检测设备。

14. D。本题考核的是非政府投资工程。对于《政府核准的投资项目目录》以外的企业投资项目，实行备案制。除国家另有规定外，由企业按照属地原则向地方政府投资主管部门备案。

15. A。本题考核的是工程监理企业从事建设工程监理活动要遵循的准则。应当遵循"守法、诚信、公平、科学"的准则。

16. C。本题考核的是注册监理工程师的延续注册。注册监理工程师每一注册有效期为 3 年，注册有效期满需继续执业的，应当在注册有效期满 30d 前，按照规定的程序申请延续注册。

17. A。本题考核的是注册证书和执业印章失效的情形。注册监理工程师有下列情形之一的，其注册证书和执业印章失效：(1) 聘用单位破产的；(2) 聘用单位被吊销营业执照的；(3) 聘用单位被吊销相应资质证书的；(4) 已与聘用单位解除劳动关系的；(5) 注册有效期满且未延续注册的；(6) 年龄超过 65 周岁的；(7) 死亡或者丧失行为能力的；(8) 其他导致注册失效的情形。

18. A。本题考核的是项目董事会的职权。建设项目董事会的职权有：负责筹措建设资金；审核、上报项目初步设计和概算文件；审核、上报年度投资计划并落实年度资金；提出项目开工报告；研究解决建设过程中出现的重大问题；负责提出项目竣工验收申请报告等。选项 B、C、D 属于项目总经理的职权。

19. B。本题考核的是建设工程最低保修期限。在正常使用条件下，建设工程最低保修期限为：(1) 基础设施工程、房屋建筑的地基基础工程和主体结构工程，为设计文件规定的该工程合理使用年限；(2) 屋面防水工程、有防水要求的卫生间、房间和外墙面的防渗漏，为 5 年；(3) 供热与供冷系统，为 2 个采暖期、供冷期；(4) 电气管道、给水排水管道、设备安装和装修工程，为 2 年。

20. C。本题考核的是建设工程监理实施方案。建设工程监理实施方案是监理评标的重点。

21. A。本题考核的是选择有针对性的监理投标策略的内容。常用的选择有针对性的监理投标策略包括：(1) 以信誉和口碑取胜；(2) 以缩短工期等承诺取胜；(3) 以附加服务取胜；(4) 适应长远发展的策略。分析竞争对手的投标积极性属于分析竞争对手的内容。

22. D。本题考核的是建设工程监理合同的特点。建设工程监理合同是一种委托合同，除具有委托合同的共同特点外，还具有以下特点：(1) 建设工程监理合同当事人双方应是具有民事权力能力和民事行为能力、具有法人资格的企事业单位及其他社会组织，个人在法律允许的范围内也可以成为合同当事人。监理人所承担的工程监理业务应与企业资质等级和业务范围相符合；(2) 建设工程监理合同必须符合法律法规和有关工程建设标准，并与工程设计文件、施工合同及材料设备采购合同相协调；(3) 建设工程监理合同的标的是服务。

23. D。本题考核的是监理人未履行合同义务的处理方式。当监理人无正当理由未履行合同约定的义务时，委托人应通知监理人限期改正。故选项 A 正确。委托人在发出通知后 7d 内没有收到监理人书面形式的合理解释，即监理人没有采取实质性改正违约行为的措施，则可进一步发出解除合同的通知，自通知到达监理人时合同解除。委托人应将监理与相关服务的酬金支付至限期改正通知到达监理人之日。故选项 B 正确。监理人因违约行为给委托人造成损失的，应承担违约赔偿责任。故选项 C 正确。

24. D。本题考核的是工程监理单位的项目监理机构的任务。工程监理单位的项目监理机构可以组建多个监理分支机构对各施工单位分别实施监理。

25. B。本题考核的是采用建设工程施工总承包模式的特点。采用建设工程施工总承包模式，有利于建设工程的组织管理。由于施工合同数量比平行承发包模式更少，有利于建设单位的合同管理，减少协调工作量，可发挥工程监理单位与施工总承包单位多层次协调的积极性；总包合同价可较早确定，有利于控制工程造价；由于既有施工分包单位的自控，又有施工总承包单位监督，还有工程监理单位的检查认可，有利于工程质量控制；施工总承包单位具有控制的积极性，施工分包单位之间也有相互制约的作用，有利于总体进度的协调控制。但该模式的缺点是：建设周期较长；施工总承包单位的报价可能较高。

26. C。本题考核的是监理规划编制的时效性。监理规划应在签订建设工程监理合同及收到工程设计文件后由总监理工程师组织编制，并应在召开第一次工地会议 7d 前报建设单位。

27. C。本题考核的是直线制组织形式的特点。直线制组织形式的特点是项目监理机构中任何一个下级只接受唯一上级的命令。

28. A。本题考核的是总监理工程师不能委托给总监理工程师代表的内容。总监理工程师不得将下列工作委托给总监理工程师代表：（1）组织编制监理规划，审批监理实施细则；（2）根据工程进展及监理工作情况调配监理人员；（3）组织审查施工组织设计、（专项）施工方案；（4）签发工程开工令、暂停令和复工令；（5）签发工程款支付证书，组织审核竣工结算；（6）调解建设单位与施工单位的合同争议，处理工程索赔；（7）审查施工单位的竣工申请，组织工程竣工预验收，组织编写工程质量评估报告，参与工程竣工验收；（8）参与或配合工程质量安全事故的调查和处理。

29. D。本题考核的是施工单位的质量责任和义务。施工单位的质量责任和义务是隐蔽工程在隐蔽前，施工单位应当通知建设单位和建设工程质量监督机构。

30. B。本题考核的是监理规划编写要求。监理规划在编写完成后需进行审核并经批准。监理单位的技术管理部门是内部审核单位，技术负责人应当签认，同时，还应当按工程监理合同约定提交给建设单位，由建设单位确认。

31. B。本题考核的是项目监理人员岗位职责。项目监理机构监理人员分工及岗位职责应根据监理合同约定的监理工作范围和内容以及《建设工程监理规范》GB/T 50319—2013 规定，由总监理工程师安排和明确。

32. A。本题考核的是项目监理机构现场监理工作制度。项目监理机构现场监理工作制度包括：（1）工程开工、复工审批制度；（2）整改制度，包括签发监理通知单和工程暂停令等；（3）平行检验、见证取样、巡视检查和旁站制度等。

33. A。本题考核的是建设工程设计阶段，监理单位需要建立的制度。建设工程设计阶段，监理单位需要建立的制度包括：设计大纲、设计要求编写及审核制度，设计合同管理制度，设计方案评审办法，工程概算审核制度，施工图纸审核制度，设计费用支付签认制度，设计协调会制度等。

34. D。本题考核的是专项施工方案编制要求。对于超过一定规模的危险性较大的分部分项工程专项方案应当由施工单位组织召开专家论证会。

35. C。本题考核的是施工单位的安全技术措施和专项施工方案。工程中涉及深基坑、地下暗挖工程、高大模板工程的专项施工方案，施工单位还应当组织专家进行论证、审查。

36. C。本题考核的是建设工程总目标的分析论证的内容。建设工程总目标是建设工程目标控制的基本前提，也是建设工程监理成功与否的重要判据。

37．D。本题考核的是建设工程造价控制任务。建设工程造价控制，就是通过采取有效措施，在满足工程质量和进度要求的前提下，力求使工程实际造价不超过预定造价目标。

38．A。本题考核的是费用索赔处理。项目监理机构应按《建设工程监理规范》GB/T 50319—2013 规定的费用索赔处理程序和施工合同约定的时效期限处理施工单位提出的费用索赔。

39．D。本题考核的是监理工程师如何加强与建设单位的协调。主动帮助建设单位处理工程建设中的事务性工作，以自己规范化、标准化、制度化的工作去影响和促进双方工作的协调一致。

40．C。本题考核的是监理人员在巡视检查时，在安全生产方面应关注的情况。监理人员在巡视检查时，在安全生产方面应关注的情况包括：（1）大型起重机械和自升式架设设施运行情况；（2）施工现场存在的事故隐患，以及按照项目监理机构的指令整改实施情况；（3）项目监理机构签发的工程暂停令执行情况等。

41．B。本题考核的是旁站工作内容。在工程竣工验收后，工程监理单位应当将旁站记录存档备查。

42．B。本题考核的是见证取样的一般规定。计量证分为两级实施：一级为国家级，由国家认证认可监督管理委员会组织实施；一级为省级，实施的效力均完全一致。见证取样涉及三方行为：施工方、见证方、试验方。试验室的资质资格管理：（1）各级工程质量监督检测机构（有 CMA 章，即计量认证，1 年审查一次）；（2）建筑企业试验室应逐步转为企业内控机构，4 年审查 1 次。

43．A。本题考核的是建设工程监理主要文件资料。建设工程监理主要文件资料包括：（1）勘察设计文件、建设工程监理合同及其他合同文件；（2）监理规划、监理实施细则；（3）设计交底和图纸会审会议纪要等。

44．B。本题考核的是施工许可证的有效期。建设单位应当自领取施工许可证之日起 3 个月内开工。因故不能按期开工的，应当向发证机关申请延期；延期以两次为限，每次不超过 3 个月。既不开工又不申请延期或者超过延期时限的，施工许可证自行废止。

45．D。本题考核的是会议纪要的主要内容。会议纪要由项目监理机构根据会议记录整理，主要内容包括：（1）会议地点及时间；（2）会议主持人；（3）与会人员姓名、单位、职务；（4）会议主要内容、决议事项及其负责落实单位、负责人和时限要求；（5）其他事项。

46．A。本题考核的是进行风险分析与评价的重要基础。风险识别成果是进行风险分析与评价的重要基础。

47．B。本题考核的是协助建设单位报审有关工程设计文件的内容。工程监理单位协助建设单位报审工程设计文件时，第一，需要了解政府设计文件审批程序、报审条件及所需提供的资料等信息，以做好充分准备；第二，提前向相关部门进行咨询，获得相关部门咨询意见，以提高设计文件质量；第三，应事先检查设计文件及附件的完整性、合规性；第四，及时与相关政府部门联系，根据审批意见进行反馈和督促设计单位予以完善。

48. C. 本题考核的是建设工程风险分析与评价的方法。常用的风险分析与评价方法有调查打分法、蒙特卡洛模拟法、计划评审技术法和敏感性分析法等。

49. A. 本题考核的是平行检验作用。平行检验的内容包括工程实体量测和材料检验等内容，故选项 B 错误。监理人员不应只根据施工单位自己的检查、验收情况填写验收结论，而应该在施工单位检查、验收的基础之上进行"平行检验"，这样的质量验收结论才更具有说服力，故选项 C、D 错误。

50. C. 本题考核的是多平面 Project Controlling 模式的性质。在多平面 Project Controlling 模式中，总 Project Controlling 机构对外服务于业主项目总负责人。

二、多项选择题

51. BCDE	52. BDE	53. BCD	54. BDE	55. ABDE
56. BDE	57. ACD	58. ABCD	59. BCDE	60. ACDE
61. AB	62. BDE	63. ABDE	64. ABE	65. ACDE
66. AC	67. ABDE	68. BCDE	69. ABDE	70. BCDE
71. BCD	72. ABC	73. ADE	74. ABE	75. BCD
76. ABDE	77. ABCD	78. BCDE	79. ACD	80. BDE

【解析】

51. BCDE。本题考核的是建设工程监理的性质。建设工程监理的性质可概括为服务性、科学性、独立性和公平性四个方面。

52. BDE。本题考核的是建设工程监理的性质。审查的主要内容包括：（1）是否符合工程建设强制性标准；（2）地基基础和主体结构的安全性；（3）勘察设计企业和注册执业人员以及相关人员是否按规定在施工图上加盖相应的图章和签字；（4）其他法律、法规、规章规定必须审查的内容。

53. BCD。本题考核的是项目总经理的职权内容。项目总经理的职权有：组织编制项目初步设计文件；编制并组织实施归还贷款和其他债务计划；组织工程建设实施，负责控制工程投资、工期和质量；负责组织项目试生产和单项工程预验收；组织项目后评价，提出项目后评价报告等。选项 A、E 属于项目董事会的职权。

54. BDE。本题考核的是建设工程合同的种类。建设工程合同包括工程勘察、设计、施工合同。仓储合同与保管合同是《合同法》15 类分类中的内容。

55. ABDE。本题考核的是施工机具设备安全管理。使用承租的机械设备和施工机具及配件的，应由施工总承包单位、分包单位、出租单位和安装单位共同进行验收，验收合格的方可使用。

56. BDE。本题考核的是项目监理机构监理人员的组成。项目监理机构的监理人员应由总监理工程师、专业监理工程师和监理员组成。

57. ACD。本题考核的是无效合同的情形。有下列情形之一的为合同无效：（1）一方以欺诈、胁迫的手段订立合同，损害国家利益；（2）恶意串通，损害国家、集体或第三人利益；（3）以合法形式掩盖非法目的；（4）损害社会公共利益；（5）违反法律、行政法规的强制性规定。

58. ABCD。本题考核的是事务所资质标准。事务所资质标准包括：（1）取得合伙企业营业执照，具有书面合作协议书；（2）合伙人中有 3 名以上注册监理工程师，合伙人均有 5 年以上从事建设工程监理的工作经历；（3）有固定的工作场所；（4）有必要的质量管理体系和规章制度；（5）有必要的工程试验检测设备。

59. BCDE。本题考核的是工程监理企业在监理活动中做到公平的内容。公平，是指工程监理企业在监理活动中既要维护建设单位利益，又不能损害施工单位合法权益，并依据合同公平合理地处理建设单位与施工单位之间的争议。工程监理企业要做到公平，必须做到以下几点：（1）要具有良好的职业道德；（2）要坚持实事求是；（3）要熟悉建设工程合同有关条款；（4）要提高专业技术能力；（5）要提高综合分析判断问题的能力。建立健全合同管理制度是工程监理企业经营活动中诚信的准则。故选项 A 错误。

60. ACDE。本题考核的是注册监理工程师的权利。注册监理工程师享有下列权利：（1）使用注册监理工程师称谓；（2）在规定范围内从事执业活动；（3）依据本人能力从事相应的执业活动；（4）保管和使用本人的注册证书和执业印章；（5）对本人执业活动进行解释和辩护；（6）接受继续教育；（7）获得相应的劳动报酬；（8）对侵犯本人权利的行为进行申诉。接受继续教育，努力提高执业水准属于注册监理工程师的义务。故选项 B 错误。

61. AB。本题考核的是建设工程监理招标方式。建设工程监理招标可分为公开招标和邀请招标两种方式。

62. BDE。本题考核的是工程概述。根据建设单位提供和自己初步掌握的工程信息，对工程特征进行简要描述，主要包括：工程名称、工程内容及建设规模；工程结构或工艺特点；工程地点及自然条件概况；工程质量、造价和进度控制目标等。

63. ABDE。本题考核的是建设工程监理合同的标的。工程建设实施阶段所签订的勘察设计合同、施工合同、物资采购合同、委托加工合同的标的物是产生新的信息成果或物质成果。

64. ABE。本题考核的是勘察设计文件及合同的内容。勘察设计文件及合同的内容包括：批准的初步设计文件、施工图设计文件，建设工程监理合同以及与所监理工程相关的施工合同、材料设备采购合同等。

65. ACDE。本题考核的是采用建设工程施工总承包模式的特点。采用建设工程施工总承包模式的特点包括：采用建设工程施工总承包模式，有利于建设工程的组织管理。由于施工合同数量比平行承发包模式更少，有利于建设单位的合同管理，减少协调工作量，可发挥工程监理单位与施工总承包单位多层次协调的积极性；总包合同价可较早确定，有利于控制工程造价；由于既有施工分包单位的自控，又有施工总承包单位监督，还有工程监理单位的检查认可，有利于工程质量控制；施工总承包单位具有控制的积极性，施工分包单位之间也有相互制约的作用，有利于总体进度的协调控制。

66. AC。本题考核的是工程监理单位的安全责任。工程监理单位的安全责任包括：工程监理单位应当审查施工组织设计中的安全技术措施或者专项施工方案是否符合工程建设强制性标准；在实施监理过程中，发现存在安全事故隐患的，应当要求施工单位整改。选项 B 属于设计单位的安全责任；选项 D 属于施工单位的安全责任；选项 E 属于建设单位的安全责任。

67. ABDE。本题考核的是项目监理机构组织结构形式选择的基本原则。组织结构形式选择的基本原则是：有利于工程合同管理，有利于监理目标控制，有利于决策指挥，有利于信息沟通。

68. BCDE。本题考核的是项目监理机构职能制组织形式特点。职能组织形式的主要优点是加强了项目监理目标控制的职能化分工，可以发挥职能机构的专业管理作用，提高管理效率，减轻总监理工程师负担。但由于下级人员受多头指挥，如果这些指令相互矛盾，会使下级在监理工作中无所适从。

69. ABDE。本题考核的是建设工程监理合同文件的内容。建设工程监理合同的相关条款和内容是编写监理规划的重要依据，主要包括：监理工作范围和内容，监理与相关服务依据，工程监理单位的义务和责任，建设单位的义务和责任等。

70. BCDE。本题考核的是监理工作依据。依据《建设工程监理规范》GB/T 50319—2013，实施建设工程监理的依据主要包括法律法规及工程建设标准、建设工程勘察设计文件、建设工程监理合同及其他合同文件等。

71. BCD。本题考核的是工程造价控制的目标分解。工程造价控制的目标分解包括：（1）按建设工程费用组成分解；（2）按年度、季度分解；（3）按建设工程实施阶段分解。

72. ABC。本题考核的是建设工程监理通用表的内容。建设工程监理通用表包括：（1）工作联系单；（2）工程变更单；（3）索赔意向通知书。

73. ADE。本题考核的是建设工程总目标的逐级分解。为了有效地控制建设工程三大目标，需要逐级分解建设工程总目标，按工程参建单位、工程项目组成和时间进展等制定分目标、子目标及可执行目标，形成建设工程目标体系。

74. ABE。本题考核的是建设工程信息的收集。如果是在建设工程施工招标阶段提供相关服务，则需要收集的信息有：工程立项审批文件；工程地质、水文地质勘察报告；工程设计及概算文件；施工图设计审批文件；工程所在地工程材料、构配件、设备、劳动力市场价格及变化规律；工程所在地工程建设标准及招投标相关规定等。

75. BCD。本题考核的是项目监理机构与施工单位的协调。监理工程师对工程质量、造价、进度目标的控制，以及履行建设工程安全生产管理的法定职责，都是通过施工单位的工作来实现的，因此，做好与施工单位的协调工作是监理工程师组织协调工作的重要内容。

76. ABDE。本题考核的是建设工程监理的法律地位。自建设工程监理制度实施以来，有关法律、行政法规、部门规章等逐步明确了建设工程监理的法律地位：（1）明确了强制实施监理的工程范围；（2）明确了建设单位委托工程监理单位的职责；（3）明确了工程监理单位的职责；（4）明确了工程监理人员的职责。

77. ABCD。本题考核的是建设工程造价控制任务。项目监理机构在建设工程施工阶段造价控制的主要任务是通过工程计量、工程付款控制、工程变更费用控制、预防并处理好费用索赔、挖掘降低工程造价潜力等使工程实际费用支出不超过计划投资。

78. BCDE。本题考核的是办理工程质量监督注册手续需提供的资料。办理质量监督注册手续时需提供下列资料：（1）施工图设计文件审查报告和批准书；（2）中标通知书和施工、监理合同；（3）建设单位、施工单位和监理单位工程项目负责人和机构组成；（4）施工组织设计和监理规划（监理实施细则）；（5）其他需要的文件资料。

79. ACD。本题考核的是项目人力资源管理的内容。项目人力资源管理的内容包括：

开发项目团队；管理项目团队；编制人力资源计划；获取项目团队。

80. BDE。本题考核的是联合承包工程。虽然联合承包工程的风险相对较大，但可以给工程咨询公司带来更多的利润，而且在有些项目上可以更好地发挥工程咨询公司在技术、信息、管理等方面的优势。

权威预测试卷（五）

一、单项选择题（共 50 题，每题 1 分。每题的备选项中，只有 1 个最符合题意）

1. 根据《建设工程质量管理条例》，工程监理单位将不合格的建筑工程按合格签字的，按规定责令改正，并对监理单位处以（　　）的罚款。
A. 100 万元以上 200 万元以下　　　　B. 30 万元以上 50 万元以下
C. 50 万元以上 100 万元以下　　　　D. 20 万元以上 30 万元以下

2. 根据《建设工程安全生产管理条例》，由建设工程监理基本任务决定的建设工程监理性质是（　　）。
A. 独立性　　　　　　　　　　　　B. 公平性
C. 科学性　　　　　　　　　　　　D. 服务性

3. 下列工程项目中，必须实行监理的是（　　）。
A. 总投资额为 1 亿元的服装厂改建项目
B. 总投资额为 400 万美元的联合国环境署援助项目
C. 总投资额为 2500 万元的垃圾处理项目
D. 建筑面积为 4 万 m² 的住宅建设项目

4. 建设工程按设计文件的规定内容和标准全部完成，并按规定将施工现场清理完毕后，达到竣工验收条件时，（　　）即可组织工程竣工验收。
A. 勘察单位　　　　　　　　　　　B. 建设单位
C. 设计单位　　　　　　　　　　　D. 施工单位

5. 根据《建筑法》，关于建筑工程开工前，建设单位应当按照国家有关规定向（　　）申请领取施工许可证。
A. 工程所在地县级以上人民政府建设主管部门
B. 国家安全生产监督管理部门
C. 国务院产品质量监督管理部门
D. 省、自治区、直辖市人民政府建设主管部门

6. 根据《招标投标法》的规定，关于招标的说法，正确的是（　　）。
A. 招标人对已发出的招标文件进行必要的澄清或者修改的，应当在招标文件要求提交投标文件截止时间至少 15 日前，以书面形式通知所有招标文件收受人
B. 招标分为公开招标、投票选举招标和邀请招标三种方式

C. 招标人可以在不影响公平竞争的前提下透露有关招标投标的相关情况

D. 自招标文件开始发出之日起至投标人提交投标文件截止之日止，最短不得少于 7 日

7. 根据《合同法》总则的内容，关于缔约过失责任应当承担损害赔偿责任的说法，错误的是( )。

A. 因天灾而造成的合同无法进行

B. 假借订立合同，恶意进行磋商

C. 故意隐瞒与订立合同有关的重要事实或者提供虚假情况

D. 有其他违背诚实信用原则的行为

8. 根据《合同法》，关于建设工程合同履行中，发包人权利和义务的说法，错误的是( )。

A. 建设工程竣工后，发包人应当根据施工图纸及说明书、国家颁发的施工验收规范和质量检验标准及时进行验收

B. 发包人在不妨碍承包人正常作业的情况下，可以随时对作业进度、质量进行检查

C. 因发包人变更计划，提供的资料不准确，或者未按照期限提供必需的勘察、设计工作条件而造成勘察、设计的返工、停工或者修改设计，发包人应当按照施工人实际消耗的工作量增付费用

D. 因施工人的原因致使建设工程质量不符合约定的，发包人有权要求施工人在合理期限内无偿修理或者返工、改建

9. 根据《建设工程质量管理条例》，下列建设工程的最低保修期限为 5 年的是( )。

A. 屋面防水工程

B. 供热与供冷系统工程

C. 电气管道、给水排水管道、设备安装和装修工程

D. 基础设施工程、房屋建筑的地基基础工程和主体结构工程

10. 合同转让是合同变更的一种特殊形式，债权人可以将合同的权利全部或部分转让给第三人，下面可以转让的情形是( )。

A. 债务人主观意愿不同意转让   B. 按照当事人约定不得转让

C. 根据合同性质不得转让   D. 依照法律规定不得转让

11. 根据《生产安全事故报告和调查处理条例》，对造成 3 人及以上 10 人以下死亡，或者 10 人及以上 50 人以下重伤，或者 1000 万元及以上 5000 万元以下直接经济损失的事故称为( )。

A. 重大生产安全事故   B. 特别重大生产安全事故

C. 一般生产安全事故   D. 较大生产安全事故

12. 根据《生产安全事故报告和调查处理条例》，下列关于事故调查报告的说法，正

确的是(   )。

    A. 事故调查组应当自事故发生之日起 30 日内提交事故调查报告

    B. 事故调查报告包括事故单位在救援时表现能力

    C. 特别重大事故 30 日内做出批复，特殊情况下，批复时间可以适当延长

    D. 一般事故中，负责事故调查的人民政府应当自收到事故调查报告之日起 30 日内做出批复

13. 根据《工程监理企业资质管理规定》，下列关于企业资质标准中，符合甲级企业资质标准的是(   )。

    A. 具有独立法人资格且注册资本不少于 250 万元

    B. 企业近 2 年内独立监理过 2 个以上相应专业的二级工程项目

    C. 企业技术负责人可以为注册监理工程师

    D. 企业技术负责人具有 15 年以上从事工程建设工作的经历

14. 根据《招标投标法》，招标文件需进行必要的澄清或修改的，应在投标文件截止时间(   )前，以书面形式通知所有招标文件收受人。

    A. 7 日　　　　　　　　　　　　B. 10 日

    C. 15 日　　　　　　　　　　　　D. 20 日

15. 下列监理工程师对质量控制的措施中，(   )是属于技术措施的。

    A. 落实质量控制责任　　　　　　B. 严格质量控制工作流程

    C. 制定质量控制协调程序　　　　D. 协助完善质量保证体系

16. 根据《国务院关于投资体制改革的决定》，对于采用资本金注入方式的政府投资工程，政府需要审批(   )。

    A. 资金申请报告和概算　　　　　B. 开工报告和施工图预算

    C. 初步设计和概算　　　　　　　D. 项目建议书和可行性研究报告

17. 下列关于建设工程监理招标准备的工作的不属于其内容的是(   )。

    A. 编制招标方案　　　　　　　　B. 明确招标范围和内容

    C. 组织现场踏勘　　　　　　　　D. 确定招标组织

18. 下列关于定量综合评估法特点的说法，正确的是(   )。

    A. 增强了评标的科学性和公正性

    B. 受评标专家人为因素影响较小

    C. 由评标委员会专家分别打分，增加了评标过程中的相互干扰

    D. 体现了评标的专一性

19. 根据《生产安全事故报告和调查处理条例》，某事故发生单位主要负责人未履行

安全生产管理职责，造成 30 人受伤，8000 万元直接经济损失，该单位主要负责人依照规定应处以（   ）的罚款。

A. 一年年收入 60%
B. 一年年收入 80%
C. 50 万元以上 200 元以下
D. 200 万元以上 500 万元以下

20. 下列不属于监理工作内容的是（   ）。

A. 信息管理
B. 组织协调
C. 勘察设计
D. 造价控制

21. 根据通用条件的规定，除法律另有规定以外，合同生效的时间的是（   ）。

A. 委托人和监理人的法定代表人见面共同约定后
B. 委托人和监理人的法定代表人经见证机关的见证后
C. 委托人和监理人的法定代表人在协议书上签字的 24h 后
D. 委托人和监理人的法定代表人在协议书上签字并盖上单位公章后

22. 根据《建设工程监理合同（示范文本）》GF—2012—0202，下列关于委托人义务的说法，错误的是（   ）。

A. 委托人应在双方签订合同后 15d 内，将其代表的姓名和职责书面告知监理人
B. 委托人负责协调工程建设中所有外部关系，为监理人履行合同提供必要的外部条件
C. 委托人应为监理人实施监理与相关服务提供必要的工作条件
D. 委托人应按照相关约定，无偿、及时向监理人提供工程有关资料

23. 建设工程监理投标决策应当遵守的原则是（   ）。

A. 充分考虑国家政策、建设单位信誉情况，保证中标后工程项目能顺利实施
B. 对于竞争激烈、风险特别大的工程项目，应联合一个或多个建设单位一起进行投标
C. 针对注册监理工程师稀缺的情况，监理单位可将有限人力资源分散到小工程投标中
D. 本着良好的信誉和口碑进行投标

24. 关于平行承发包模式下工程监理委托方式特点的说法，正确的是（   ）。

A. 工程造价控制难度小
B. 不利于建设单位在更广范围内选择施工单位
C. 有利于缩短工期、控制质量
D. 合同数量少，避免了造成合同管理困难

25. 建设项目法人责任制的核心内容是明确由项目法人（   ）。

A. 组织工程建设
B. 策划工程项目
C. 负责生产经营
D. 承担投资风险

26. 关于项目监理机构和施工单位协调的说法，正确的是（   ）。

    A. 监理工程师应善于理解工地工程师的意见

    B. 施工单位使用不合格材料，监理工程师应立即签发停工令

    C. 分包合同履行中发生的索赔，由监理工程师根据总承包合同进行索赔

    D. 工程施工合同争议应首先采用协商处理方式解决

27. 根据《建设工程监理规范》GB/T 50319—2013，关于任职范围要求规定的说法，错误的是（   ）。

    A. 专业监理工程师可由具有中级及以上专业技术职称、2年及以上工程实践经验并经监理业务培训的人员担任

    B. 专业监理工程师由工程类注册执业资格的人员担任

    C. 总监理工程师代表由工程类注册执业资格的人员担任

    D. 总监理工程师可由具有中级及以上专业技术职称、2年及以上工程实践经验并经监理业务培训的人员担任

28. 根据《建设工程监理规范》GB/T 50319—2013，下列属于总监理工程师职责的是（   ）。

    A. 组织审核分包单位资格

    B. 根据工程进展及监理工作情况调配监理人员，检查监理人员工作

    C. 根据施工情况，调整施工人员岗位

    D. 根据施工现场情况，微调施工设计图纸

29. 建设工程监理合同文件中，编写监理规划的重要依据是（   ）。

    A. 《建设工程监理与相关服务收费标准》

    B. 工程技术标准

    C. 建设工程监理合同的相关条款和内容

    D. 初步设计文件

30. 工程监理企业组织形式中，由（   ）决定聘任或者解聘有限责任公司的经理。

    A. 股东会   B. 监事会

    C. 董事会   D. 项目监理机构

31. 根据《建设工程监理规范》GB/T 50319—2013，下列不属于反映当地工程建设法规及政策方面资料的是（   ）。

    A. 工程建设程序

    B. 有关法律法规及政策

    C. 当地交通、能源和市政公用设施的资料

    D. 工程造价管理制度

32. 根据《建设工程监理规范》GB/T 50319—2013，下列不属于项目监理机构现场监理工作制度的是（　　）。

A. 工程材料、半成品质量检验制度

B. 施工备忘录签发制度

C. 项目监理机构人员岗位职责制度

D. 现场协调会及会议纪要签发制度

33. 关于建设工程设计阶段，监理单位需要建立的制度包括的是（　　）。

A. 设计招标管理制度　　　　　　B. 工程估算审核制度

C. 设计要求编写及审核制度　　　D. 可行性研究报告评审制度

34. 建设工程监理招标的标的是（　　）。

A. 监理酬金　　　　　　　　　　B. 监理设备

C. 监理人员　　　　　　　　　　D. 监理服务

35. 根据《建设工程监理规范》GB/T 50319—2013，监理实施细则可随工程进展编制，但应在相应工程开始由（　　）编制完成。

A. 监理员　　　　　　　　　　　B. 总监理工程师代表

C. 注册监理工程师　　　　　　　D. 专业监理工程师

36. 往往希望建设工程的质量好、投资省、工期短（进度快），但在工程实践中，几乎不可能同时实现上述目标的，是从（　　）角度出发的。

A. 设计单位　　　　　　　　　　B. 分包单位

C. 建设单位　　　　　　　　　　D. 施工单位

37. 项目监理机构为完成施工阶段造价控制任务需做好的工作包括（　　）。

A. 协助施工单位制定施工阶段资金使用计划

B. 研究预防工程变更的措施，避免增加施工工期

C. 协助建设单位按期提交合格施工现场

D. 审核建设单位提交的工程结算文件

38. 根据《建设工程监理规范》GB/T 50319—2013，总监理工程师签发工程暂停令，应事先征得（　　）同意，在紧急情况下未能事先报告时，应在事后及时向其作出书面报告。

A. 监理单位　　　　　　　　　　B. 建设单位

C. 设计单位　　　　　　　　　　D. 施工单位

39. 通过数字化工程信息模型，确保工程项目各阶段数据信息的（　　），进而在工程建设早期发现问题并予以解决，减少施工过程中的工程变更，大大提高对工程造价的控制力。

A. 可行性、必要性　　　　　　　B. 明确性、规定性

C. 模拟性、优化性　　　　　　　　　D. 准确性、唯一性

40. 关于监理人员在巡视检查时，在安全生产方面应关注情况的说法，正确的是（　　）。
A. 天气情况是否适合施工作业
B. 使用的工程材料、设备和构配件是否已检测合格
C. 施工机具、设备的工作状态，周边环境是否有异常情况
D. 安全生产、文明施工制度、措施落实情况

41. 旁站应在（　　）的指导下，由现场监理人员负责具体实施。
A. 总监理工程师代表　　　　　　　　B. 总监理工程师
C. 专业监理工程师　　　　　　　　　D. 施工项目责任人

42. 根据《建设工程监理规范》GB/T 50319—2013，建设工程监理基本表式分类，C 类表为（　　）。
A. 施工单位报审　　　　　　　　　　B. 工程监理单位用表
C. 报验用表　　　　　　　　　　　　D. 通用表

43. 根据《建设工程监理规范》GB/T 50319—2013，项目监理机构收到（　　）报送的《监理通知回复单》后，一般可由原发出《监理通知单》的专业监理工程师进行核查，认可整改结果后予以签认。
A. 材料供应单位　　　　　　　　　　B. 分包单位
C. 设计单位　　　　　　　　　　　　D. 施工单位

44. 关于建设工程监理主要文件的资料，其内容不包括（　　）。
A. 中标通知书　　　　　　　　　　　B. 监理通知单、工程联系单与监理报告
C. 监理工作总结　　　　　　　　　　D. 工程材料、构配件、设备报验文件资料

45. 关于项目管理知识体系中的项目集成管理内容，不属于其内容的是（　　）。
A. 监测和控制项目工作　　　　　　　B. 进行项目或阶段收尾
C. 建立工作分解结构 WBS　　　　　　D. 进行整体变更控制

46. 根据《建设工程安全生产管理条例》，建设单位的安全责任是（　　）。
A. 编制工程概算时，应确定建设工程安全作业环境及安全施工措施所需费用
B. 采用新工艺时，应提出保障施工作业人员安全的措施
C. 采用新技术、新工艺时，应对作业人员进行相关的安全生产教育培训
D. 工程施工前，应审查施工单位的安全技术措施

47. 工程监理单位应（　　），满足条件的，签发工程勘察费用支付证书，并报建设单位。
A. 检查工程勘察费用支付情况

B. 督促工程勘察单位完成勘察合同约定的工作内容

C. 审核工程勘察单位提交的勘察合同约定

D. 制定工程勘察活动相关制度

48. 根据《建筑法》，按国务院有关规定批准开工报告的建筑工程，因故不能按期开工超过（　　）个月的，应当重新办理开工报告的批准手续。

A. 1   B. 3

C. 6   D. 12

49. 确定工程项目参建各方共同目标和建立良好合作关系的前提，而且是 Partnering 模式的基础和关键的 Partnering 模式组成要素的是（　　）。

A. 共同的目标   B. 长期协议

C. 相互信任   D. 共享

50. 根据《建设工程质量管理条例》，关于工程竣工验收备案和质量事故报告的说法，正确的是（　　）。

A. 建设工程竣工验收合格之日起 30 日内，将竣工报告报建设行政主管部门备案

B. 建设工程竣工验收应有施工单位签署的工程保修书

C. 对施工质量实施监督，可采用旁站、巡视和平行检验等形式

D. 发生重大质量事故，有关单位在 24h 内向当地建设行政报告

二、多项选择题（共 30 题，每题 2 分。每题的备选项中，有 2 个或 2 个以上符合题意，至少有 1 个错项。错选，本题不得分；少选，所选的每个选项得 0.5 分）

51. 根据《建筑法》，勘察设计文件及合同内容包括（　　）。

A. 材料设备采购合同   B. 建设工程监理合同

C.《建设工程监理规范》   D. 工程技术标准

E. 施工图设计文件

52. 根据《生产安全事故报告和调查处理条例》，事故调查报告的内容包括（　　）。

A. 事故发生单位概况   B. 事故救援情况

C. 事故发生的原因   D. 已经采取的措施

E. 事故造成的人员伤亡

53. 根据《建设工程监理范围和规模标准规定》，关系社会公共利益、公众安全的公用事业项目的范围包括（　　）。

A. 科技、教育、文化项目

B. 卫生、社会福利项目

C. 体育、旅游项目

D. 防洪、灌溉、排涝、引（供）水、滩涂治理、水土保持、水利枢纽水利项目

E. 供水、供电、供气、供热市政工程项目

54. 根据《招标投标法》，围绕招标和投标活动的各个环节，明确了招标方式、招标投标程序及有关各方的职责和义务，主要包括（　　）等方面内容。
    A. 中标
    B. 投标
    C. 唱标
    D. 评标
    E. 招标

55. 根据《国务院关于投资体制改革的决定》，对于采用资本金注入方式的政府投资工程，政府需要审批（　　）。
    A. 资金申请报告
    B. 项目建议书
    C. 工程开工报告
    D. 施工组织设计
    E. 可行性研究报告

56. 实施建设工程监理的主要依据包括（　　）。
    A. 招标代理书面合同
    B. 构配件、设备的质量证明文件
    C. 建设工程勘察设计文件
    D. 建设工程监理合同
    E. 法律法规及工程建设标准

57. 下列选项中，属于工程勘察设计阶段服务内容的有（　　）。
    A. 对非施工单位原因造成的工程质量缺陷，应核实施工单位申报的修复工程费用，并应签认工程款支付证书，同时应报建设单位
    B. 协助建设单位组织专家评审设计成果
    C. 协调处理勘察设计延期
    D. 审核勘察单位提交的勘察费用支付申请
    E. 协助建设单位报审有关工程设计文件

58. 根据法人责任制的相关规定，项目董事会的职权有（　　）。
    A. 负责筹措建设资金
    B. 编制项目财务预算
    C. 提出项目开工报告
    D. 提出项目竣工验收申请报告
    E. 审定偿还债务计划

59. 根据《公司法》，关于股份有限公司组织机构规定的说法，正确的有（　　）。
    A. 股份有限公司设经理，由董事会决定聘任或者解聘
    B. 股东大会是公司的权力机构，依照《公司法》行使职权
    C. 上市公司需要设立独立董事和董事会秘书
    D. 股份有限公司设董事会，其成员为5～15人
    E. 股份有限公司股东大会由全体股东组成

60. 根据《注册监理工程师管理规定》，关于不予初始注册、延续注册或者变更注册监理工程师的情形包括( )。

A. 以虚假的职称证书参加考试并取得资格证书的

B. 在两个或者两个以上单位申请注册的

C. 年龄超过 55 周岁的

D. 未达到监理工程师继续教育要求的

E. 不具有完全民事行为能力的

61. 根据《建设工程监理规范》GB/T 50319—2013，属于各方主体通用表的有( )。

A. 工作联系单

B. 工程变更单

C. 索赔意向通知书

D. 报验、报审表

E. 工程开工报审表

62. 建设工程监理大纲是反映投标人技术、管理和服务综合水平的文件，反映了投标人对工程的分析和理解程度，评标时应重点评审建设工程监理大纲的( )。

A. 科学性

B. 严谨性

C. 针对性

D. 综合性

E. 全面性

63. 根据《建设工程监理合同（示范文本）》GF—2012—0202，关于建设工程监理合同委托的工作内容，必须符合的是( )。

A. 招标文件

B. 有关工程建设标准

C. 施工合同

D. 法律法规

E. 工程设计文件

64. 根据《建设工程监理合同（示范文本）》GF—2012—0202，委托人应在其与施工承包人及其他合同当事人签订的合同中明确( )的权限。

A. 总监理工程师

B. 监理人

C. 施工承包人

D. 设计师

E. 授予项目监理机构

65. 平行承发包模式是指建设单位将建设工程设计、施工及材料设备采购任务经分解后分别发包给若干( )，并分别与各承包单位签订合同的组织管理模式。

A. 材料设备供应单位

B. 监理单位

C. 施工单位

D. 分包单位

E. 设计单位

66. 下列建设工程风险事件中，属于技术风险的有( )。

A. 设计规范应用不当

B. 施工方案不合理

C. 合同条款有遗漏 D. 施工设备供应不足
E. 施工安全措施不当

67. 根据《建设工程监理规范》GB/T 50319—2013，监理工作的归并及组合应便于监理目标控制，并综合考虑(   )。

A. 工程规模 B. 工程结构特点
C. 工程管理及技术特点 D. 工程组织管理模式
E. 合同工期要求

68. 项目监理机构组织直线制组织形式的特点，主要包括的有(   )。

A. 实行没有职能部门的"个人管理" B. 决策迅速
C. 隶属关系明确 D. 命令统一
E. 组织机构复杂

69. 根据《建设工程质量管理条例》，存在下列(   )行为的，可处 10 万元以上 30 万元以下罚款。

A. 建设单位暗示施工单位使用不合格建筑材料的
B. 建设单位要求施工单位压缩合同约定工期的
C. 监理单位与施工单位串通降低工程质量的
D. 设计单位未按照工程建设强制性标准进行设计的
E. 设计单位指定建筑构配件生产厂的

70. 根据《建设工程监理规范》GB/T 50319—2013 规定，建设工程监理基本工作内容包括(   )。

A. 履行建设工程安全生产管理的法定职责
B. 合同管理和信息管理
C. 监理工作制度
D. 工程质量、造价、进度三大目标控制
E. 人员配备及进退场计划

71. 根据《建设工程监理规范》GB/T 50319—2013，关于工程质量控制的具体措施包括的有(   )。

A. 按合同要求及时协调有关各方的进度，以确保建设工程的形象进度
B. 建立多级网络计划体系，监控施工单位的实施作业计划
C. 达到建设单位特定质量目标要求的，按合同支付工程质量补偿金或奖金
D. 减少施工单位的索赔，正确处理索赔事宜
E. 严格质量检查和验收，不符合合同规定质量要求的，拒付工程款

72. 根据《建设工程监理规范》GB/T 50319—2013，下列属于工程进度控制的具体措

施的是（　　）。

A. 确保资金的及时供应

B. 严格质量检查和验收，不符合合同规定质量要求的，拒付工程款

C. 对原设计或施工方案提出合理化建议并被采用，由此产生的投资节约按合同规定予以奖励

D. 建立多级网络计划体系，监控施工单位的实施作业计划

E. 协助完善质量保证体系

73. 根据《建设工程监理规范》GB/T 50319—2013，在建设工程目标系统中，可采用定量分析方法的是（　　）。

A. 质量目标　　　　　　　　　　B. 进度目标

C. 计划目标　　　　　　　　　　D. 造价目标

E. 工期目标

74. 如果是在建设工程设计阶段提供项目管理服务，则需要收集的信息有（　　）。

A. 工程立项审批文件

B. 工程所在地工程材料、构配件、设备、劳动力市场价格及变化规律

C. 拟建工程所在地信息

D. 同类工程相关资料

E. 工程项目可行性研究报告及前期相关文件资料

75. 借助 BIM 技术，实现对各重要施工工序的可视化整合，协助（　　）更好地沟通协调与论证，合理优化施工工序。

A. 监理单位　　　　　　　　　　B. 设计单位

C. 分包单位　　　　　　　　　　D. 建设单位

E. 施工单位

76. 根据《建设工程监理规范》GB/T 50319—2013，下列（　　）是有权签发《工作联系单》的负责人。

A. 工程项目其他参建单位的相关负责人

B. 建设单位现场代表

C. 注册结构工程师

D. 注册监理工程师

E. 工程监理单位项目总监理工程师

77. 根据《建设工程文件归档整理规范》GB/T 50328—2001 规定，由建设单位长期保存的文件包括（　　）。

A. 监理规划　　　　　　　　　　B. 监理实施细则

C. 项目监理机构及负责人名单　　D. 预付款报审与支付文件

E. 建设工程监理合同

78. 根据《建设工程文件归档规范》GB/T 50328—2014 规定，由监理单位长期保存的文件包括(　　)。
　　A. 工程暂停令
　　B. 质量事故报告及处理意见
　　C. 项目监理机构总控制计划
　　D. 监理实施细则
　　E. 工程复工令

79. 项目管理知识体系中的项目质量管理的内容包括(　　)。
　　A. 质量控制
　　B. 核实范围
　　C. 质量保证
　　D. 控制进度
　　E. 质量计划

80. 工程咨询公司的业务范围很广泛，其服务对象可以是(　　)，工程咨询公司也可以与承包商联合投标承包工程。
　　A. 国际金融机构
　　B. 监理机构
　　C. 贷款银行
　　D. 业主
　　E. 承包商

权威预测试卷（五）参考答案及解析

一、单项选择题

1. C	2. C	3. B	4. B	5. A
6. A	7. A	8. C	9. A	10. A
11. D	12. C	13. D	14. C	15. D
16. D	17. C	18. A	19. B	20. C
21. D	22. A	23. A	24. C	25. D
26. D	27. D	28. A	29. C	30. D
31. C	32. C	33. C	34. D	35. D
36. C	37. C	38. B	39. D	40. D
41. B	42. D	43. D	44. A	45. C
46. A	47. B	48. B	49. C	50. D

【解析】

1. C。本题考核的是工程监理单位的法律责任。根据《建设工程质量管理条例》第六十七条规定，工程监理单位有下列行为之一的，责令改正，处 50 万元以上 100 万元以下的罚款，降低资质等级或者吊销资质证书；有违法所得的，予以没收；造成损失的，承担连带赔偿责任：（1）与建设单位或者施工单位串通，弄虚作假、降低工程质量的；（2）将不合格的建设工程、建筑材料、建筑构配件和设备按照合格签字的。

2. C。本题考核的是建设工程监理的科学性。科学性是由建设工程监理的基本任务决定的。

3. B。本题考核的是强制实施监理的工程范围。《建设工程监理范围和规模规定》进一步细化了必须实行监理的工程范围和规模标准：（1）国家重点建设工程；（2）大中型公用事业工程；（3）成片开发建设的住宅小区工程；（4）利用外国政府或者国际组织贷款、援助资金的工程；（5）国家规定必须实行监理的其他工程。选项 A 错误，因为服装厂改建项目不属于国家重点建设工程和大中型公用事业工程，所以不属于必须实行监理的工程项目。选项 C 错误，因为垃圾处理项目的总投资额应为 3000 万元以上。选项 D 错误，因为住宅建筑项目的建筑面积在 5 万 m² 以上的必须实行监理。

4. B。本题考核的是竣工验收。建设工程按设计文件的规定内容和标准全部完成，并按规定将施工现场清理完毕后，达到竣工验收条件时，建设单位即可组织工程竣工验收。

5. A。本题考核的是建筑许可。建筑工程开工前，建设单位应当按照国家有关规定向工程所在地县级以上人民政府建设主管部门申请领取施工许可证。

6. A。本题考核的是招标的要求。招标人对已发出的招标文件进行必要的澄清或者修改的，应当在招标文件要求提交投标文件截止时间至少 15 日前，以书面形式通知所有招标文件收受人，故选项 A 正确。招标分为公开招标和邀请招标两种方式，故选项 B 错误。招标人不得向他人透露已获取招标文件的潜在投标人的名称、数量及可能影响公平竞争的有关招标投标的其他情况，故选项 C 错误。自招标文件开始发出之日起至投标人提交投标文件截止之日止，最短不得少于 20 日，故选项 D 错误。

7. A。本题考核的是限制民事行为能力人订立的合同。当事人在订立合同过程中有下列情形之一，给对方造成损失的，应当承担损害赔偿责任：假借订立合同，恶意进行磋商；故意隐瞒与订立合同有关的重要事实或者提供虚假情况；有其他违背诚实信用原则的行为。故选项 A 错误。

8. C。本题考核的是发包人权利和义务。发包人权利和义务包括：（1）发包人在不妨碍承包人正常作业的情况下，可以随时对作业进度、质量进行检查，故选项 B 正确。（2）因发包人变更计划，提供的资料不准确，或者未按照期限提供必需的勘察、设计工作条件而造成勘察、设计的返工、停工或者修改设计，发包人应当按照勘察人、设计人实际消耗的工作量增付费用，故选项 C 错误。（3）因施工人的原因致使建设工程质量不符合约定的，发包人有权要求施工人在合理期限内无偿修理或者返工、改建。经过修理或者返工、改建后，造成逾期交付的，施工人应当承担违约责任，故选项 D 正确。（4）建设工程竣工后，发包人应当根据施工图纸及说明书、国家颁发的施工验收规范和质量检验标准及时进行验收，故选项 A 正确。

9. A。本题考核的是建设工程最低保修期限。屋面防水工程、有防水要求的卫生间、房间和外墙面的防渗漏工程的最低保修期限，为 5 年。供热与供冷系统，为 2 个采暖期、供冷期。电气管道、给水排水管道、设备安装和装修工程，为 2 年。基础设施工程、房屋建筑的地基基础工程和主体结构工程，为设计文件规定的该工程合理使用年限。

10. A。本题考核的是合同转让的情形。债权人可以将合同的权利全部或者部分转让给第三人。但下列情形除外：（1）根据合同性质不得转让；（2）按照当事人约定不得转让；（3）依照法律规定不得转让。

11. D。本题考核的是较大生产安全事故的概念。较大生产安全事故，是指造成 3 人及以上 10 人以下死亡，或者 10 人及以上 50 人以下重伤，或者 1000 万元及以上 5000 万元以下直接经济损失的事故。

12. C。本题考核的是事故调查报告。事故调查组应当自事故发生之日起60日内提交事故调查报告。故选项A错误。事故调查报告应当包括下列内容：事故发生单位概况；事故发生经过和事故救援情况；事故造成的人员伤亡和直接经济损失；事故发生的原因和事故性质；事故责任的认定以及对事故责任者的处理建议；事故防范和整改措施。故选项B错误。特别重大事故，30日内做出批复，特殊情况下，批复时间可以适当延长，但延长的时间最长不超过30日。故选项C正确。重大事故、较大事故、一般事故，负责事故调查的人民政府应当自收到事故调查报告之日起15日内做出批复。故选项D错误。

13. D。本题考核的是甲级企业资质标准。甲级企业资质标准：（1）具有独立法人资格且注册资本不少于300万元；（2）企业技术负责人应为注册监理工程师，并具有15年以上从事工程建设工作的经历或者具有工程类高级职称；（3）注册监理工程师、注册造价工程师、一级注册建造师、一级注册建筑师、一级注册结构工程师或者其他勘察设计注册工程师合计不少于25人次；其中，相应专业注册监理工程师不少于要求配备的人数，注册造价工程师不少于2人。

14. C。本题考核的是招标文件澄清或修改要求。招标人对已发出的招标文件进行必要的澄清或者修改的，应当在招标文件要求提交投标文件截止时间至少15日前，以书面形式通知所有招标文件收受人。

15. D。本题考核的是工程质量控制的技术措施。工程质量控制的技术措施包括：协助完善质量保证体系；严格事前、事中和事后的质量检查监督。

16. D。本题考核的是《国务院关于投资体制改革的决定》（国发〔2004〕20号）的相关规定。对于采用直接投资和资本金注入方式的政府投资工程，政府需要从投资决策的角度审批项目建议书和可行性研究报告，除特殊情况外，不再审批开工报告，同时还要严格审批其初步设计和概算。

17. C。本题考核的是建设工程监理招标准备工作内容。建设工程监理招标准备工作内容包括：确定招标组织，明确招标范围和内容，编制招标方案等内容。

18. A。本题考核的是定量综合评估法的特点。定量综合评估法是目前我国各地广泛采用的评标方法，其特点是量化所有评标指标，由评标委员会专家分别打分，减少了评标过程中的相互干扰，增强了评标的科学性和公正性。需要注意的是，评标因素指标的设置和评分标准分值或权重的分配，应能充分评价工程监理单位的整体素质和综合实力，体现评标的科学、合理性。

19. B。本题考核的是事故发生单位主要负责人的处罚规定。判定事故等级属于特别重大事故。事故发生单位主要负责人未依法履行安全生产管理职责，导致事故发生的，依照下列规定处以罚款；属于国家工作人员的，并依法给予处分；构成犯罪的，依法追究刑事责任：（1）发生一般事故的，处上一年年收入30%的罚款；（2）发生较大事故的，处上一年年收入40%的罚款；（3）发生重大事故的，处上一年年收入60%的罚款；（4）发生特别重大事故的，处上一年年收入80%的罚款。

20. C。本题考核的是监理工作内容。监理工作内容一般包括：质量控制、造价控制、进度控制、合同管理、信息管理、组织协调、安全生产管理的监理工作等。

21. D。本题考核的是合同生效。通用条件第6.1条规定："除法律另有规定或者专用条件另有约定外，委托人和监理人的法定代表人或其授权代理人在协议书上签字并盖单位公章后本合同生效。"

22．A。本题考核的是委托人的义务。委托人应在双方签订合同后7d内，将其代表的姓名和职责书面告知监理人。故选项A错误。

23．A。本题考核的是投标决策原则。为实现最优赢利目标，可以参考如下基本原则进行投标决策：（1）充分衡量自身人员和技术实力能否满足工程项目要求，且要根据工程监理单位自身实力、经验和外部资源等因素来确定是否参与竞标；（2）充分考虑国家政策、建设单位信誉、招标条件、资金落实情况等，保证中标后工程项目能顺利实施；（3）由于目前工程监理单位普遍存在注册监理工程师稀缺、监理人员数量不足的情况，因此在一般情况下，工程监理单位与其将有限人力资源分散到几个小工程投标中，不如集中优势力量参与一个较大建设工程监理投标；（4）对于竞争激烈、风险特别大或把握不大的工程项目，应主动放弃投标。

24．C。本题考核的是工程监理委托方式的特点。采用平行承发包模式，由于各承包单位在其承包范围内同时进行相关工作，有利于缩短工期、控制质量，也有利于建设单位在更广范围内选择施工单位。该模式的缺点是：合同数量多，会造成合同管理困难；工程造价控制难度大。

25．D。本题考核的是建设项目法人责任制的核心内容。项目法人责任制的核心内容是明确由项目法人承担投资风险，项目法人要对工程项目的建设及建成后的生产经营实行一条龙管理和全面负责。

26．D。本题考核的是项目监理机构与施工单位的协调工作。监理工程师既要懂得坚持原则，又善于理解施工项目经理的意见，工作方法灵活，能够随时提出或愿意接受变通办法解决问题，故选项A错误。当发现施工单位采用不适当的方法进行施工，或采用不符合质量要求的材料时，监理工程师除立即制止外，还需要采取相应的处理措施，故选项B错误。分包合同履行中发生的索赔问题，一般应由总承包单位负责，故选项C错误。

27．D。本题考核的是《建设工程监理规范》GB/T 50319—2013的规定。《建设工程监理规范》GB/T 50319—2013规定，总监理工程师由注册监理工程师担任；总监理工程师代表由工程类注册执业资格的人员（如：注册监理工程师、注册造价工程师、注册建造师、注册结构工程师、注册建筑师等）担任，也可由具有中级及以上专业技术职称、3年及以上工程实践经验并经监理业务培训的人员担任；专业监理工程师由工程类注册执业资格的人员担任，也可由具有中级及以上专业技术职称、2年及以上工程实践经验并经监理业务培训的人员担任；监理员由具有中专及以上学历并经过监理业务培训的人员担任。故选项D错误。

28．A。本题考核的是总监理工程师的职责。总监理工程师职责包括：（1）确定项目监理机构人员及其岗位职责；（2）组织编制监理规划，审批监理实施细则；（3）根据工程进展及监理工作情况调配监理人员，检查监理人员工作；（4）组织召开监理例会；（5）组织审核分包单位资格；（6）组织审查施工组织设计、（专项）施工方案；（7）审查开复工报审表，签发工程开工令、暂停令和复工令；（8）组织检查施工单位现场质量、安全生产管理体系的建立及运行情况；（9）组织审核施工单位的付款申请，签发工程款支付证书，组织审核竣工结算；（10）组织审查和处理工程变更；（11）调解建设单位与施工单位的合同争议，处理工程索赔；（12）组织验收分部工程，组织审查单位工程质量检验资料；（13）审查施工单位的竣工申请，组织工程竣工预验收，组织编写工程质量评估报告，参与工程竣工验收；（14）参与或配合工程质量安全事故的调查和处理；（15）组织编写监理月报、监理工作总结，组织质量监理文件资料。而进行见证取样属于监理员的职责。

29. C。本题考核的是建设工程监理合同文件。建设工程监理合同的相关条款和内容是编写监理规划的重要依据，主要包括：监理工作范围和内容，监理与相关服务依据，工程监理单位的义务和责任，建设单位的义务和责任等。

30. C。本题考核的是经理聘任或者解聘。有限责任公司可以设经理，由董事会决定聘任或者解聘。经理对董事会负责，行使公司管理职权。

31. C。本题考核的是反映当地工程建设法规及政策方面的资料。反映当地工程建设法规及政策方面的资料包括：（1）工程建设程序；（2）招投标和工程监理制度；（3）工程造价管理制度等；（4）有关法律法规及政策。

32. C。本题考核的是项目监理机构现场监理工作制度。项目监理机构现场监理工作制度包括：（1）工程材料、半成品质量检验制度；（2）现场协调会及会议纪要签发制度；（3）施工备忘录签发制度等。

33. C。本题考核的是相关服务工作制度中建设工程设计阶段的内容。设计阶段：包括设计大纲、设计要求编写及审核制度，设计合同管理制度，设计方案评审办法，工程概算审核制度，施工图纸审核制度，设计费用支付签认制度，设计协调会制度等。

34. D。本题考核的是建设工程监理招标的标的。工程监理单位不承担建筑产品生产任务，只是受建设单位委托提供技术和管理咨询服务。建设工程监理招标属于服务类招标，其标的是无形的"监理服务"。

35. D。本题考核的是监理实施细则编写要求。监理实施细则可随工程进展编制，但应在相应工程开始由专业监理工程师编制完成，并经总监理工程师审批后实施。

36. C。本题考核的是建设工程三大目标之间的关系。从建设单位角度出发，往往希望建设工程的质量好、投资省、工期短（进度快），但在工程实践中，几乎不可能同时实现上述目标。

37. C。本题考核的是完成施工阶段造价控制任务的工作要求。选项A、B、D的正确说法是：协助建设单位制定施工阶段资金使用计划；研究确定预防费用索赔的措施，以避免、减少施工索赔；审核施工单位提交的工程结算文件。

38. B。本题考核的是签发工程暂停令的注意事项。总监理工程师签发工程暂停令，应事先征得建设单位同意，在紧急情况下未能事先报告时，应在事后及时向建设单位作出书面报告。

39. D。本题考核的是BIM在工程项目管理中的应用。通过数字化工程信息模型，确保工程项目各阶段数据信息的准确性和唯一性，进而在工程建设早期发现问题并予以解决，减少施工过程中的工程变更，大大提高对工程造价的控制力。

40. D。本题考核的是巡视工作内容和职责。安全生产方面包括的内容：（1）施工单位安全生产管理人员到岗履职情况、特种作业人员持证情况；（2）施工组织设计中的安全技术措施和专项施工方案落实情况；（3）安全生产、文明施工制度、措施落实情况；（4）危险性较大分部分项工程施工情况，重点关注是否按方案施工；（5）大型起重机械和自升式架设设施运行情况；（6）施工临时用电情况；（7）其他安全防护措施是否到位，工人违章情况；（8）施工现场存在的事故隐患，以及按照项目监理机构的指令整改实施情况；（9）项目监理机构签发的工程暂停令执行情况等。施工机具、设备的工作状态，周边环境是否有异常情况属于施工质量方面的内容。

41. B。本题考核的是旁站工作内容。旁站应在总监理工程师的指导下，由现场监理人员负责具体实施。

42. D。本题考核的是建设工程监理基本表式分类。根据《建设工程监理规范》GB/T 50319—2013建设工程监理基本表式分类，C类表为通用表。

43. D。本题考核的是工程监理单位用表。项目监理机构收到施工单位报送的《监理通知回复单》后，一般可由原发出《监理通知单》的专业监理工程师进行核查，认可整改结果后予以签认。

44. A。本题考核的是建设工程监理主要文件资料的内容。建设工程监理主要文件资料包括：（1）勘察设计文件、建设工程监理合同及其他合同文件；（2）监理规划、监理实施细则；（3）设计交底和图纸会审会议纪要；（4）施工组织设计、（专项）施工方案、施工进度计划报审文件资料；（5）分包单位资格报审会议纪要；（6）施工控制测量成果报验文件资料；（7）总监理工程师任命书，工程开工令、暂停令、复工令、开工或复工报审文件资料；（8）工程材料、构配件、设备报验文件资料；（9）见证取样和平行检验文件资料；（10）工程质量检验报验资料及工程有关验收资料；（11）工程变更、费用索赔及工程延期文件资料；（12）工程计量、工程款支付文件资料；（13）监理通知单、工程联系单与监理报告；（14）第一次工地会议、监理例会、专题会议等会议纪要；（15）监理月报、监理日志、旁站记录；（16）工程质量或安全生产事故处理文件资料；（17）工程质量评估报告及竣工验收监理文件资料；（18）监理工作总结。

45. C。本题考核的是项目管理知识体系中的项目集成管理内容。项目管理知识体系中的项目集成管理内容包括：获得项目许可；编制项目计划；指导和管理项目执行；监测和控制项目工作；进行整体变更控制；进行项目或阶段收尾。

46. A。本题考核的是建设单位的安全责任。安全责任包括：（1）提供资料；（2）禁止行为；（3）安全施工措施及其费用；（4）拆除工程发包与备案。建设单位在编制工程概算时，应当确定建设工程安全作业环境及安全施工措施所需费用。

47. B。本题考核的是工程勘察过程控制。工程监理单位应检查工程勘察进度计划执行情况，督促工程勘察单位完成勘察合同约定的工作内容，审核工程勘察单位提交的勘察费用支付申请。对于满足条件的，签发工程勘察费用支付证书，并报建设单位。

48. B。本题考核的是施工许可证的有效期。建设单位应当自领取施工许可证之日起3个月内开工。因故不能按期开工的，应当向发证机关申请延期；延期以两次为限，每次不超过3个月。既不开工又不申请延期或者超过延期时限的，施工许可证自行废止。

49. C。本题考核的是Partnering模式的组成要素。相互信任是确定工程项目参建各方共同目标和建立良好合作关系的前提，是Partnering模式的基础和关键。

50. D。本题考核的是工程竣工验收备案和质量事故报告的要求。建设单位应当自建设工程竣工验收合格之日起15日内，将建设工程竣工验收报告和相关部门出具的认可文件报建设行政主管部门报告，故选项 A 错误。选项 B 属于建设单位的质量责任和义务。选项 C 属于工程监理单位的质量责任和义务。

二、多项选择题

51. ABE	52. ABCE	53. ABCE	54. ABDE	55. BE
56. CDE	57. BCE	58. ACDE	59. ABCE	60. ABDE
61. ABC	62. ACE	63. BCDE	64. ABE	65. ACE
66. ABE	67. BCDE	68. ABCD	69. DE	70. ABD
71. CE	72. AD	73. BD	74. CDE	75. BDE
76. ABE	77. ABCE	78. ABE	79. ACE	80. ACDE

【解析】

51. ABE。本题考核的是勘察设计文件及合同的内容。勘察设计文件及合同的内容包括：批准的初步设计文件、施工图设计文件，建设工程监理合同以及与所监理工程相关的施工合同、材料设备采购合同等。

52. ABCE。本题考核的是事故调查报告的内容。（1）事故发生单位概况；（2）事故发生经过和事故救援情况；（3）事故造成的人员伤亡和直接经济损失；（4）事故发生的原因和事故性质；（5）事故责任的认定以及对事故责任者的处理建议；（6）事故防范和整改措施。

53. ABCE。本题考核的是关系社会公共利益、公众安全的公用事业项目的范围的内容。关系社会公共利益、公众安全的公用事业项目的范围包括：（1）供水、供电、供气、供热等市政工程项目；（2）科技、教育、文化等项目；（3）体育、旅游等项目；（4）卫生、社会福利等项目；（5）商品住宅，包括经济适用住房；（6）其他公用事业项目。关系社会公共利益、公众安全的基础设施项目的范围属于防洪、灌溉、排涝、引（供）水、滩涂治理、水土保持、水利枢纽等水利项目的内容。故选项 D 错误。

54. ABDE。本题考核的是《招标投标法》的主要内容。《招标投标法》围绕招标和投标活动的各个环节，明确了招标方式、招标投标程序及有关各方的职责和义务，主要包括：招标、投标、开标、评标和中标等方面内容。

55. BE。本题考核的是投资项目决策管理制度。对于采用直接投资和资本金注入方式的政府投资工程，政府需要审批项目建议书和可行性研究报告，除特殊情况外，不再审批开工报告，同时还要严格审批其初步设计和概算。

56. CDE。本题考核的是实施建设工程监理的主要依据。实施建设工程监理的主要依据包括：（1）法律法规及工程建设标准；（2）建设工程勘察设计文件；（3）建设工程监理合同及其他合同文件。

57. BCE。本题考核的是工程勘察设计阶段服务内容。工程勘察设计阶段服务内容包括：协助建设单位组织专家评审设计成果；协助建设单位报审有关工程设计文件；协调处理勘察设计延期、费用索赔等事宜等。

58. ACDE。本题考核的是建设项目董事会的职权。建设项目董事会的职权有：负责筹措建设资金；审核、上报初步设计和概算文件；审核、上报年度投资计划并落实资金；提出项目开工报告；研究解决建设过程中的重大问题；负责提出项目竣工验收申请报告；审定偿还债务计划和生产经营方针；聘任或解聘项目总经理。选项B属于项目总经理职权。

59. ABCE。本题考核的是公司组织机构的内容。股份有限公司设董事会，其成员为5～19人。上市公司需要设立独立董事和董事会秘书，故选项C正确、选项D错误。股份有限公司设经理，由董事会决定聘任或者解聘，故选项A正确。股份有限公司股东大会由全体股东组成，故选项E正确。股东大会是公司的权力机构，依照《公司法》行使职权，故选项B正确。

60. ABDE。本题考核的是不予注册的情形。申请人有下列情形之一的，不予初始注册、延续注册或者变更注册：（1）不具有完全民事行为能力的；（2）刑事处罚尚未执行完毕或者因从事建设工程监理或者相关业务受到刑事处罚，自刑事处罚执行完毕之日起至申请注册之日止不满2年的；（3）未达到监理工程师继续教育要求的；（4）在两个或者两个以上单位申请注册的；（5）以虚假的职称证书参加考试并取得资格证书的；（6）年龄超过65周岁的；（7）法律、法规规定不予注册的其他情形。

61. ABC。本题考核的是建设工程监理通用表的内容。建设工程监理通用表包括：（1）工作联系单；（2）工程变更单；（3）索赔意向通知书。

62. ACE。本题考核的是建设工程监理大纲的内容。建设工程监理大纲是反映投标人技术、管理和服务综合水平的文件，反映了投标人对工程的分析和理解程度。评标时应重点评审建设工程监理大纲的全面性、针对性和科学性。

63. BCDE。本题考核的是建设工程监理合同的特点。建设工程监理合同委托的工作内容必须符合法律法规、有关工程建设标准、工程设计文件、施工合同及物资采购合同。

64. ABE。本题考核的是委托人的义务。委托人应在其与施工承包人及其他合同当事人签订的合同中明确监理人、总监理工程师和授予项目监理机构的权限。

65. ACE。本题考核的是平行承发包模式下工程监理委托方式。平行承发包模式是指建设单位将建设工程设计、施工及材料设备采购任务经分解后分别发包给若干设计单位、施工单位和材料设备供应单位，并分别与各承包单位签订合同的组织管理模式。

66. ABE。本题考核的是建设工程风险初始清单的具体内容。建设工程风险初始清单的具体内容见下表。

建设工程风险初始清单

风险因素		典型风险事件
技术风险	设计	设计内容不全、设计缺陷、错误和遗漏，应用规范不恰当，未考虑地质条件，未考虑施工可能性等
	施工	施工工艺落后，施工技术和方案不合理，施工安全措施不当，应用新技术新方案失败，未考虑场地情况等
	其他	工艺设计未达到先进性指标，工艺流程不合理，未考虑操作安全性等
非技术风险	自然与环境	洪水、地震、火灾、台风、雷电等不可抗拒自然力，不明的水文气象条件，复杂的工程地质条件，恶劣的气候，施工对环境的影响等
	政治法律	法律法规的变化，战争、骚乱、罢工、经济制裁或禁运等
	经济	通货膨胀或紧缩，汇率变化，市场动荡，社会各种摊派和费用的变化，资金不到位，资金短缺等

风险因素		典型风险事件
非技术风险	组织协调	建设单位、项目管理咨询方、设计方、施工方、监理方之间的不协调及各方主体内部的不协调等
	合同	合同条款遗漏、表达有误，合同类型选择不当，承发包模式选择不当，索赔管理不力，合同纠纷等
	人员	建设单位人员、项目管理咨询人员、设计人员、监理人员、施工人员的素质不高、业务能力不强等
	材料设备	原材料、半成品、成品或设备供货不足或拖延，数量差错或质量规格问题，特殊材料和新材料的使用问题，过度损耗和浪费，施工设备供应不足、类型不配套、故障、安装失误、选型不当等

67. BCDE。本题考核的是监理工作内容。监理工作的归并及组合应便于监理目标控制，并综合考虑工程组织管理模式、工程结构特点、合同工期要求、工程复杂程度、工程管理及技术特点，还应考虑工程监理单位自身组织管理水平、监理人员数量、技术业务特点等。

68. ABCD。本题考核的是项目监理机构组织直线制组织形式的特点。项目监理机构组织直线制组织形式的主要优点是组织机构简单，权力集中，命令统一，职责分明，决策迅速，隶属关系明确。缺点是实行没有职能部门的"个人管理"，这就要求总监理工程师通晓各种业务和多种专业技能，成为"全能"式人物。

69. DE。本题考核的是勘察、设计单位的违法行为。根据《建设工程质量管理条例》第六十三条，违反本条例规定，有下列行为之一的，责令改正，处 10 万元以上 30 万元以下的罚款：（1）勘察单位未按照工程建设强制性标准进行勘察的；（2）设计单位未根据勘察成果文件进行工程设计的；（3）设计单位指定建筑材料、建筑构配件的生产厂、供应商的；（4）设计单位未按照工程建设强制性标准进行设计的。

70. ABD。本题考核的是建设工程监理基本工作内容。其内容包括：工程质量、造价、进度三大目标控制，合同管理和信息管理，组织协调，以及履行建设工程安全生产管理的法定职责。监理规划中需要根据建设工程监理合同约定进一步细化监理工作内容。

71. CE。本题考核的是工程质量控制的具体措施。工程质量控制的具体措施包括：（1）组织措施：建立健全项目监理机构，完善职责分工，制定有关质量监督制度，落实质量控制责任；（2）技术措施：协助完善质量保证体系；严格事前、事中和事后的质量检查监督；（3）经济措施及合同措施：严格质量检查和验收，不符合合同规定质量要求的，拒付工程款；达到建设单位特定质量目标要求的，按合同支付工程质量补偿金或奖金。

72. AD。本题考核的是工程进度控制的具体措施。工程进度控制的具体措施：（1）组织措施：落实进度控制的责任，建立进度控制协调制度。（2）技术措施：建立多级网络计划体系，监控施工单位的实施作业计划。（3）经济措施：对工期提前者实行奖励；对应急工程实行较高的计件单价；确保资金的及时供应等。（4）合同措施：按合同要求及时协调有关各方的进度，以确保建设工程的形象进度。

73. BD。本题考核的是定性分析与定量分析相结合的内容。在建设工程目标系统中，质量目标通常采用定性分析方法，而造价、进度目标可采用定量分析方法。

74. CDE。本题考核的是建设工程信息的收集。如果是在建设工程设计阶段提供项目管理服务，则需要收集的信息有：工程项目可行性研究报告及前期相关文件资料；同类工程相关资料；拟建工程所在地信息；勘察、测量、设计单位相关信息；拟建工程所在地政府部门相关规定；拟建工程设计质量保证体系及进度计划等。

75．BDE。本题考核的是BIM在工程项目管理中的应用。借助BIM技术，实现对各重要施工工序的可视化整合，协助建设单位、设计单位、施工单位更好地沟通协调与论证，合理优化施工工序。

76．ABE。本题考核的是工作联系单的内容。有权签发《工作联系单》的负责人有：建设单位现场代表、施工单位项目经理、工程监理单位项目总监理工程师、设计单位本工程设计负责人及工程项目其他参建单位的相关负责人等。

77．ABCE。本题考核的是建设工程监理文件资料归档范围和保管期限。《建设工程文件归档规范》GB/T 50328—2014规定的监理文件资料归档范围和保管期限见下表。

建设工程监理文件资料归档范围和保管期限

序号	文件资料名称		保存单位和保管期限		
			建设单位	监理单位	城建档案管理部门保存
1	项目监理机构及负责人名单		长期	长期	√
2	建设工程监理合同长期		长期	长期	√
3	监理规划	① 监理规划	长期	短期	√
		② 监理实施细则	长期	短期	√
		③ 项目监理机构总控制计划等	长期	短期	—
4	监理月报中的有关质量问题		长期	长期	√
5	监理会议纪要中的有关质量问题		长期	长期	√
6	进度控制	① 工程开工令/复工令	长期	长期	√
		② 工程暂停令	长期	长期	√
7	质量控制	① 不合格项目通知	长期	长期	√
		② 质量事故报告及处理意见	长期	长期	√
8	造价控制	① 预付款报审与支付	短期	—	—
		② 月付款报审与支付	短期	—	—
		③ 设计变更、洽商费用报审与签认	短期	—	—
		④ 工程竣工决算审核意见书	长期	—	√
9	分包资质	① 分包单位资质材料	长期		
		② 供货单位资质材料	长期		
		③ 试验等单位资质材料	长期		
10	监理通知	① 有关进度控制的监理通知	长期	长期	
		② 有关质量控制的监理通知	长期	长期	
		③ 有关造价控制的监理通知	长期	长期	
11	合同及其他事项管理	① 工程延期报告及审批	永久	长期	√
		② 费用索赔报告及审批	长期	长期	√
		③ 合同争议、违约报告及处理意见	永久	长期	√
		④ 合同变更材料	长期	长期	√
12	监理工作总结	① 专题总结	长期	短期	
		② 月报总结	长期	短期	
		③ 工程竣工总结	长期	长期	√
		④ 质量评价意见报告	长期	长期	√

78. ABE。本题考核的是建设工程监理文件资料归档范围和保管期限。由监理单位长期保存的文件包括：工程暂停令；工程开工令/复工令；质量事故报告及处理意见等。

79. ACE。本题考核的是项目管理知识体系中的项目质量管理的内容。项目管理知识体系中的项目质量管理的内容包括：质量控制；质量保证；质量计划。

80. ACDE。本题考核的是工程咨询公司的服务对象和内容。工程咨询公司的业务范围很广泛，其服务对象可以是业主、承包商、国际金融机构和贷款银行，工程咨询公司也可以与承包商联合投标承包工程。

权威预测试卷（六）

一、单项选择题 (共50题，每题1分。每题的备选项中，只有1个最符合题意)

1. 建设工程监理的性质可概括为(　　)。
A. 服务性、科学性、独立性和公正性
B. 创新性、科学性、独立性和公正性
C. 服务性、科学性、独立性和公平性
D. 创新性、科学性、独立性和公平性

2. 对于政府投资项目，下列属于可行性研究应完成的工作是(　　)。
A. 进行项目进度安排
B. 进行产品方案的初步设想
C. 进行环境影响的初步评价
D. 进行财务和经济分析

3. 根据《建设工程质量管理条例》，工程监理单位转让工程监理业务的，按规定责令改正，并对监理单位处(　　)的罚款。
A. 合同约定的监理酬金25％以上50％以下的罚款
B. 合同约定的监理酬金2％以上4％以下的罚款
C. 50万元以上100万元以下
D. 30万元以上50万元以下

4. 建设工程初步设计是根据(　　)的要求进行具体实施方案的设计。
A. 项目建议书
B. 可行性研究报告
C. 使用功能
D. 批准的投资额

5. 根据《建筑法》，建筑工程施工许可是建设行政主管部门根据建设单位的申请，依法对建筑工程所应具备的(　　)进行审查，对符合规定条件者准许其开始施工并颁发施工许可证的一种管理制度。
A. 企业资质条件
B. 人员配备情况
C. 企业信誉情况
D. 施工条件

6. 根据《招标投标法》，下列关于招标规定的说法，正确的是(　　)。
A. 招标公告应将招标人的地址以及获取招标文件的办法进行保密
B. 招标人采用邀请招标方式的，应当向2个以上具备承担招标项目的能力、资信良好的特定法人或者其他组织发出投标邀请书
C. 依法必须进行招标的项目，应通过国家指定的报刊、信息网络或媒介发布招

标公告

D. 招标人采用公开招标方式的，对于招标公告可以不发布

7. 根据《合同法》，下列关于要约失效的说法，错误的是（　　）。

A. 受要约人对要约的内容作出变更

B. 要约人依法撤销要约

C. 承诺期限届满，受要约人未作出承诺

D. 拒绝要约的通知到达要约人

8. 根据《合同法》，建设工程主体结构的施工（　　）。

A. 可由总承包单位和分包单位共同完成

B. 可以由分包单位自行完成

C. 必须由总承包单位和分包单位按比例完成

D. 必须由承包人自行完成

9. 根据《建设工程质量管理条例》，建设工程承包单位在向（　　）提交工程竣工验收报告时，应当向其出具质量保修书。

A. 建设单位
B. 设计单位
C. 施工单位
D. 监理单位

10. 根据《建设工程质量管理条例》，建设单位的安全责任中，建设单位应当向施工单位提供（　　）资料。

A. 施工现场周围人员活动分析表

B. 毗邻区域内供水、排水、供电地下管线

C. 施工现场内施工设备布置图

D. 毗邻区域的地质变化分析报告

11. 某工程施工现场发生爆炸，造成13人死亡和6人重伤，且造成3000万元的直接经济损失，根据《建设工程安全生产管理条例》规定，则该事故属于（　　）。

A. 一般生产安全事故
B. 较大生产安全事故
C. 重大生产安全事故
D. 特别重大生产安全事故

12. 根据《工程监理企业资质管理规定》，在特殊情况下，经负责事故调查的人民政府批准，提交事故调查报告的期限可以适当延长，但延长的期限最长不超过（　　）d。

A. 60
B. 80
C. 90
D. 120

13. 根据《建设工程安全生产管理条例》，工程监理单位的安全生产管理职责是（　　）。

A. 发现存在安全事故隐患时，应要求施工单位暂时停止施工

B. 委派专职安全生产管理人员对安全生产进行现场监督检查

C. 发现存在安全事故隐患时，应立即报告建设单位

D. 审查施工组织设计中的安全技术措施或专项施工方案是否符合工程建设强制性标准

14. 根据《合同法》，建设工程监理合同属于（　　　）。

A. 建设工程合同　　　　　　　　B. 技术合同

C. 委托合同　　　　　　　　　　D. 承揽合同

15. 根据《生产安全事故报告和调查处理条例》，某企业发生较大事故，按规定该单位应处以（　　　）的罚款。

A. 一年收入 40%　　　　　　　　B. 50 万元以上 100 元以下

C. 10 万元以上 20 元以下　　　　D. 20 万元以上 50 万元以下

16. 根据《公司法》，下列符合注册资本的最低限额为人民币 500 万元的是（　　　）。

A. 股份有限公司　　　　　　　　B. 无限责任公司

C. 有限责任公司　　　　　　　　D. 个体经营户

17. 关于公开招标特点的说法，正确的是（　　　）。

A. 属于限制性招标　　　　　　　B. 招标费用较低

C. 准备招标评标的工作量小　　　D. 评标的工作量大

18. 下列关于定性综合评估法特点的说法，错误的是（　　　）。

A. 透明度高

B. 有利于评标委员会成员之间的直接对话和深入交流

C. 评估标准弹性较大

D. 不量化各项评审指标

19. 各专业有一定技术能力的合作伙伴，必要时可联合向（　　　）提供咨询服务。

A. 监理单位　　　　　　　　　　B. 设计单位

C. 承包单位　　　　　　　　　　D. 建设单位

20. 关于工程监理投标文件编制的说法，错误的有（　　　）。

A. 项目监理机构的设置要突出监理单位资质，单位资质是建设单位重点考察的对象

B. 监理大纲能充分体现工程监理单位的技术、管理能力

C. 投标文件应对招标文件内容作出实质性响应

D. 投标文件要巧妙回避建设单位的苛刻要求

21. 根据《合同法》，下列关于合同终止情形的说法，正确的是（   ）。

A. 债务人要求债务进行重新划分

B. 债务相互抵销

C. 债务人将全部合同权利转让给第三人

D. 债务人将全部债务转让给第三人

22. 下列关于平行承发包模式特点的说法，错误的是（   ）。

A. 合同数量少，合同管理简便

B. 工程总价不易确定，影响工程造价控制的实施

C. 招标任务量大，需控制多项合同价格

D. 施工过程中设计变更和修改较多，导致工程造价增加

23. 根据《注册监理工程师管理规定》，注册监理工程师申请延续注册时不予注册的情形是（   ）。

A. 未达到注册监理工程师继续教育要求的

B. 诚信聘用单位被降低资质等级的

C. 聘用单位是施工企业的

D. 注册有效期届满30日前申请延续注册的

24. 下列属于完成建设工程监理工作的基础和前提是（   ）。

A. 建设工程评价内容   B. 工程施工方案

C. 建设工程监理组织   D. 施工图设计文件

25. 根据《注册监理工程师管理规定》，注册监理工程师在每一注册有效期内，需完成（   ）学时的继续教育。

A. 48   B. 80

C. 96   D. 120

26. 项目监理机构人员应参加由建设单位组织的（   ），签署工程监理意见。

A. 隐蔽工程验收   B. 工程竣工验收

C. 分项工程验收   D. 专项工程验收

27. 根据《生产安全事故报告和调查处理条例》，生产安全事故发生后，有关单位和部门应逐级上报事故情况，每级上报的时间不得超过（   ）h。

A. 1   B. 2

C. 8   D. 24

28. 根据《建设工程监理规范》GB/T 50319—2013规定，下列关于项目监理机构的矩阵制组织形式特点的说法，正确的是（   ）。

A. 不利于解决复杂问题

B. 加强了各职能部门的横向联系

C. 机动性和适应性的能力弱

D. 纵横向协调工作量小

29. 根据《建筑法》，关于施工许可证的有效期说法，正确的是（   ）。

A. 建筑工程因故不能按时开工的，可向发证机关申请不超过6个月的延期

B. 在建工程因资金问题停止施工的，应于中止施工之日起1个月内向发证机关报告

C. 中止施工满1年的工程恢复施工，应向发证机关重新申请施工许可证

D. 建筑工程应在领取施工许可证之日起3个月后开工

30. 根据《建设工程监理合同（示范文本）》GF—2012—0202，对于非招标的监理工程，除专用条件另有约定外，下列合同文件解释顺序正确的是（   ）。

A. 通用条件→协议书→委托书   B. 委托书→通用条件→协议书

C. 委托书→协议书→通用条件   D. 协议书→委托书→通用条件

31. 关于反映工程建设条件的资料，属于其内容的是（   ）。

A. 设计图纸与施工说明书

B. 招投标和工程监理制度

C. 地形图

D. 项目立项批文

32. 关于项目监理机构现场监理的工作制度，不包括的是（   ）。

A. 工程索赔审核、签认制度   B. 技术、经济资料及档案管理制度

C. 工程款支付审核、签认制度   D. 施工组织设计审核制度

33. 根据《建设工程监理规范》GB/T 50319—2013，下列属于项目监理机构内部工作制度的是（   ）。

A. 隐蔽工程验收、分项（部）工程质量验收制度

B. 单位工程验收、单项工程验收制度

C. 平行检验、见证取样、巡视检查和旁站制度

D. 监理周报、月报制度

34. 根据《建设工程监理规范》GB/T 50319—2013，实行施工总承包的，专项施工方案应当由（   ）组织编制。

A. 设计单位   B. 监理单位

C. 分包单位   D. 总承包施工单位

35. 根据《建设工程监理规范》GB/T 50319—2013，施工单位因工程延期提出（   ）

时，项目监理机构可按施工合同约定进行处理。

    A. 工期索赔   B. 费用索赔

    C. 合同解除   D. 工程变更

36. 关于建设工程质量、造价、进度三大目标的说法，正确的是(　　)。

    A. 以极短的时间完成建设工程，可顺势减少投资

    B. 提高建设工程质量标准会造成投资增加，却能节约后期的运行费

    C. 分析建设工程总目标可采用定性分析方法论证

    D. 不同建设工程三大目标应具有相同的优先等级

37. 下列关于为完成施工阶段质量控制任务，项目监理机构需要做好工作的说法，错误的是(　　)。

    A. 审查确认施工总包单位及设计单位资格

    B. 检查施工机械和机具质量

    C. 检查工程材料、构配件、设备质量

    D. 协助建设单位做好施工现场准备工作，为施工单位提交合格的施工现场

38. 关于在市场经济体制下组织建设工程实施的基本手段，同时也是项目监理机构控制建设工程质量、造价、进度三大目标重要手段的是(　　)。

    A. 监理合同   B. 合同管理

    C. 施工合同   D. 咨询合同

39. 根据《建设工程监理规范》GB/T 50319—2013，下列文件资料中，可作为监理实施细则编制依据的是(　　)。

    A. 工程质量评估报告   B. 专项施工方案

    C. 已批准的可行性研究报告   D. 监理月报

40. 下列关于监理人员在巡视检查时，在施工质量方面应关注的情况包括的是(　　)。

    A. 安全生产、文明施工制度、措施落实情况

    B. 天气情况是否适合施工作业

    C. 施工临时用电情况

    D. 危险性较大分部分项工程施工情况，重点关注是否按方案施工

41. 项目监理机构在编制监理规划时，应制定旁站方案，现场监理人员必须按此执行并根据方案的要求，有(　　)地进行检查，将可能发生的工程质量问题和隐患加以消除。

    A. 综合性   B. 针对性

    C. 可操作性   D. 指导性

42. 根据《建设工程监理规范》GB/T 50319—2013 建设工程监理基本表式分类，A

类表为(   )。

A. 报验用表   B. 通用表

C. 工程监理单位用表   D. 施工单位报审

43. 根据《建设工程监理规范》GB/T 50319—2013，项目监理机构收到经建设单位签署审批意见的《工程款支付报审表》后，总监理工程师应向(   )签发《工程款支付证书》，同时抄报建设单位。

A. 设计单位   B. 材料供应单位

C. 施工单位   D. 分包单位

44. 关于建设工程监理主要文件的资料内容不包括的是(   )。

A. 工程质量评估报告及竣工验收监理文件资料

B. 工程质量或安全生产事故处理文件资料

C. 法律法规

D. 工程质量检验报验资料及工程有关验收资料

45. 根据《建设工程监理规范》GB/T 50319—2013，下列监理文件资料中，需要由总监理工程师签字并加盖执业印章的是(   )。

A. 工程款支付证书   B. 监理通知单

C. 旁站记录   D. 监理报告

46. 建设工程风险识别方法中，不属于专家调查法的是(   )。

A. 访谈法   B. 德尔菲法

C. 流程图法   D. 头脑风暴法

47. 建设单位管理风险必须要从合同管理入手，分析合同管理中的风险分担，在这种情况下，被转移者多数是(   )。

A. 设计单位   B. 监理单位

C. 施工单位   D. 建设单位

48. 下列计划中，属于应急计划的是(   )。

A. 现场人员安全撤离计划   B. 材料与设备采购调整计划

C. 伤亡人员援救及处理计划   D. 资产和环境损害控制计划

49. 在 EPC 模式中，承包商就无法判定具体的工程量，增加了承包商的风险，只能在报价中以估计的方法增加适当的风险费，难以保证报价的(   )，最终要么损害业主利益，要么损害承包商利益。

A. 针对性、科学性   B. 系统性、综合性

C. 及时性、准确性   D. 准确性、合理性

50. 国际工程实施组织模式中（　　　）的出现反映了工程项目管理专业化发展的一种新趋势，即专业分工的细化。

A. CM 模式

B. Project Controlling 模式

C. Partnering 模式

D. EPC 模式

二、多项选择题（共 30 题，每题 2 分。每题的备选项中，有 2 个或 2 个以上符合题意，至少有 1 个错项。错选，本题不得分；少选，所选的每个选项得 0.5 分）

51. 根据《建筑法》，关于建设工程监理实施依据包括（　　　）。

A. 工程建设标准

B. 评估报告

C. 合同

D. 法律法规

E. 勘察设计文件

52. 根据《建设工程监理范围和规模标准规定》，关于国家规定必须实行监理的项目总投资额在 3000 万元以上关系社会公共利益、公众安全的基础设施项目包括（　　　）。

A. 生态环境保护项目

B. 邮政、电信枢纽、通信、信息网络项目

C. 铁路、公路、管道、水运、民航以及其他交通运输业项目

D. 煤炭、石油、化工、天然气、电力、新能源项目

E. 防洪、灌溉、排涝、发电、滩涂治理、水资源保护、水土保持水利建设项目

53. 下列关于实行工程监理制，项目法人可以依据自身需求和有关规定委托监理，在工程监理单位协助下，进行建设工程（　　　）目标有效控制，从而为在计划目标内完成工程建设提供了基本保证。

A. 合同

B. 造价

C. 进度

D. 质量

E. 安全

54. 根据《建筑法》，关于从事建筑活动的（　　　），按照其拥有的注册资本、专业技术人员、技术装备和已完成的建筑工程业绩等资质条件，划分为不同的资质等级，经资质审查合格，取得相应等级的资质证书后，方可在其资质等级许可的范围内从事建筑活动。

A. 工程监理单位

B. 材料供应单位

C. 勘察单位

D. 建筑施工企业

E. 设计单位

55. 建设工程在超过合理使用年限后需要继续使用的，产权所有人应当委托具有相应资质等级的（　　　）鉴定，并根据鉴定结果采取加固、维修等措施，重新界定使用期。

A. 监理单位

B. 施工单位

C. 设计单位

D. 承包单位

E. 勘察单位

56. 根据《招标投标法实施条例》规定，符合中标环节规定的有（　　）。

A. 招标人应当自收到异议之日起 7d 内作出答复

B. 国有资金占控股的招标项目，招标人应当确定排名第一的中标候选人为中标人

C. 作出答复前，应当暂停招标投标活动

D. 投标人对依法进行招标项目的评标结果有异议的，应当在中标候选人公示期间提出

E. 招标人应当自收到评标报告之日起 3d 内公示中标候选人，公示期不得少于 3d

57. 根据《建设工程监理规范》GB/T 50319—2013，下列属于工程勘察设计阶段服务内容的有（　　）。

A. 工程监理单位应对工程质量缺陷原因进行调查，并应与建设单位、施工单位协商确定责任归属

B. 审查设计单位提出的设计概算、施工图预算

C. 审查设计单位提出的新材料、新工艺、新技术、新设备在相关部门的备案情况

D. 审查设计单位提交的设计成果

E. 审核设计单位提交的设计费用支付申请

58. 根据《工程监理企业资质管理规定》，下列关于工程监理企业综合资质标准的内容，具体包括的有（　　）。

A. 申请工程监理资质之日前一年内没有因本企业监理责任发生生产安全事故

B. 申请工程监理资质之日前一年内没有因本企业监理责任造成重大质量事故

C. 具有 5 个以上工程类别的专业甲级工程监理资质

D. 企业技术负责人应为注册监理工程师，并具有 10 年以上从事工程建设工作的经历或者具有工程类高级职称

E. 注册监理工程师不少于 60 人，注册造价工程师不少于 5 人

59. 根据《建设工程安全生产管理条例》，施工单位的安全责任包括（　　）。

A. 应当在施工现场入口处、临时用电设施，应设置明显的安全警示标志

B. 对违章指挥、违章操作应当及时向项目负责人报告

C. 意外伤害保险期限自建设工程开工之日起至竣工验收合格为止

D. 对特殊结构的建设工程，应在设计中提出保障施工作业人员安全的措施建议

E. 安装、拆卸施工机械设施，由专业技术人员现场监督

60. 下列关于实行监理工程师执业资格制度意义的说法，正确的是（　　）。

A. 统一监理工程师执业能力标准

B. 便于开拓国际工程监理市场

C. 建立健全合同管理制度

D. 促进工程监理人员努力钻研业务知识，提高业务水平

E. 合理建立工程监理人才库，优化调整市场资源结构

61. 建设单位应根据（　　）等因素合理、合规选择招标方式，并按规定程序向招投标监督管理部门办理相关招投标手续，接受相应的监督管理。

    A. 勘察设计文件　　　　　　　　　　B. 法律法规

    C. 工程监理单位的选择空间　　　　　D. 工程项目特点

    E. 工程实施的急迫程度

62. 根据《注册监理工程师管理规定》，注册监理工程师变更执业单位、应按程序办理变更注册手续。变更注册需提交的材料有（　　）。

    A. 申请人变更注册申请表

    B. 申请人的资格证书和身份证复印件

    C. 申请人与新聘用单位签订的聘用劳动合同复印件

    D. 申请人的工作调动证明

    E. 申请人注册有效期内达到继续教育要求的证明材料

63. 关于提供附加服务的监理投标策略，适用于（　　）的工程。

    A. 建设单位对工期因素比较敏感　　　B. 招标人组织结构不完善

    C. 有重大影响力　　　　　　　　　　D. 工程项目前期建设较为复杂

    E. 专业人才和经验不足

64. 关于建设工程监理工作的重要依据是建设工程监理工作中所用的（　　）。

    A. 工程勘察设计文件　　　　　　　　B. 报告

    C. 法律法规　　　　　　　　　　　　D. 图纸

    E. 工程质量标准

65. 根据《建设工程质量管理条例》，工程监理单位的质量责任和义务有（　　）。

    A. 依法取得相应等级资质证书，并在其资质等级许可范围内承担工程监理业务

    B. 与被监理工程的施工承包单位不得有隶属关系或其他利害关系

    C. 按照施工组织设计要求，采取旁站、巡视和平行检验等形式实施监理

    D. 未经监理工程师签字，建筑材料、建筑构配件和设备不得在工程上使用或安装

    E. 未经监理工程师签字，建设单位不拨付工程款，不进行竣工验收

66. 建设工程监理工作完成后，项目监理机构应向建设单位提交（　　）资料。

    A. 各类签证　　　　　　　　　　　　B. 勘察设计文件

    C. 工程建设标准　　　　　　　　　　D. 监理指令性文件

    E. 工程变更资料

67. 下列关于建设工程项目专业监理工程师基本职责的说法，正确的有（　　）。

    A. 具体负责本专业的监理工作

    B. 管理本专业建设工程的监理资料

C. 对投资、进度、质量有重大影响的监理问题应及时上报

D. 根据监理合同，建立和有效管理项目监理机构

E. 做好监理机构内各部门之间的监理任务的衔接、配合工作

68. 关于常用的项目监理机构组织形式有（　　）。

A. 职能制

B. 直线职能制

C. 核准制

D. 直线制

E. 矩阵制

69. 根据《建设工程监理合同（示范文本）》GF—2012—0202，监理人需要完成的基本工作内容有（　　）。

A. 主持工程竣工验收

B. 编制工程竣工结算报告

C. 检查施工承包人的试验室

D. 验收隐蔽工程、分部分项工程

E. 主持召开第一次工地会议

70. 根据《建设工程监理规范》GB/T 50319—2013 规定，下列不属于监理规划内容的是（　　）。

A. 生产方式的监理工作

B. 人员配备及进退场计划

C. 监理与相关服务依据

D. 施工人员岗位调动计划

E. 组织协调

71. 关于工程质量控制措施的说法，正确的有（　　）。

A. 按合同条款支付工程款，防止过早、过量的支付

B. 对原设计提出合理化建议并被采用，由此产生的投资节约按合同规定予以奖励

C. 及时进行计划费用与实际费用的分析比较

D. 严格事前、事中和事后的质量检查监督

E. 协助完善质量保证体系

72. 下列关于非计划风险自留的说法，正确的有（　　）。

A. 实行非计划性风险自留，应保证较大的建设工程风险已进行工程保险

B. 非计划性风险自留区别于其他风险对策，应单独运用

C. 风险分析与评价失误导致非计划性风险自留已进行

D. 由于没有意识采取有效措以致于风险发生后而被迫自留

E. 通常采用外部控制措施来化解风险

73. 根据《招标投标法实施条例》，招标人由有关行政监督部门责令改正，处 10 万元以下的罚款的情形有（　　）。

A. 依法应当公开招标而采用邀请招标

B. 接受未通过资格预审的单位

C. 依法应当公开招标的项目不按照规定发布招标公告

D. 接受应当拒收的投标文件

E. 超过招标项目估算价 2% 的比例收取投标保证金

74. 如果工程监理单位接受委托在建设工程决策阶段提供咨询服务，则需要收集与建设工程相关的（   ）方面的信息。

A. 资源
B. 社会环境
C. 市场
D. 自然环境
E. 人文

75. 建设工程实施过程中采用 BIM 技术的目标有（   ）。

A. 实现建设工程可视化展示
B. 提升建设工程项目管理质量
C. 加强建设工程全生产管理
D. 控制建设工程造价
E. 缩短建设工程施工周期

76. 报验、报审表主要用于（   ）的报验，也可用于为施工单位提供服务的试验室的报审。

A. 单项工程
B. 检验批
C. 分项工程
D. 隐蔽工程
E. 单位工程

77. 关于建设工程监理文件资料组卷方法及要求的说法，错误的有（   ）。

A. 案卷的重份文件，不同载体的文件一般应分别组卷

B. 监理文件资料可按单位工程、分部工程、专业、阶段组卷

C. 案卷不宜过厚，一般不超过 50mm

D. 组卷应遵循监理文件资料的自然形成规律，保持卷内文件的有机联系，便于档案的保管和利用

E. 一个建设工程由多个单位工程组成时，应按单位工程组卷

78. 由监理单位长期保存的文件包括（   ）。

A. 项目监理机构总控制计划
B. 监理月报中的有关质量问题
C. 监理实施细则
D. 监理规划
E. 监理会议纪要中的有关质量问题

79. 项目管理知识体系中的项目费用管理的内容包括（   ）。

A. 控制预算
B. 收集需求
C. 确定预算
D. 控制范围
E. 估算费用

80. 建设工程信息管理系统的功能有（　　　　）。

A. 实现监理信息的及时收集和可靠存储

B. 实现监理信息收集的标准化、结构化

C. 提供预测、决策所需要的信息及分析模型

D. 提供建设工程目标动态控制的分析报告

E. 提供解决建设工程监理问题的多个备选方案

权威预测试卷（六）参考答案及解析

一、单项选择题

1. C	2. D	3. A	4. B	5. D
6. C	7. A	8. D	9. A	10. B
11. C	12. A	13. D	14. C	15. D
16. A	17. D	18. A	19. D	20. A
21. B	22. A	23. A	24. C	25. A
26. B	27. B	28. B	29. B	30. D
31. B	32. B	33. D	34. D	35. B
36. B	37. A	38. B	39. B	40. A
41. B	42. C	43. C	44. C	45. A
46. C	47. C	48. B	49. D	50. B

【解析】

1. C。本题考核的是建设工程监理的性质。建设工程监理的性质可概括为服务性、科学性、独立性和公平性4个方面。

2. D。本题考核的是可行性研究的工作内容。（1）进行市场研究；（2）进行工艺技术方案研究；（3）进行财务和经济分析。选项 A、B、C 是项目建议书应包括的内容。

3. A。本题考核的是工程监理单位的法律责任。根据《建设工程质量管理条例》第六十二条规定，工程监理单位转让工程监理业务的，责令改正，没收违法所得，处合同约定的监理酬金百分之二十五以上百分之五十以下的罚款；可以责令停业整顿，降低资质等级；情节严重的，吊销资质证书。

4. B。本题考核的是建设初步设计的工作内容。建设初步设计是根据可行性研究报告的要求进行具体实施方案设计，目的是为了阐明在指定的地点、时间和投资控制数额内，拟建项目在技术上的可行性和经济上的合理性，并通过对建设工程所作出的基本技术经济规定，编制工程总概算。

5. D。本题考核的是建筑工程施工许可。建筑工程施工许可是建设行政主管部门根据建设单位的申请，依法对建筑工程所应具备的施工条件进行审查，对符合规定条件者准许其开始施工并颁发施工许可证的一种管理制度。

6. C。本题考核的是《招标投标法》主要内容中招标的主要内容。招标公告或投标邀请书应当载明招标人的名称和地址、招标项目的性质、数量、实施地点和时间以及获取招标文件的办法等事项，故选项 A 错误。依法必须进行招标的项目，应当通过国家指定的报刊、信息网络或者媒介发布招标公告，故选项 C 正确。招标人采用邀请招标方式的，应当

向 3 个以上具备承担招标项目的能力、资信良好的特定法人或者其他组织发出投标邀请书，故选项 B 错误。招标人采用邀请招标方式的，应当向 3 个以上具备承担招标项目的能力、资信良好的特定法人或者其他组织发出投标邀请书，故选项 B 错误。招标人采用公开招标方式的，应当发布招标公告，故选项 D 错误。

7. A。本题考核的是要约失效的内容。有下列情形之一的，要约失效：（1）拒绝要约的通知到达要约人；（2）要约人依法撤销要约；（3）承诺期限届满，受要约人未作出承诺；（4）受要约人对要约的内容作出实质性变更。

8. D。本题考核的是建设工程合同的有关规定。建设工程主体结构的施工必须由承包人自行完成。

9. A。本题考核的是建设工程质量保修制度。建设工程承包单位在向建设单位提交工程竣工验收报告时，应当向建设单位出具质量保修书。

10. B。本题考核的是建设单位的安全责任。建设单位应当向施工单位提供施工现场及毗邻区域内供水、排水、供电、供气、供热、通信、广播电视等地下管线资料，气象和水文观测资料，气象和水文观测资料，相邻建筑物和构筑物、地下工程的有关资料，并保证资料的真实、准确、完整。

11. C。本题考核的是重大生产安全事故的概念。重大生产安全事故，是指造成 10 人及以上 30 人以下死亡，或者 50 人及以上 100 人以下重伤，或者 5000 万元及以上 1 亿元以下直接经济损失的事故。

12. A。本题考核的是事故调查报告。特殊情况下，经负责事故调查的人民政府批准，提交事故调查报告的期限可以适当延长，但延长的期限最长不超过 60 日。

13. D。本题考核的是明确了工程监理单位的安全生产管理职责。《建设工程安全生产管理条例》（国务院令第 393 号）规定："工程监理单位应当审查施工组织设计中的安全技术措施或者专项施工方案是否符合工程建设强制性标准。"选项 A、C 错误，发现存在安全事故隐患的，应当要求施工单位整改。

14. C。本题考核的是委托合同的内容。建设工程监理合同、项目管理服务合同属于委托合同。

15. D。本题考核的是事故等级划分事故发生单位的罚款。事故发生单位对事故发生负有责任的，依照下列规定处以罚款：（1）发生一般事故的，处 10 万元以上 20 万元以下的罚款；（2）发生较大事故的，处 20 万元以上 50 万元以下的罚款；（3）发生重大事故的，处 50 万元以上 200 万元以下的罚款；（4）发生特别重大事故的，处 200 万元以上 500 万元以下的罚款。

16. A。本题考核的是股份有限公司注册资本。股份有限公司注册资本的最低限额为人民币 500 万元。

17. D。本题考核的是公开招标的特点。公开招标属于非限制性竞争招标，其优点是能够充分体现招标信息公开性、招标程序规范性、投标竞争公平性，有助于打破垄断，实现公平竞争。公开招标的缺点是，准备招标、资格预审和评标的工作量大，因此，招标时间长，招标费用较高。

18. A。本题考核的是定性综合评估法的特点。定性综合评估法的特点是不量化各项评审指标，简单易行，能在广泛深入地开展讨论分析的基础上集中各方面观点，有利于评标委员会成员之间的直接对话和深入交流，集中体现各方意见，能使综合实力强、方案先进的投标单位处于优势地位。缺点是评估标准弹性较大，衡量尺度不具体，透明度不高，受评标专家人为因素影响较大，可能会出现评标意见相差悬殊，使定标决策左右为难。

19．D。本题考核的是企业现有的人力及技术资源。企业现有的人力及技术资源，在各专业有一定技术能力的合作伙伴，必要时可联合向建设单位提供咨询服务。

20．A。本题考核的是编制投标文件的注意事项。工程监理单位在投标时应在体现监理能力方面下功夫，应着重解决下列问题：（1）投标文件应对招标文件内容作出实质性响应，故选项C正确；（2）项目监理机构的设置应合理，要突出监理人员素质，尤其是总监理工程师人选，将是建设单位重点考察的对象，故选项A错误；（3）应有类似建设工程监理经验；（4）监理大纲能充分体现工程监理单位的技术、管理能力，故选项B正确；（5）监理服务报价应符合国家收费规定和招标文件对报价的要求，以及建设工程监理成本—利润测算；（6）投标文件既要响应招标文件要求，又要巧妙回避建设单位的苛刻要求，同时还要避免为提高竞争力而盲目扩大监理工作范围，否则会给合同履行留下隐患，故选项D正确。

21．B。本题考核的是合同终止的内容。合同终止情形包括：（1）债务已经按照约定履行；（2）合同解除；（3）债务相互抵销；（4）债务人依法将标的物提存；（5）债权人免除债务；（6）债权债务同归于一人；（7）法律规定或者当事人约定终止的其他情形。

22．A。本题考核的是平行承发包模式的特点。平行承发包模式的特点是：合同数量多，会造成合同管理困难，故选项A错误。工程造价控制难度大，表现为：一是工程总价不易确定，影响工程造价控制的实施，故选项B正确。二是工程招标任务量大，需控制多项合同价格，增加了工程造价控制难度，故选项C正确。三是在施工过程中设计变更和修改较多，导致工程造价增加，故选项D正确。

23．A。本题考核的是注册监理工程师申请延续注册时不予注册的情形。申请人有下列情形之一的，不予初始注册、延续注册或者变更注册：（1）不具有完全民事行为能力的；（2）刑事处罚尚未执行完毕或者因从事建设工程监理或者相关业务受到刑事处罚，自刑事处罚执行完毕之日起至申请注册之日止不满2年的；（3）未达到监理工程师继续教育要求的；（4）在两个或者两个以上单位申请注册的；（5）以虚假的职称证书参加考试并取得资格证书的；（6）年龄超过65周岁的；（7）法律、法规规定不予注册的其他情形。

24．C。本题考核的是完成建设工程监理工作的基础和前提。建设工程监理组织是完成建设工程监理工作的基础和前提。

25．A。本题考核的是注册监理工程师继续教育。注册监理工程师继续教育分为必修课和选修课，在每一注册有效期内各为48学时。

26．B。本题考核的是建设工程监理实施程序。项目监理机构人员应参加由建设单位组织的工程竣工验收，签署工程监理意见。

27．B。本题考核的是事故报告程序。安全生产监督管理部门和负有安全生产监督管理职责的有关部门逐级上报事故情况，每级上报的时间不得超过2h。

28．B。本题考核的是矩阵制组织形式的特点。矩阵制组织形式的优点是加强了各职能部门的横向联系，故选项B正确。具有较大的机动性和适应性，故选项C错误。将上下左右集权与分权实行最优结合；有利于解决复杂问题，故选项A错误。有利于监理人员业务能力的培养。缺点是纵横向协调工作量大，处理不当会造成扯皮现象，产生矛盾，故选项 D 错误。

29. B。本题考核的是施工许可证的有效期。建设单位应当自领取施工许可证之日起 3 个月内开工，故选项 D 错误。因故不能按期开工的，应当向发证机关申请延期；延期以两次为限，每次不超过 3 个月，故选项 A 错误。中止施工满 1 年的工程恢复施工前，建设单位应当报发证机关核验施工许可证，故选项 C 错误。

30. D。本题考核的是建设工程监理合同文件解释顺序。建设工程监理合同文件的解释顺序如下：（1）协议书；（2）中标通知书（适用于招标工程）或委托书（适用于非招标工程）；（3）专用条件及附录 A、附录 B；（4）通用条件；（5）投标文件（适用于招标工程）或监理与相关服务建议书（适用于非招标工程）。

31. B。本题考核的是反映工程建设条件的资料。反映工程建设条件的资料包括：（1）当地气象资料和工程地质及水文资料；（2）当地建筑材料供应状况的资料；（3）当地勘察设计和土建安装力量的资料；（4）当地交通、能源和市政公用设施的资料；（5）检测、监测、设备租赁等其他工程参建方的资料。

32. B。本题考核的是项目监理机构现场监理工作制度的内容。项目监理机构现场监理工作制度包括：（1）图纸会审及设计交底制度；（2）施工组织设计审核制度；（3）工程开工、复工审批制度；（4）整改制度，包括签发监理通知单和工程暂停令等；（5）平行检验、见证取样、巡视检查和旁站制度；（6）工程材料、半成品质量检验制度；（7）隐蔽工程验收、分项（部）工程质量验收制度；（8）单位工程验收、单项工程验收制度；（9）监理工作报告制度；（10）安全生产监督检查制度；（11）质量安全事故报告和处理制度；（12）技术经济签证制度；（13）工程变更处理制度；（14）现场协调会及会议纪要签发制度；（15）施工备忘录签发制度；（16）工程款支付审核、签认制度；（17）工程索赔审核、签认制度等。技术、经济资料及档案管理制度属于项目监理机构内部工作制度的内容。故选项 B 错误。

33. D。本题考核的是项目监理机构内部工作制度的内容。项目监理机构内部工作制度包括：（1）项目监理机构工作会议制度，包括监理交底会议，监理例会、监理专题会，监理工作会议等；（2）项目监理机构人员岗位职责制度；（3）监理周报、月报制度等。而隐蔽工程验收、分项（部）工程质量验收制度、单位工程验收、单项工程验收制度和平行检验、见证取样、巡视检查和旁站制度属于项目监理机构现场监理工作制度。故选项 A、B、C 错误。

34. D。本题考核的是专项施工方案编制的要求。实行施工总承包的，专项施工方案应当由总承包施工单位组织编制，其中，起重机械安装拆卸工程、深基坑工程、附着式升降脚手架等专业工程实行分包的，其专项施工方案可由专业分包单位组织编制。

35. B。本题考核的是工程索赔处理的程序。项目监理机构应按规定的工程延期审批程序和施工合同约定的时效期限审批施工单位提出的工程延期申请。施工单位因工程延期提出费用索赔时，项目监理机构可按施工合同约定进行处理。

36. B。本题考核的是建设工程三大目标控制的要求。如果要抢时间、争进度，以极短的时间完成建设工程，势必会增加投资或者使工程质量下降，故选项 A 错误。采用定性分析与定量分析相结合的方法综合论证建设工程三大目标，故选项 C 错误。不同建设工程三大目标可具有不同的优先等级，故选项 D 错误。

37．A。本题考核的是为完成施工阶段质量控制任务，项目监理机构需要做好的工作。为完成施工阶段质量控制任务，项目监理机构需要做好以下工作：协助建设单位做好施工现场准备工作，为施工单位提交合格的施工现场，故选项 D 正确。审查确认施工总包单位及分包单位资格；检查工程材料、构配件、设备质量，故选项 C 正确。检查施工机械和机具质量，故选项 B 正确。

38．B。本题考核的是合同管理的内容。合同管理是在市场经济体制下组织建设工程实施的基本手段，也是项目监理机构控制建设工程质量、造价、进度三大目标的重要手段。

39．B。本题考核的是监理实施细则编写依据。《建设工程监理规范》GB/T 50319—2013 规定了监理实施细则编写的依据：（1）已批准的建设工程监理规划；（2）与专业工程相关的标准、设计文件和技术资料；（3）施工组织设计、（专项）施工方案。

40．B。本题考核的是监理人员在巡视检查时，在施工质量方面应关注的情况。监理人员在巡视检查时，在施工质量方面应关注的情况包括：（1）天气情况是否适合施工作业，如不适合，是否已采取相应措施；（2）施工人员作业情况，是否按照工程设计文件、工程建设标准和批准的施工组织设计（专项）施工方案施工；（3）使用的工程材料、设备和构配件是否已检测合格等。

41．B。本题考核的是旁站工作内容。项目监理机构在编制监理规划时，应制定旁站方案，明确旁站的范围、内容、程序和旁站人员职责等。旁站方案是监理人员在充分了解工程特点及监控重点的基础上，确定必须加以重点控制的关键工序、特殊工序，并以此制定的旁站作业指导方案。现场监理人员必须按此执行并根据方案的要求，有针对性地进行检查，将可能发生的工程质量问题和隐患加以消除。

42．C。本题考核的是建设工程监理基本表式。根据《建设工程监理规范》GB/T 50319—2013，建设工程监理基本表式分为三大类，即：A 类表——工程监理单位用表（共 8 个表）；B 类表——施工单位报审、报验用表（共 14 个表）；C 类表——通用表（共 3 个表）。

43．C。本题考核的是工程款支付证书的内容。项目监理机构收到经建设单位签署审批意见的《工程款支付报审表》后，总监理工程师应向施工单位签发《工程款支付证书》，同时抄报建设单位。

44．C。本题考核的是建设工程监理主要文件资料。建设工程监理主要文件资料包括：（1）工程质量检验报验资料及工程有关验收资料；（2）工程质量或安全生产事故处理文件资料；（3）工程质量评估报告及竣工验收监理文件资料等。

45．A。本题考核的是工程款支付证书的要求。工程款支付证书需要由总监理工程师签字，并加盖执业印章。

46．C。本题考核的是专家调查法。专家调查法主要包括头脑风暴法、德尔菲法和访谈法。

47．C。本题考核的是风险转移中非保险转移的内容。建设单位将合同责任和风险转移给对方当事人。建设单位管理风险必须要从合同管理入手，分析合同管理中的风险分担。在这种情况下，被转移者多数是施工单位。

48．B。本题考核的是建设工程风险对策应急计划的内容。应急计划包括的内容有：调整整个建设工程实施进度计划、材料与设备的采购计划、供应计划；全面审查可使用的资金情况；准备保险索赔依据；确定保险索赔的额度；起草保险索赔报告；必要时需调整筹资计划等。

49. D。本题考核的是 EPC 模式的适用条件。承包商就无法判定具体的工程量，增加了承包商的风险，只能在报价中以估计的方法增加适当的风险费，难以保证报价的准确性和合理性，最终要么损害业主利益，要么损害承包商利益。

50. B。本题考核的是 Project Controlling 模式的出现。Project Controlling 模式的出现反映了工程项目管理专业化发展的一种新趋势，即专业分工的细化。

二、多项选择题

51. ACDE	52. BCDE	53. BCD	54. ACDE	55. CE
56. BCDE	57. BCDE	58. ABCE	59. AC	60. ABDE
61. BCDE	62. ACD	63. BDE	64. BD	65. ABDE
66. ADE	67. ABCE	68. ABDE	69. CD	70. ACD
71. DE	72. CDE	73. ABCD	74. ABCD	75. ABDE
76. BCD	77. AC	78. BE	79. ACE	80. CDE

【解析】

51. ACDE。本题考核的是建设工程监理的实施依据。建设工程监理实施依据包括法律法规、工程建设标准、勘察设计文件及合同。

52. BCDE。本题考核的是国家规定必须实行监理的项目。项目总投资额在 3000 万元以上关系社会公共利益、公众安全的下列基础设施项目：（1）煤炭、石油、化工、天然气、电力、新能源等项目；（2）铁路、公路、管道、水运、民航以及其他交通运输业等项目；（3）邮政、电信枢纽、通信、信息网络等项目；（4）防洪、灌溉、排涝、发电、引（供）水、滩涂治理、水资源保护、水土保持等水利建设项目。

53. BCD。本题考核的是工程监理制是实行项目法人责任制的基本保障。实行工程监理制，项目法人可以依据自身需求和有关规定委托监理，在工程监理单位协助下，进行建设工程质量、造价、进度目标有效控制，从而为在计划目标内完成工程建设提供了基本保证。

54. ACDE。本题考核的是从业资格。从事建筑活动的建筑施工企业、勘察单位、设计单位和工程监理单位，按照其拥有的注册资本、专业技术人员、技术装备和已完成的建筑工程业绩等资质条件，划分为不同的资质等级，经资质审查合格，取得相应等级的资质证书后，方可在其资质等级许可的范围内从事建筑活动。

55. CE。本题考核的是工程质量保修的相关内容。建设工程在超过合理使用年限后需要继续使用的，产权所有人应当委托具有相应资质等级的勘察、设计单位鉴定，并根据鉴定结果采取加固、维修等措施，重新界定使用期。

56. BCDE。本题考核的是中标内容。招标人应当自收到异议之日起 3 日内作出答复。故选项 A 错误。国有资金占控股或者主导地位的依法必须进行招标的项目，招标人应当确定排名第一的中标候选人为中标人，故选项 B 正确。作出答复前，应当暂停招标投标活动，故选项 C 正确。投标人或者其他利害关系人对依法必须进行招标的项目的评标结果有异议的，应当在中标候选人公示期间提出，故选项 D 正确。依法必须进行招标的项目，招标人应当自收到评标报告之日起 3 日内公示中标候选人，公示期不得少于 3 日，故选项 E 正确。

57. BCDE。本题考核的是工程勘察设计阶段服务。工程监理单位应对工程质量缺陷原因进行调查，并应与建设单位、施工单位协商确定责任归属，属于工程保修阶段服务的内容，故选项 A 错误。审查设计单位提出的设计概算、施工图预算，故选项 B 正确。审查设计单位提出的新材料、新工艺、新技术、新设备在相关部门的备案情况，故选项 C 正确。审查设计单位提交的设计成果，故选项 D 正确。审核设计单位提交的设计费用支付申请，故选项 E 正确。

58. ABCE。本题考核的是工程监理企业综合资质标准的内容。申请工程监理资质之日前一年内没有因本企业监理责任发生生产安全事故，故选项 A 正确。申请工程监理资质之日前一年内没有因本企业监理责任造成重大质量事故，故选项 B 正确。具有 5 个以上工程类别的专业甲级工程监理资质，故选项 C 正确。企业技术负责人应为注册监理工程师，并具有 15 年以上从事工程建设工作的经历或者具有工程类高级职称，故选项 D 错误。注册监理工程师不少于 60 人，注册造价工程师不少于 5 人，一级注册建造师、一级注册建筑师、一级注册结构工程师或者其他勘察设计注册工程师合计不少于 15 人次，故选项 E 正确。

59. AC。本题考核的是施工单位的安全责任。对违章指挥、违章操作应当立即制止，故选项 B 错误。选项 D 属于设计单位的安全责任，选项 E 属于施工机械设施安装单位的安全责任。

60. ABDE。本题考核的是实行监理工程师执业资格制度的意义。统一监理工程师执业能力标准，故选项 A 正确。便于开拓国际工程监理市场，故选项 B 正确。建立健全合同管理制度属于工程监理企业应当建立健全企业信用管理制度，故选项 C 错误。促进工程监理人员努力钻研业务知识，提高业务水平，故选项 D 正确。合理建立工程监理人才库，优化调整市场资源结构，故选项 E 正确。

61. BCDE。本题考核的是建设工程监理招标方式。建设单位应根据法律法规、工程项目特点、工程监理单位的选择空间及工程实施的急迫程度等因素合理、合规选择招标方式，并按规定程序向招投标监督管理部门办理相关招投标手续，接受相应的监督管理。

62. ACD。本题考核的是注册监理工程师的变更注册需提交的材料。注册监理工程师变更注册需要提交下列材料：（1）申请人变更注册申请表；（2）申请人与新聘用单位签订的聘用劳动合同复印件；（3）申请人的工作调动证明（与原聘用单位解除聘用劳动合同或者聘用劳动合同到期的证明文件、退休人员的退休证明）。

63. BDE。本题考核的是监理投标策略。提供附加服务的监理投标策略，适用于工程项目前期建设较为复杂，招标人组织结构不完善，专业人才和经验不足的工程。

64. BD。本题考核的是建设工程监理工作的重要依据。建设工程监理工作中所用的图纸、报告是建设工程监理工作的重要依据。

65. ABDE。本题考核的是工程监理单位的质量责任和义务。工程监理单位的质量责任和义务：工程监理单位应当依法取得相应等级的资质证书，并在其资质等级许可的范围内承担工程监理业务。工程监理单位与被监理工程的施工承包单位，以及建筑材料、建筑构配件和设备供应单位有隶属关系或者其他利害关系的，不得承担该项建设工程的监理业务。《建设工程质量管理条例》国务院令第279号规定："工程监理单位应当选派具备相应资格的总监理工程师和监理工程师进驻施工现场。""未经监理工程师签字，建筑材料、建筑构配件和设备不得在工程上使用或者安装，施工单位不得进行下一道工序的施工。未经总监理工程师签字，建设单位不拨付工程款，不进行竣工验收。"

66. ADE。本题考核的是提交建设工程监理文件资料的内容。建设工程监理工作完成后，项目监理机构应向建设单位提交：工程变更资料、监理指令性文件、各类签证等文件资料。

67. ABCE。本题考核的是专业监理工程师的基本职责。专业监理工程师的基本职责有：（1）熟悉工程情况，制定本专业监理工作计划和监理实施细则；（2）具体负责本专业的监理工作；（3）做好监理机构内各部门之间的监理任务的衔接、配合工作；（4）处理与本专业有关的问题；对投资、进度、质量有重大影响的监理问题应及时报告总监；（5）负责与本专业有关的签证、通知、备忘录，及时向总监理工程师提交报告、报表资料等；（6）管理本专业建设工程的监理资料。

68. ABDE。本题考核的是常用的项目监理机构组织形式。常用的项目监理机构组织形式有：直线制、职能制、直线职能制、矩阵制等。

69. CD。本题考核的是监理人要完成的基本工作。监理人需要完成的基本工作如下：（1）检查施工承包人的试验室；（2）审核施工分包人资质条件；（3）查验施工承包人的施工测量放线成果；（4）参加工程竣工验收，签署竣工验收意见；（5）审查施工承包人提交的竣工结算申请并报委托人；（6）编制、整理建设工程监理归档文件并报委托人等。

70. ACD。本题考核的是监理规划的内容。监理规划的内容包括：工程概况；监理工作的范围、内容、目标；监理工作依据；监理组织形式、人员配备及进退场计划、监理人员岗位职责；监理工作制度；工程质量控制；工程造价控制；工程进度控制；安全生产管理的监理工作；合同与信息管理；组织协调；监理工作设施。

71. DE。本题考核的是工程质量控制的具体措施。工程质量控制的具体措施包括：（1）组织措施：建立健全项目监理机构，完善职责分工，制定有关质量监督制度，落实质量控制责任。（2）技术措施：协助完善质量保证体系；严格事前、事中和事后的质量检查监督。（3）经济措施及合同措施：严格质量检查和验收，不符合合同规定质量要求的，拒付工程款；达到建设单位特定质量目标要求的，按合同支付工程质量补偿金或奖金。

72. CDE。本题考核的是风险自留的内容。由于风险管理人员没有意识到建设工程某些风险的存在，或者不曾有意识地采取有效措施，以致风险发生后只好保留在风险管理主体内部，是非计划性的和被动的。风险自留绝不可能单独运用，而应与其他风险对策结合使用，故选项C错误。选项A属于计划性风险自留时应采取的措施。

73. ABCD。本题考核的是招标人的违法行为。招标人有下列情形之一的，由有关行政监督部门责令改正，可以处10万元以下的罚款：（1）依法应当公开招标而采用邀请招标；（2）招标文件、资格预审文件的发售、澄清、修改的时限，或者确定的提交资格预审申请文件、投标文件的时限不符合招标投标法规定；（3）接受未通过资格预审的单位或者个人参加投标；（4）接受应当拒收的投标文件。招标人超过规定的比例收取投标保证金，由有关行政监督部门责令改正，可以处 5 万元以下的罚款，故选项 E 错误。

74. ABCD。本题考核的是建设工程信息的收集。如果工程监理单位接受委托在建设工程决策阶段提供咨询服务，则需要收集与建设工程相关的市场、资源、自然环境、社会环境等方面的信息。

75. ABDE。本题考核的是 BIM 在工程项目管理中的应用。建设工程监理过程中应用 BIM 技术的目标：可视化展示；提高工程设计和项目管理质量；控制工程造价；缩短工程施工周期。

76. BCD。本题考核的是施工单位报审、报验用表。报验、报审表主要用于隐蔽工程、检验批、分项工程的报验，也可用于为施工单位提供服务的试验室的报审。专业监理工程师审查合格后予以签认。

77. AC。本题考核的是建设工程监理文件资料组卷方法及要求。建设工程监理文件资料组卷方法及要求包括：组卷原则及方法：（1）组卷应遵循监理文件资料的自然形成规律，保持卷内文件的有机联系，便于档案的保管和利用，故选项 D 正确。（2）一个建设工程由多个单位工程组成时，应按单位工程组卷，故选项 E 正确。（3）监理文件资料可按单位工程、分部工程、专业、阶段等组卷，故选项 B 正确。组卷要求：（1）案卷不宜过厚，一般不超过 40mm，故选项 C 错误。（2）案卷内不应有重份文件，不同载体的文件一般应分别组卷，故选项 A 错误。

78. BE。本题考核的是建设工程监理文件资料归档范围和保管期限。建设工程监理文件资料归档范围和保管期限的具体内容见下表。

建设工程监理文件资料归档范围和保管期限

序号	文件资料名称		保存单位和保管期限		
			建设单位	监理单位	城建档案管理部门保存
1	项目监理机构及负责人名单		长期	长期	√
2	建设工程监理合同长期		长期	长期	√
3	监理规划	① 监理规划	长期	短期	√
		② 监理实施细则	长期	短期	√
		③ 项目监理机构总控制计划等	长期	短期	—
4	监理月报中的有关质量问题		长期	长期	√
5	监理会议纪要中的有关质量问题		长期	长期	√
6	进度控制	① 工程开工令/复工令	长期	长期	√
		② 工程暂停令	长期	长期	√
7	质量控制	① 不合格项目通知	长期	长期	√
		② 质量事故报告及处理意见	长期	长期	√
8	造价控制	① 预付款报审与支付	短期		
		② 月付款报审与支付	短期		
		③ 设计变更、洽商费用报审与签认	短期		
		④ 工程竣工决算审核意见书	长期	—	√

序号	文件资料名称		保存单位和保管期限		
			建设单位	监理单位	城建档案管理部门保存
9	分包资质	① 分包单位资质材料	长期	—	—
		② 供货单位资质材料	长期	—	—
		③ 试验等单位资质材料	长期	—	—
10	监理通知	① 有关进度控制的监理通知	长期	长期	—
		② 有关质量控制的监理通知	长期	长期	—
		③ 有关造价控制的监理通知	长期	长期	—
11	合同及其他事项管理	① 工程延期报告及审批	永久	长期	√
		② 费用索赔报告及审批	长期	长期	
		③ 合同争议、违约报告及处理意见	永久	长期	√
		④ 合同变更材料	长期	长期	√
12	监理工作总结	① 专题总结	长期	短期	
		② 月报总结	长期	短期	
		③ 工程竣工总结	长期	长期	√
		④ 质量评价意见报告	长期	长期	√

79. ACE。本题考核的是 PMBOK 的九大知识领域中项目费用管理的内容。项目费用管理的内容包括：估算费用、确定预算、控制预算。

80. CDE。本题考核的是建设工程信息管理系统的功能。建设工程信息管理系统的功能包括：为监理工程师提供标准化、结构化的数据；提供预测、决策所需要的信息及分析模型；提供建设工程目标动态控制的分析报告；提供解决建设工程监理问题的多个备选方案。